新时期小城镇规划建设管理指南丛书

小城镇水资源利用与保护指南

蒋林君　主编

图书在版编目(CIP)数据

小城镇水资源利用与保护指南/蒋林君主编.—天津:天津大学出版社,2014.9

(新时期小城镇规划建设管理指南丛书)

ISBN 978-7-5618-5187-6

Ⅰ.①小… Ⅱ.①蒋… Ⅲ.①小城镇-水资源利用-中国-指南 ②小城镇-水资源-资源保护-中国-指南 Ⅳ.①TV213-62

中国版本图书馆CIP数据核字(2014)第217133号

出版发行	天津大学出版社
出 版 人	杨欢
地　　址	天津市卫津路92号天津大学内(邮编:300072)
电　　话	发行部:022-27403647
网　　址	publish.tju.edu.cn
印　　刷	北京紫瑞利印刷有限公司
经　　销	全国各地新华书店
开　　本	140mm×203mm
印　　张	11.5
字　　数	289千
版　　次	2015年1月第1版
印　　次	2015年1月第1次
定　　价	29.00元

小城镇水资源利用与保护指南

编 委 会

主　编：蒋林君

副主编：李　丹

编　委：张　娜　孟秋菊　梁金钊　刘伟娜
　　　　张微笑　张蓬蓬　吴　薇　相夏楠
　　　　桓发义　聂广军　胡爱玲

内 容 提 要

本书根据《国家新型城镇化规划（2014—2020 年）》及中央城镇化工作会议精神，系统介绍了小城镇水资源利用与保护的理论和方法。全书主要内容包括水资源与水循环、供水资源水质评价、水环境预测、小城镇地表水资源与取水、小城镇地下水资源与取水、小城镇节水技术与管理、小城镇污水处理、小城镇中水利用与回用、海水淡化与利用、水资源保护与管理等。

本书内容丰富、涉及面广，而且集系统性、先进性、实用性于一体，既可供从事小城镇规划、建设、管理的相关技术人员以及建制镇与乡镇领导干部学习工作时参考使用，也可作为高等院校相关专业师生的学习参考资料。

前言

城镇是国民经济的主要载体，城镇化道路是决定我国经济社会能否健康持续稳定发展的一项重要内容。发展小城镇是推进我国城镇化建设的重要途径，是带动农村经济和社会发展的一大战略，对于从根本上解决我国长期存在的一些深层次矛盾和问题，促进经济社会全面发展，将产生长远而又深刻的积极影响。

我国现在已进入全面建成小康社会的决定性阶段，正处于经济转型升级、加快推进社会主义现代化的重要时期，也处于城镇化深入发展的关键时期，必须深刻认识城镇化对经济社会发展的重大意义，牢牢把握城镇化蕴含的巨大机遇，准确研判城镇化发展的新趋势新特点，妥善应对城镇化面临的风险挑战。

改革开放以来，伴随着工业化进程加速，我国城镇化经历了一个起点低、速度快的发展过程。1978—2013 年，城镇常住人口从 1.7 亿人增加到 7.3 亿人，城镇化率从 17.9％提升到 53.7％，年均提高 1.02 个百分点；城市数量从 193 个增加到 658 个，建制镇数量从 2 173 个增加到 20 113 个。京津冀、长江三角洲、珠江三角洲三大城市群，以 2.8％的国土面积集聚了 18％的人口，创造了 36％的国内生产总值，成为带动我国经济快速增长和参与国际经济合作与竞争的主要平台。城市水、电、路、气、信息网络等基础设施显著改善，教育、医疗、文化体育、社会保障等公共服务水平明显提高，人均住宅、公园绿地面积大幅增加。城镇化的快速推进，吸纳了大量农村劳动力转移就业，提高了城乡生产要素配置效率，推动了国民经济持续快速发展，带来了社会结构深刻变革，促进了城乡居民生活水平全面提升，取得的成就举世瞩目。

根据世界城镇化发展普遍规律，我国仍处于城镇化率30%～70%的快速发展区间，但延续过去传统粗放的城镇化模式，会带来产业升级缓慢、资源环境恶化、社会矛盾增多等诸多风险，可能落入“中等收入陷阱”，进而影响现代化进程。随着内外部环境和条件的深刻变化，城镇化必须进入以提升质量为主的转型发展新阶段。另外，由于我国城镇化是在人口多、资源相对短缺、生态环境比较脆弱、城乡区域发展不平衡的背景下推进的，这决定了我国必须从社会主义初级阶段这个最大实际出发，遵循城镇化发展规律，走中国特色新型城镇化道路。

面对小城镇规划建设工作所面临的新形势，如何使城镇化水平和质量稳步提升、城镇化格局更加优化、城市发展模式更加科学合理、城镇化体制机制更加完善，已成为当前小城镇建设过程中所面临的重要课题。为此，我们特组织相关专家学者以《国家新型城镇化规划（2014—2020年）》、《中共中央关于全面深化改革若干重大问题的决定》、中央城镇化工作会议精神、《中华人民共和国国民经济和社会发展第十二个五年规划纲要》和《全国主体功能区规划》为主要依据，编写了“新时期小城镇规划建设管理指南丛书”。本套丛书的编写紧紧围绕全面提高城镇化质量，加快转变城镇化发展方式，以人的城镇化为核心，有序推进农业转移人口市民化，努力体现小城镇建设“以人为本，公平共享”“四化同步，统筹城乡”“优化布局，集约高效”“生态文明，绿色低碳”“文化传承，彰显特色”“市场主导，政府引导”“统筹规划，分类指导”等原则，促进经济转型升级和社会和谐进步。本套丛书从小城镇建设政策法规、发展与规划、基础设施规划、住区规划与住宅设计、街道与广场设计、水资源利用与保护、园林景观设计、实用施工技术、生态建设与环境保护设计、建筑节能设计、给水厂设计与运行管理、污水处理厂设计与运行管理等方面对小城镇规划建设管理进行了全面系统的论述，内容丰富，资料翔实，集理论与实践于一体，具有很强的实用价值。

本套丛书涉及专业面较广，限于编者学识，书中难免存在纰漏及不当之处，敬请相关专家及广大读者指正，以便修订时完善。

编者

目 录

第一章　水资源与水循环

第一节　水资源

一、水资源的基本含义

水资源可以理解为人类长期生存、生活和生产活动中所需要的各种水。既包括其数量和质量含义，又包括其使用价值和经济价值。一般认为，水资源概念具有狭义和广义之分。

狭义上的水资源是指人类在一定的经济技术条件下能够直接使用的淡水。

广义上的水资源是指人类在一定的经济技术条件下能够直接或间接使用的各种水和水中物质。在社会生活和生产中，具有使用价值和经济价值的水都可称为水资源。

二、水资源的特点

水资源除具有资源的一般共性外，还有其特殊性。

(1)不可替代性。水是一切生命形式生存与发展不可或缺的物质，并且是不可替代的物质，具有重要的生态环境价值。

(2)循环性与可再生性。水资源与其他固体资源的本质区别在于其具有流动性。水资源是在循环中形成并能够得到再生的一种动态资源。水循环系统是一个庞大的水资源系统，水资源在被开采利用后，能够得到大气降水的补给，处在不断的开采—补给—消耗—恢复的循环中。

(3)稀缺性。尽管水资源是可再生的，而且地球上有2/3的面积覆盖着水，但人类可以利用的淡水资源十分有限，只占全球总水量的2.576%，其中包括为维持整个生态系统平衡而不能动用的生态基量。因此,对人类不断增长的需求而言,水资源是稀缺的或将成为稀缺的物质资源。

(4)分布不均匀性。水资源在自然界中具有一定的时间和空间分布,且极不均匀。我国水资源在区域上的分布同样极不均匀。总体来说,东南多,西北少;沿海多,内陆少;山区多,平原少。在时间上,受水文随机规律的影响;在同一地区中,不同时间分布的差异性很大,有丰水年、平水年和枯水年之分,一年之内也有丰、枯水期,一般夏多冬少。

(5)利用多样性和综合性。水资源是为人类社会经济活动所利用的资源,具有利用的综合性与多功能性。水资源利用往往涉及城乡及厂矿企业供水、防洪、除涝、水土保持、航运、养殖、观光、水力发电、农田灌溉、水环境保护等功能的综合,而且有时各种目标混在一起,难以兼顾与协调。

(6)利害双重性。水是维持人类社会生存不可缺少和不可替代的物质资源,又是一种环境资源,是生态系统中最活跃的因子,是自然界能量转换和物质运输的主要载体。如水灾(多)、水荒(少)、水害(污染)也给人类带来了巨大的灾害。

第二节 水循环

一、水循环的概念

水循环是地球上最重要的物质循环之一。通过循环过程中水的形态变化完成了水的输送和通过水对物质和热能的输送,从而产生调节气候和淡水再生的作用,这对地球环境的形成、演化和人类生存都有着重大的作用和影响。

二、水循环的分类

按水循环的途径,地球上的水循环可以分为自然循环和社会循环。

1. 水的自然循环

在太阳辐射和地心引力的作用下,地球上各种状态的水从海洋表面、江河表面、湖沼表面、陆地表面和植被表面蒸发、散发变成水汽，上升到空中，或停留在空中，或被气流带到其他地区，在适当条件下凝结，然后以降水形式落到海洋面或陆地表面。到达地面的水，在重力作用下，部分渗入地下形成地下径流，部分形成地表径流流入江河，汇归海洋，还有一部分重新蒸发回空气中。水如此往返循环不断转移交替的现象称为水的自然循环(图 1-1)。

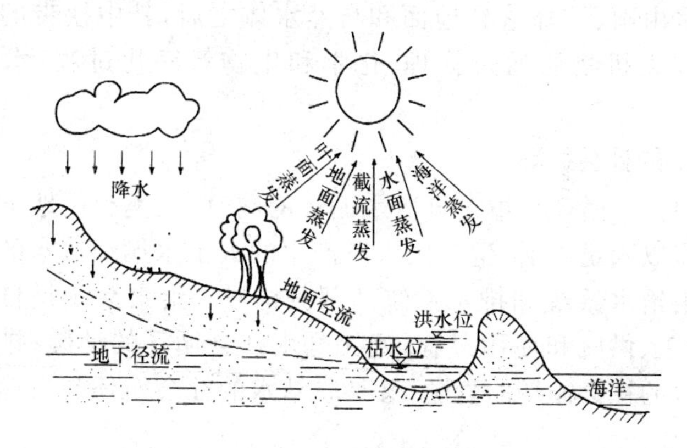

图 1-1 水的自然循环

水的自然循环是一个相对稳定、错综复杂的动态系统。水在自然界中通过蒸发、降水等过程循环运动，给人类带来巨大的能源和自然资源。但水循环远非是一个简单的蒸发、降水重复的过程。水资源的质与量及其分布状况是自然历史发展的产物，既有历史继承性的一面，又有不断变化发展新生性的一面。虽然目前还难以详细研究水自然循环的历史演化过程全貌，但地史学、地貌学、古水文地质及古气候学的研究成果已经证明了水的自然循环是个不断演化的过程。同时，水的自然循环又是一个错综复杂的动态平衡系统。在水循环的过程中涉及蒸发、蒸腾、降水、下渗、径流等各个环节，而且这些环节交错进行。例如，蒸发现象既存在于海洋、江河、湖沼和冰雪等水体表面，也存在于土壤、植物的蒸发和蒸腾作用，甚至连动物、人体也无时无地不在进行水分的蒸发。虽然通常将蒸发看成是水循环的起点，但实际上，水的整个循环过程是无始无终的。蒸发贯穿于水循环的全过程，如降水、径流过程中随时随地都存在蒸发现象。正是水循环的这种复杂动态系统特性，使得水在地球上不断得以循环往复更新，滋养着地球上的万物。

同时，在水的自然循环过程中，不但存在水量的平衡关系，还存在水质的动态平衡关系，即水质的可再生性。水质的动态平衡关系体现在水由雨、雪降落到地面和自然水体之后，其中挟带的一定量的有机或无机物质通过物理、化学和生物等净化过程，水质得以维持。

2. 水的社会循环

水的社会循环是指在自然水循环的同时，人类利用地下径流或地表径流以满足生活、生产用水所产生的人工水循环。水的社会循环系统由给水系统和排水系统两部分构成。给水系统是自然水的提取、加工、供应和使用过程，好比是水社会循环的动脉；排放系统则既是水的社会循环的静脉，又是联结水的社会循环与自然循环的纽带。

社会循环的水量不断增大，造成排入水体的废弃物不断增多，一旦超出了水体的自净能力，水质就会恶化，从而使水体遭到污染。受污染的水体将丧失或部分丧失使用功能，从而影响水资源的可持续利用，并加剧水资源短缺的危机。

对城市污水进行处理，使其排入水体不会造成污染，从而实现水资源的可持续利用，称为水的良性社会循环。当出现水资源短缺危机时，为节约水资源，可以采取污水回用的方法。

在水的社会循环中，一部分水被人类从自然循环的径流中取出，经过生活和生产过程使用后，成为生活污水和工业废水，或者经农田灌溉渗流到地下，最终仍然回归径流。这种社会循环的水，会局部改变自然水循环的途径和强度，使径流条件发生局部的重大改变，还会对水循环的水质发生重大影响，这部分水称为回归水。社会循环对水量的影响尤为突出，如河流、湖泊来水量大幅度减少，甚至干涸，地下水水位大面积下降，径流条件发生重大改变。不可恢复原水所占比例愈大,对自然水文循环的扰动愈剧烈,天然径流量的降低将十分地显著,会引起一系列的环境与生态灾害。因此,在研究与阐述自然界水文循环方面,在重视系统自然水循环外关注社会水循环,还应对自然径流产生的干扰与改造作用,实现水的良性循环是至关重要的。

3. 水的自然循环与水的社会循环的关系

水的社会循环是其自然循环中一个带有人类印记的特殊水循环类型。水的社会循环包含于水的地球大循环之下,并且与其产生强烈的相互交流作用,在不同程度地改变着水的循环运动(图1-2)。

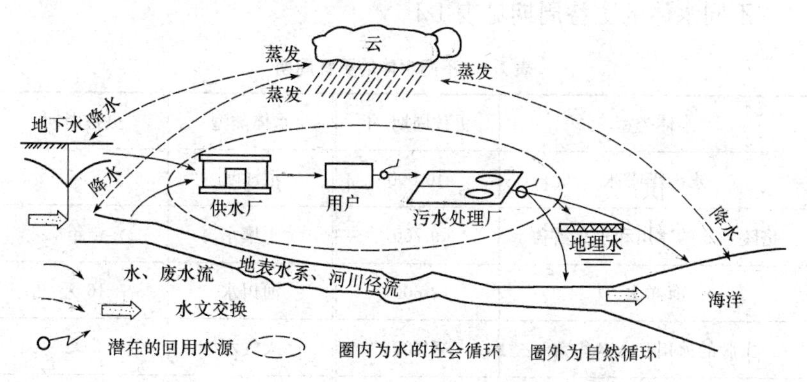

图1-2　水的自然循环和社会循环关系示意图

三、水循环的特征

(1)水量保持平衡。在全球水循环中,地球表面蒸发量同返回的降水量相等,处于相对平衡状态。海洋的蒸发量大于降水量,但来自大陆的径流使这部分缺水得到补偿,海水量不会减少。大陆的降水量大于实际蒸发量,多余水量形成径流汇入海洋,大陆的水量没有增加。

(2)分布不均匀。一般来说,在低纬湿润地区,降雨量较大,雨季降雨集中,气温高,蒸发量大,水循环强烈;高纬度地区,冰雪覆盖期长,气温低,水循环弱;而干旱地区降水稀少,蒸发能力大,但实际蒸发量小,水循环微弱。水循环在这种年内、年际和地区变化的不均匀现象造成了洪涝、干旱等多变复杂的水文形势。

(3)更替周期不一。各类水体循环速度变化很大,更替周期不一。更替周期是指在补给停止的条件下各类水从水体中排干所需时间。其计算公式如下:

$$T=\frac{Q(t)}{q(t)}$$

式中 T——水的更替周期;

$Q(t)$——某一时刻水体中储存的水量;

$q(t)$——单位时间内水体中参与循环的水量。

不同水体的更替周期见表 1-1。

表 1-1 不同水体的更替周期

水体类型	更替周期/年	水体类型	更替周期
永冻带底冰	10 000	沼泽水	5 年
格陵兰岛的冰川和永久雪盖	9 700	土壤水	1 年
海洋水	2 600	河川水	16 天
山脉的冰川和永久雪盖	1 600	大气水	5 天
深层地下水	1 400	生物水	几小时
湖泊水	17	—	—

四、水循环的作用

(1)影响气候的变化。通过蒸发、散发进入大气的水汽,是影响气候的主要因素。空气中含水量的多少,直接影响气候的湿润和干燥,可以调节地面的气候。

(2)改变地表的地貌。降水形成的径流、冲刷和侵蚀地面,将塬面切割成沟壑,山丘侵蚀为准平原;水流搬运大量泥沙,可堆积形成冲积平原,部分低洼地由于地表水的蓄积形成湖泊和沼泽;渗入地下的水,带有溶解岩层中的物质,富集盐分,流入大海;易溶解的岩石受到水流强烈的侵蚀和溶解作用，形成岩溶等地貌。

(3)形成再生资源。水循环提供了巨大的、可以重复利用的再生水资源，使人类获得永不枯竭的水源和能源；大气降水把天空中游离的氮素带到地面，滋养植物；陆地上径流把大量的有机物送入海洋，供给海洋生物，而海洋生物又是人类食物和制造饲料的重要来源。水循环带来的洪水和干旱，也会给人类和生物造成威胁。

五、水循环的要素

1. 降水

大气中的水汽以液态或固态的形式到达地面，称为降水。降水有垂直降水和水平降水两种形式，如图 1-3 所示。降水主要形式有降雨、降雪以及冰雹，露、霜、霰等。降水是地球上各种水体的直接或间接补给来源。

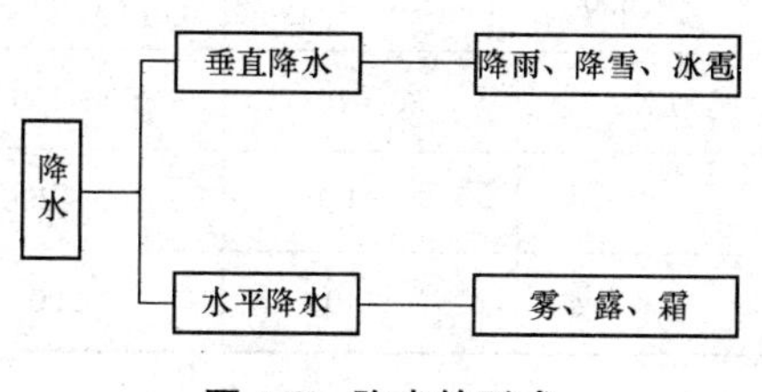

图 1-3 降水的形式

大气中的水分是从海洋、河流、湖泊等各种水体及土壤、植物蒸发而来的。在一定温度条件下，大气中水汽含量有一个最大值，空气中最大的水汽含量称为饱和湿度。饱和湿度与气温成正比，气温越低，饱和湿度越少。当空气水汽含量大于饱和湿度时，水汽开始凝结成水。如果发生在地面，则形成霜和露；发生在高空则形成云，随着云层中的水珠、冰晶含量增加，上升的气流悬浮力不能再抵消水珠、冰晶的质量时，云层中的水珠、冰晶在重力作用下降到地面形成降水。

(1)降水的类型。

1)按降水性质可分为连续性降水、阵性降水和毛毛状降水。连续性降水是指降水时间较长、强度变化小、降水面积较大的降水；阵性降水是指时间短、强度大、降水范围小、分布不均的降水；毛毛状降水是指降水强度很小、落在水面无波纹、落在地面无湿斑的降水。

2)按降水强度可分为小雨(小雪)、中雨(中雪)、大雨(大雪)等，见表 1-2。

表 1-2　按降水强度的分类

等级	雨(雪)			
	mm/h	mm/12 h	mm/24 h	mm/d
小雨(小雪)	<2.5	0.2～5.0	<10	<2.5
中雨(中雪)	2.5～8.0	5～15	10～25	2.5～5.0
大雨(大雪)	8.0～16.0	15～30	25～50	≥5.0
暴雨	≥16.0	30～70	50～100	—
大暴雨	—	70～140	100～200	—
特大暴雨	—	>140	>200	—

3)按降水形态可分为雨、雪、霰、雹等。

4)按降水成因可分为气旋雨、对流雨、台风雨等。

(2)影响降水的因素。影响降水的因素主要有地理位置、气旋、台风的途径、地形、森林和水面，见表 1-3。

(3)降水的基本要素。降水的基本要素主要有降水量、降水历时和降水时间、降水强度、降水面积。

1)降水量。降水量是指在一定时间内降落在某一面积上的水量，一般用深度(mm)表示，也可以用体积(m^3)表示。常用的降水量有次降水量、日降水量、月降水量、年降水量、最大降水量、最小降水量等。

表 1-3　影响降水的因素

序号	影响因素	内　容
1	地理位置的影响	一般情况下，我国东南沿海地区降水充沛，而我国西北内陆地区降水缺乏。降雨量的多寡取决于空气中水汽含量的高低，空气中水汽含量的高低取决于气温和距离海洋的远近。如青岛的年降水量为 646 mm，而兰州只有 325 mm。当气温较高时，地面海水体的蒸发强烈，空气中水汽含量相对较高，因此降水较多。一般而言，赤道的降水较其他地区多 我国的降水大部分由气旋和台风形成，因此，气旋和台风的路径是影响降水的主要因子之一。例如，在春夏之际气旋主要在我国长江流域和淮河流域一带，常形成持续的，连绵的阴雨天气，即梅雨季节。而进入 7 月、8 月后北移进入华北、西北地区，从而使广大的华北和西北地区进入雨季。台风对东南沿海地区的降水影响很大，是这一地区雨季的主要降水形式，有些台风还能深入内地，减弱后变成低气压，给内地带来较大的降水
2	地形因素	地形因素中的山脉对降水影响很大，由于山脉使气流抬升，气流在抬升过程中因冷却而使部分水蒸气凝结形成降水，从而使迎风坡的降水量增多
3	森林	森林对降水的影响是人们争论的一个焦点。已经普遍得到认可的是森林能够增加水平降水 森林通过其强大的蒸发作用增加了林区的空气湿度，蒸发出来的水蒸气加入了内陆的水分循环，从而促进了内陆水分的小循环，对增加其他地区空气中的水汽含量起到了积极作用。因此，森林虽然不能直接增加林区的降水，但可提高水分的循环次数，为内陆其他地区输送更多的水蒸气
4	水面	如湖泊、大型水库等，由于水面蒸发量大，对促进水分的内陆循环有积极作用，但是水面上很容易形成逆温，从而不利于水汽的上升，因此不易形成降水

①次降水量是指某次降水开始到结束时连续一次降水的总量。

②日(月/年)降水量是指一日(一月/一年)中降水的总量。

③最大(小)降水量是指一次、一日或一月、一年中降水的最大(小)量。

2)降水历时与降水时间。

①降水历时是指一场降水自始至终所经历的时间,一般以小时、分表示。

②降水时间是指对应于某一降水而言,其时间长短通常是人为划定的,在此时段内并非意味着连续降水。

3)降水强度(雨强)。降水强度是指单位时间内的降水量,单位为mm/min、mm/h。

4)降水面积。降水面积是指某次降水所笼罩的水平面积,单位为 km^2。

(4)降水特征的表示方法。为了充分反映降水的空间分布与时间变化规律,常用降水过程线、降水累计曲线、等降水量线等表示降水的特性。

1)降水过程线。降水过程线是以一定时段为单位所表示的降水量在时间上的变化过程。以时间为横坐标,降水量为纵坐标绘制成的降水量随时间变化的曲线,如图 1-4 所示。

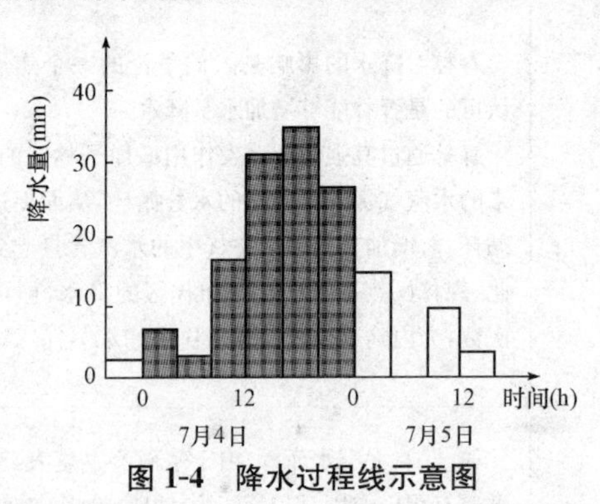

图 1-4　降水过程线示意图

2)降水累计曲线。降水累计曲线是以降水时间为横坐标,纵坐标表示自降水开始至各时刻降水量的累积值。降水累计曲线是一条递增曲线或折线，如图 1-5 所示。在累计曲线上可以明确地标示到某时某刻为止的降水量。累计曲线上任一点的斜率就是该时刻的降水强度。

如果将相邻雨量站的同一次降水的累积曲线绘在一起，可用来分析降水的空间与时程的变化特征。

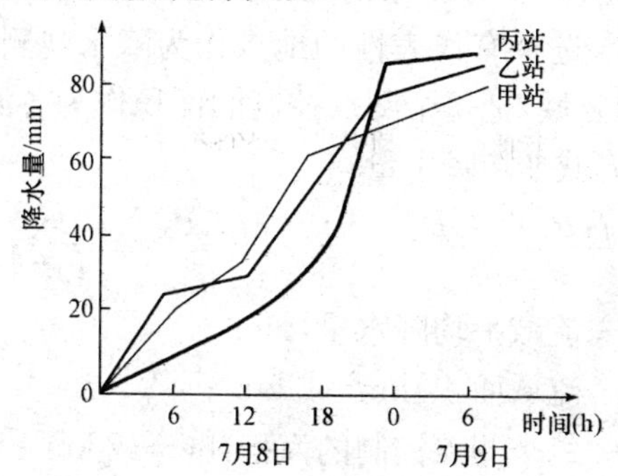

图 1-5 降水量累计曲线示意图

3)等降水量线(等雨量线)。等降水量线是区域内降水量相等的各点连成的曲线，如图 1-6 所示。它反映区域内降水的分布变化规律，在等降水量线图上可以查出各地的降水量和降水面积，但无法确定降水历时和降水强度。

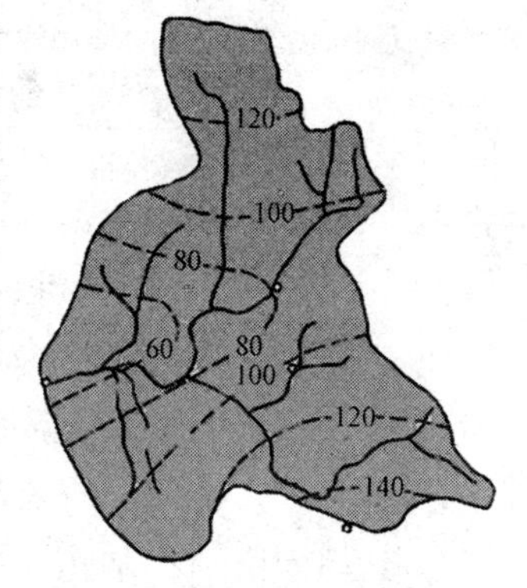

图 1-6 等降水量线示意图

(5)平均降水量的计算。流域平均降水量计算方法有算术平均法、加权平均法、泰森多边形法、等雨量线法等。

1)算术平均法。以所研究区域内各雨量站同时期的降水量相加，再除以站数(n)后得出的算术平均值作为该区域的平均降水量(P)，即：

$$P=\frac{P_1+P_2+\cdots\cdots+P_n}{n}$$

式中　$P_1, P_2, \cdots, P_n$——各测站点同期降水量,mm;

P——流域平均降水量,mm;

n——测站数。

此法简单易行,适用于地形起伏不大,雨量站网稠密且分布较均匀的地区。

2)加权平均法。在对流域情况如面积、地类、坡度、坡向、海拔等进行勘察基础上,选择有代表性的地点作为降水观测点,每个测点都代表一定面积的区域,把每个测点控制的面积作为各测点降水量的权重,按下式计算流域平均降水量:

$$P = \frac{f_1P_1 + f_2P_2 + \cdots\cdots + f_nP_n}{F} = \frac{1}{F}\sum_{i=1}^{n} f_iP_i$$

式中　P——流域平均降水量,mm;

F——流域面积,hm^2 或 km^2;

$f_1, f_2, \cdots, f_n$——每个测点控制的面积,hm^2 或 km^2;

$P_1, P_2, \cdots, P_n$——每个测点观测的降水量。

3)泰森多边形法(垂直平分法)。泰森多边形法计算流域平均降水量 P 的公式为:

$$P = \frac{f_1P_1 + f_2P_2 + \cdots\cdots + f_nP_n}{F} = \frac{1}{F}\sum_{i=1}^{n} f_iP_i$$

式中　$f_1, f_2, \cdots, f_n$——各测站控制面积,即流域边界内各多边形面积,km^2;

$P_1, P_2, \cdots, P_n$——为各观测站同期降水量;

F——流域总面积,hm^2 或 km^2;

P——流域平均降水量,mm。

此法应用广泛,适用于雨量站分布不均匀的地区。其缺点是把各雨量站控制的面积在不同的降水过程中都视作固定不变,与实际不符。某一测站出现漏测时,则必须重新计算各测站的权重系数,才能计算出全流域的平均降水量。

4)等雨量线法。将各相邻等雨量间面积上降水量相加,再除以全面积即得出区域平均降水量 P,即:

$$P=\frac{f_1P_1+f_2P_2+\cdots\cdots+f_nP_n}{F}=\frac{1}{F}\sum_{i=1}^{n}f_iP_i$$

式中 $f_1,f_2,\cdots,f_n$——各相邻等雨量线间的面积，hm^2 或 km^2；

$P_1,P_2,\cdots,P_n$——为各相邻等雨量间的雨深平均值，mm；

F——流域总面积，hm^2 或 km^2；

P——流域平均降水量，mm。

此法适用于面积较大，地形变化显著而有足够数量雨量站的地区。

2. 蒸发

蒸发是水循环的重要环节之一，常见的蒸发有水面蒸发、土壤蒸发、植物蒸发。

(1)水面蒸发。蒸发面是水面的称为水面蒸发。影响水面蒸发的因素可分为气象条件与水体自身条件两类。

1)气象条件。气象条件包括太阳、饱和水气压、风及温度等。

①在自然状态下，太阳辐射是水面蒸发的主要热源，是影响蒸发的主要因素。太阳辐射强的地区，水面蒸发量大。在同一地区内，太阳辐射在一天内不同时刻、一年中不同季节，随天气状况而变化，因此，水面蒸发在一天中的不同时刻、不同季节也不同。

②饱和水汽压差是指水面温度的饱和水汽压与水面上空一定高度的实际水汽压之差。它反映着水汽湿度梯度。饱和水汽压差越大，蒸发量越大；但当上层水汽压增高后，水分子密度加大，上下层水汽压之差减小，从而使水分子的扩散动力减少，蒸发速度也随之降低。

③风能加强气流的乱流交换作用，使水面上蒸发出的水分子不断被移走，蒸发面上空始终保持一定的水汽压差，从而保证蒸发的持续进行。一般情况下，风速越大，水面的蒸发速率越高。在一定温度下，风速增加到某一数值时，蒸发量将不再增加，并达到最大值。

④气温决定空气中能容纳水汽含量的能力和水分子扩散的速度。气温高时，蒸发面上的饱和水汽压比较大，空气中能够容纳较多的水分子，从而易于蒸发；反之则较小。水温反映了水分子运动能量的大

小，水温高时水分子运动能量大，逸出水面的水分多，蒸发强。当风速等其他因素变化不大时，蒸发量随气温的变化一般呈指数关系。

2）水体自身条件。水体自身条件包括水质、水面面积、水体深浅、蒸发表面情况等。

①水质对蒸发有较大的影响，水中的溶解质会减少蒸发。如含盐度每增加1%，蒸发会减少1%。混浊度（含沙量）会影响反射率，因而，影响热量平衡和水温，间接影响蒸发。

②蒸发表面是水在汽化时必须经过的通道，若表面积大，则蒸发面大，蒸发进行得快。

③水体的深浅对蒸发也有一定的影响，浅水水温变化较快，蒸发与水温关系密切，水温对蒸发的影响比较显著；深水水体则因水面受冷热影响时会产生对流作用，使整个水体的水温变化缓慢。

④蒸发表面如有杂物覆盖，从而使水体表面接受的太阳辐射减少，不利于蒸发。

（2）土壤蒸发。蒸发面是土壤表面的称为土壤蒸发。根据土壤供水条件的差别以及蒸发率的变化，可将土壤蒸发过程划分为三个阶段，即稳定蒸发阶段、蒸发速率下降阶段、蒸发速率微弱阶段。

1）稳定蒸发阶段。土壤含水量达到田间持水量以上或饱和，十分湿润。土壤毛管孔隙全部被水充满，并有重力水存在，土壤中的毛管全部沟通，在毛管作用下，土壤中的水分不断快速向表层运动，水分供给十分充足，水分在地表汽化、扩散，土壤的蒸发量大而且稳定。在此阶段蒸发量的大小仅仅取决于气象条件的好坏。

2）蒸发速率下降阶段。随着第一阶段不断进行，土壤中的水分含量进一步降低，当土壤含水量降低到临界土壤含水量（其值与田间持水量接近）时，毛管水的连续状态遭到破坏，毛细管的传导作用下降，向表层输送水分的能力降低，蒸发速率随着表层土壤含水量的变小而变小。此时，蒸发速率与土壤含水量有关，而气象因素对它的影响逐渐减小。

3）蒸发速率微弱阶段。当土壤含水量降低至毛管断裂含水量（相当于凋萎含水量）以下时，土壤蒸发进入第三阶段，毛管水不再以连续状态存在，毛管的传导作用停止，土壤水分只能以薄膜水和气态水的形式向表层移动，土壤内部的水分通过汽化，并经土壤孔隙向大气运行，蒸发主要以水汽扩散输送，运动缓慢，土壤的蒸发强度很小，而且比较稳定。该阶段的蒸发受气象因素和土壤水分含量的影响都很小。实际蒸发量只取决于下层土壤的含水量和与地下水的联系状况。

影响土壤蒸发的因素见表 1-4。

表 1-4　影响土壤蒸发的因素

序号	影响因素	内　容
1	土壤含水量	土壤含水量是决定土壤蒸发供水能力的关键因素 ——土壤含水量大于田间持水量时，土壤的供水能力最大，相应的土壤的蒸发能力也大，基本上能够达到自由水面的蒸发速度 ——当土壤含水量降低到田间持水量以下，凋萎含水量以上时，土壤蒸发随土壤含水量的逐步降低而减小 ——当土壤含水量降低到凋萎含水量以下时，土壤的蒸发速度已经很小，达到一个比较稳定的水平
2	地下水位	地下水位通过影响土壤的含水量分布来影响土壤蒸发 ——如果地下水埋藏较浅，在毛管的作用下地下水能源源不断地上升到上层土壤，从而使土壤蒸发持续稳定地进行，土壤蒸发量大 ——如果地下水埋藏较深，在毛管作用下地下水无法达到上层土壤，即土壤供水能力相对较弱，不但土壤蒸发量小，而且土壤蒸发的变幅也大
3	土壤质地和结构	土壤质地和结构决定了土壤孔隙的多少和土壤孔隙的分布特性，从而影响土壤的持水能力和输水能力 ——质地较轻的土壤（沙壤）和团聚作用强的土壤（团聚体多），因毛管多数被割断，毛管的作用被破坏，水分不易上升，土壤蒸发较小。因此，经常锄地能减少土壤的蒸发 ——相反，土壤颗粒较细，团聚体较少的土壤（如黏粒）毛管作用旺盛，土壤蒸发强烈

续表

序号	影响因素	内　容
4	土壤颜色	土壤颜色主要影响土壤表面的反射率，即影响土壤表面吸收太阳辐射的量。如果土壤的颜色黯淡，吸收的太阳辐射多，土壤表面温度高，土壤蒸发量大
5	土壤表面特征	主要通过对风速、地表吸收的太阳辐射、地面温度等因素的影响而对土壤蒸发产生影响 ——地表有植物覆盖的土壤蒸发要小于裸露地 ——粗糙地表的蒸发量要大于平滑地面 ——坡向不同，地表吸收的太阳辐射不同，地表温度不同，阳坡土壤蒸发明显大于阴坡
6	土壤蒸发能力	土壤蒸发能力指在特定气象条件下，充分供水时土壤的蒸发量。土壤蒸发能力也称土壤可能最大蒸发量或潜在蒸发量 ——当土壤含水量达到田间持水量以上时，土壤供水充分，蒸发量达到了蒸发能力 ——当土壤含水量低于田间持水量时，土壤蒸发量总是小于蒸发能力。可见土壤的蒸发能力只与气象条件有关，而与土壤含水量无关

(3)植物蒸发。植物蒸发是指植物在生长期内，水分从叶面和枝干进入大气的过程。植物蒸发的物理过程如下。

1)植物根的细胞液浓度与土壤水的浓度有一差值，即渗透压，该渗透压促使土壤水分通过根膜进入根细胞内。

2)水分进入根内以后在蒸腾拉力和根压的共同作用下通过根、茎、枝、叶柄、叶脉到达叶面，然后通过开放的气孔逸出后进入大气，这就是蒸腾。

3)在进行蒸腾的同时，植物体内的水分可以直接通过其表面进行蒸发。

植物的蒸发是水分通过土壤—植物—大气系统的一种连续运动变化过程。影响植物蒸发的因素见表1-5。

表 1-5 影响植物蒸发的因素

序号	影响因素	内容
1	植物生理调节	主要指植物的种类和植物生长阶段在生理上的差别，不同的植物其叶片的大小、质地，特别是气孔的分布、数目及形状有很大的差别。气孔大、数目多的植物蒸发量大，如针叶树的蒸发量较阔叶树小，深根植物的蒸发量较浅根植物均匀。同一树种在不同的生长阶段蒸发量也不一样，春天的蒸发量较冬天大
2	气候因素	与水面蒸发和土壤蒸发的相同，主要是温度、湿度、日照和风速。尤其是温度和光照 ——植物的蒸发量随温度的升高而增大。当气温达到 40 ℃以上时，植物的气孔失去调节功能而全部打开，散发大量的水分。在同样的气温下，春季的蒸发量要比秋季大 ——植物的蒸发量随光照时间和光照强度的增加而增大。蒸发主要发生在白天，白天的蒸发量大约占 90%，蒸发强度中午最大，夜间最小
3	土壤水分	土壤水分是植物蒸发的主要水源，但蒸发与土壤水分的关系受植物生理机能的制约 ——当土壤含水量高于毛管断裂含水量时，植物的蒸发量随土壤含水量的变化幅度较小 ——当土壤含水量降低到凋萎含水量以下时，植物将不能从土壤中吸取水分以维持正常的生理活动而逐渐枯萎，蒸发也随之停止 ——当土壤含水量在毛管断裂含水量与凋萎含水量之间时，蒸发随土壤含水量的减少而减少

3. 下渗

下渗又称入渗，是指水分通过土壤表面垂直向下进入土壤和地下的运动过程。下渗是将地表水、地下水、土壤水联系起来的纽带，是径流形成过程、水分循环的重要环节。

(1)下渗阶段。水分的下渗是在重力、分子力和毛管力的综合作用下进行的，水分下渗过程就是这三种力的平衡过程，整个下渗过程按照作用力的组合变化和运动特征，划分为以下三个阶段。

1)渗润阶段。降水初期，土壤相对较为干燥，落在干燥土面上的雨水，首先受到土粒的分子力作用，在分子力作用下，下渗的水分被土粒吸附形成吸湿水，进而形成薄膜水，当土壤含水量达到分子力能维持的最大量时，下渗进入第二阶段。

2)渗漏阶段。土壤中薄膜水得到满足后，影响下渗的作用由分子力转化为毛管力和重力。在毛管力和重力的共同作用下，使下渗水分在土壤孔隙中做不稳定运动，并逐步充填毛管孔隙、非毛管孔隙，使表层土含水达到饱和。当土壤表层的非毛管孔隙被充满水后，下渗进入第三阶段。

3)渗透阶段。在土壤孔隙被水分充满，达到饱和状态后，水分主要在重力作用下继续向深层运动，下渗的速度基本达到稳定。水分在重力作用下向下运行，称为渗透。

(2)下渗水的分布。下渗过程中土壤含水量的垂直分布。下渗水在土体中的垂向分布，大致可划分为饱和带、过渡带、水分传递带、湿润带，如图 1-7 所示。

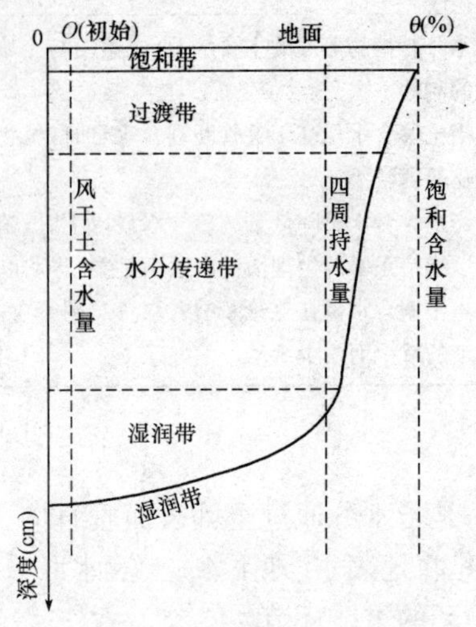

图 1-7　下渗水分布示意图

1)饱和带。饱和带位于土壤表层。在持续供水条件下，土壤含水量处于饱和状态，但无论下渗强度有多大，土壤浸润深度怎样增加，饱和带的厚度不超过 1.5 cm。

2)过渡带。在饱和带之下,土壤含水量随深度的增加急剧减少,形成一个水的过渡带。过渡带的厚度不大,一般在 5 cm 左右。

3)水分传递带。过渡带下方为水分传递带。其特点是土壤含水量沿垂线均匀分布。在数值上为饱和含水量的 60%～80%,带内水分的传递运行主要靠重力作用,在均质土中,带内水分下渗率接近一个常值。

4)湿润带。水分传递带之下是一个含水量随深度迅速递减的水分带,称为湿润带。湿润带的末端称为湿润锋面,锋面两边土壤含水量突变,此锋面是上部湿土与下层干土之间的界面。

当地表停止供水和地表积水消耗了以后,水分入渗过程结束,但土壤剖面中的水分在水势作用下仍继续向下运动。

(3)下渗要素。

1)下渗率(f)。又称下渗强度,是指单位面积上单位时间内渗入土壤中的水量,常用单位为 mm/min、mm/h。

2)下渗能力(f_p)。又称下渗容量,是指在充分供水条件下的下渗率。

3)稳定下渗率(f_c)。简称“稳渗”。通常在下渗最初阶段,下渗率具有较大的数值,称为初渗(f_0),其后随着下渗作用的不断进行,土壤含水量的增加,下渗率逐步递减,递减的速率也是先快后慢。当下渗锋面推进到一定深度后,下渗率趋于稳定的常值。此时的下渗率称为“稳定下渗率”。

(4)影响下渗的因素。影响下渗的因素有四个方面:土壤特性、降水特性、流域植被和地形条件、人类活动,见表 1-6。

表 1-6　影响下渗的因素

序号	影响因素	内　　容
1	土壤特性	土壤特性对下渗的影响,主要决定于土壤的透水性能及土壤的前期含水量。一般来说土壤颗粒愈粗,孔隙直径愈大,其透水性能愈好,土壤的下渗能力亦愈大。土壤的前期含水量越高,下渗量将越少,下渗速度也越慢

续表

序号	影响因素	内容
2	降水特性	降水强度直接影响土壤下渗强度及下渗水量，在降水强度小于下渗率的条件下，降水全部渗入土壤。在相同土壤水分条件下，下渗率随降雨强度增大而增大。尤其是在草被覆盖条件下情况更明显 降水的时程分布对下渗也有一定的影响，如在相同条件下，连续性降水的下渗量要小于间歇性下渗量
3	流域植被和地形条件	植被及地面上枯枝落叶具有滞水作用，增加了下渗时间，从而减少了地表径流，增大了下渗量。另外，植物根系改良土壤的作用使土壤孔隙状况明显改善，从而增加了下渗速度和下渗量 当地面起伏较大，地形比较破碎时，水流在坡面的漫流速度慢，汇流时间长，下渗量大。在相同的条件下，地面坡度大、漫流速度快，历时短，下渗量就小
4	人类活动	各种坡地改梯田、植树造林、蓄水工程均增加水的滞留时间，从而增大下渗量。反之，砍伐森林、过度放牧、不合理的耕作，则加剧水土流失，从而减少下渗量 在地下水资源不足的地区采用人工回灌，则是有计划、有目的地增加下渗水量 在低洼易涝地区开挖排水沟渠，则是有计划、有目的地控制下渗，控制地下水的活动。研究水的入渗规律，正是为了有计划、有目的地控制入渗过程，使之朝向人们所期望的方向发展

(5)下渗公式。

1)菲利浦下渗公式。

$$f_p=\frac{1}{2}st^{-\frac{1}{2}}+f_c$$

式中 f_p——下渗容量，mm/h；

t——下渗时间，h；

s——吸着力；

f_c——稳定下渗率，mm/h。

2)霍顿下渗公式。

$$f_p=(f_0-f_c)e^{-at}+f_c$$

式中　f_p——下渗容量,mm/h;

f_c——稳定下渗率,mm/h;

t——下渗时间,h;

f_0——下渗开始时($t=0$)下渗率,mm/h;

e——自然对数底;

a——参数,与土壤、植被性质有关。

4. 径流

径流是指沿地表或地下运动汇入河网向流域出口断面汇集的水流。沿地表运动称为地表径流;沿地下岩土空隙运动称为地下径流。

(1)径流组成。径流由地表径流、壤中流、地下径流三部分组成。

(2)径流表示方法。常用的径流表示方法有流量、径流总量、径流深、径流模数、径流系数等。

1)流量(Q)。流量是指单位时间通过某一断面的水量,单位为 m^3/s。通过该断面的流量随时间的变化过程,可用流量过程线表示。常用的流量还有日平均流量、月平均流量、年平均流量、最大流量、最小流量等。

2)径流总量(W)。径流总量表示时段 T 内通过河流某一断面的总水量,单位为 m^3 或亿 m^3。在流量过程线上时段 T 内流量过程线以下的面积,即为时段 T 的径流总量。有时也用其时段平均流量与时段的乘积表示:

$$W=\overline{Q}\cdot T$$

式中　W——T 时段内的径流总量,m^3;

$\overline{Q}$——T 时段内的平均流量,m^3/s。

3)径流深(R)。径流深是指若将径流总量平铺在整个流域面积上所求得的水层厚度,单位为 mm。其计算公式为:

$$R=\frac{W\cdot 10^9}{F\cdot 10^{12}}=\frac{W}{1\ 000\ F}=\frac{\overline{Q}\cdot T}{1\ 000\ F}$$

式中　R——径流深，mm；

$\overline{Q}$——时段 T 内的平均流量，m^3/s；

F——流域面积，km^2。

4)径流模数(M)。径流模数是指流域出口断面流量与流域面积的比值，即单位时间单位面积上产生的水量。即：

$$M=\frac{Q}{F}\cdot 10^3$$

式中　M——径流模数，$L/(s\cdot km^2)$；

Q——流于出口端面流量，m^3/s；

F——流域面积，km^2。

5)径流系数(α)。径流系数是指同一时段内径流深与降雨深的比值，$0<\alpha<1$。径流系数反映了流域降水转化为径流的比率，综合反映了流域自然地理因素和人为因素对降水径流的影响。如 $\alpha\to 0$，说明降水主要用于流域内的各种消耗，其中最主要的消耗为蒸发；如 $\alpha\to 1$，说明降水大部分转化为径流。径流系数用公式表达为：

$$\alpha=\frac{R}{P}$$

式中　α——径流系数；

R——某一时段的径流深；

P——相应时段的降水深度。

(3)径流形成过程。根据径流各个阶段的特点，把径流形成划分为流域蓄渗过程、坡面漫流过程和河网汇流过程。

1)流域蓄渗过程。降雨开始时，除一少部分降落在河床上的雨水直接进入河流形成径流外，大部分降水并不立刻产生径流，而是首先被消耗于植物截留、枯枝落叶吸收。

植物截留是指降雨过程中植物枝叶拦蓄降水的现象。植物截留量与降水量、降水强度、风、植被类型、郁闭度、枝叶的干燥程度等有关。一般情况下，降水量越大，植物截留量越大；降水强度越强，截留量越小；风越大，截留量越小；不同的植被有着不同的截留量，叶表面积越大，截留量越大，尤其是叶片表面的状况对截留量有很大影响；郁闭度越高，整个林分的截留量越大。

枯枝落叶层吸收雨水能力取决于枯枝落叶的特性和含水量大小，一般情况下，枯枝落叶层越干，吸收的雨水量越大。

2)坡面漫流过程。坡面漫流是指扣除植物截留、入渗、填洼后的降雨在坡面上以片状流、细沟流的形式沿坡面向溪沟流动的现象。

在漫流过程中，坡面水流一方面继续接受降雨的直接补给而增加地表径流；另一方面在运行中不断地消耗于下渗和蒸发，使地表径流减少。地表径流的产流过程与坡面漫流过程是相互交织在一起的，前者是后者发生的必要条件，后者是前者的继续和发展。

3)河网汇流过程。各种径流成分经过坡地汇流注入河网后，沿河网向下游干流出口断面汇集的过程，即河网汇流过程。这一过程自坡地汇流注入河网开始，直至将最后汇入河网的降水输送到出口断面为止。

(4)影响径流的因素。影响径流形成和变化的因素主要有：气候因素、流域下垫面因素、人类活动因素，见表1-7。

表1-7　影响径流形成和变化的因素

序号	影响因素	内　容
1	气候因素	气候因素包括降水、蒸发、气温、湿度、风等 降水是径流的源泉，径流过程通常是由流域上降水过程转换来的，降水和蒸发的总量、时空分布、变化特性，直接导致径流组成的多样性、径流变化的复杂性 气温、湿度和风是通过影响蒸发、水汽输送和降水而间接影响径流的。蒸发也是影响径流的重要因素之一，大部分的降雨都以蒸发的形式损失掉，而没能参与径流的形成。在北方干旱地区，80%～90%的降水消耗于蒸发，在南方湿润地区也有30%～50% 根据水量平衡方程，在一个较长的时间范围内，蒸发量越大，径流量越小。对某一次降雨来说，如果降雨前蒸发量大，土壤含水量相对较低，雨水的下渗强度较大，土壤中可容纳的水量相对较多，因此，径流量相应就少

续表

序号	影响因素	内　　容
2	流域下垫面因素	流域下垫面因素:地理位置,如纬度、距海远近等;面积、形状;地貌特征,如山地、丘陵、盆地、平原、谷地、湖沼等;地形特征,如高程、坡度、坡向;地质条件,如构造、岩性;植被特征 (1)流域的地形地貌一方面通过影响气候因素间接影响径流;另一方面还通过直接影响流域的汇流条件来影响径流。如在迎风坡,降雨量增加,径流也相应增加;高程增高,气温降低,相应地径流量增加;坡度越大,径流的流速大,雨水下渗的机会就少,因此径流量大 (2)地质条件和土壤特性决定着流域的入渗能力、蒸发潜力和可能最大的蓄水量,具有发达断层、节理、裂隙的流域,其下渗量大,径流量小,如岩溶地区。土壤渗透性能好的土壤,下渗量大而径流量小。另外,土壤和地质条件还可以通过植被类型和植被生长状况间接影响径流 (3)植被对径流的影响比较复杂。有些专家认为,森林蒸发量大,因此,根据水量平衡方程,河川径流量小。从另一个角度说,由于植物截留、枯枝落叶层对雨水的吸收、森林土壤有很好的下渗能力,在径流形成过程中的降雨损失量大,因此,森林有减少地表径流量的作用。因为森林有较强的下渗能力,使较多的雨水渗入地下以地下径流的方式慢慢补给河川径流,因此,森林能够增加河川枯水期的径流量 (4)湖泊和水库通过蓄水量的变化调节和影响径流的年际和年内变化。在洪水季节大量洪水进入水库和湖泊,水库和湖泊的蓄水量增加,在枯水季节,水库和湖泊中蓄积的水慢慢泄出,其蓄水量减少。因此,流域中如果有水库或湖泊,能够消减洪水,使洪水过程线变得平缓 总之,径流形成过程,除了降雨条件外,另一个重要条件就是流域下垫面。只有当雨水降落在一个流域上,水的运行过程才开始,也只有通过流域的下垫面,各种垂向、侧向的运行过程才能出现,并显示出它们在径流形成中的功能

续表

序号	影响因素	内　容
3	人类活动因素	人为活动对径流有正反两方面的影响 (1)人类可以通过修建各种水利和水土保持工程措施,如水库、淤地坝、水窖等蓄水工程,拦蓄地表径流、消减洪峰流量、调节径流过程。整地措施通过减缓原地面的坡度、截短坡长、增加地表糙率,从而增加了下渗量,延长了汇流时间,消减了洪峰,使流量过程线变得平缓。人类还可以通过植树造林,增加森林覆盖,利用森林保持水土、涵养水源、增加枯水径流对径流起到调节作用 (2)不合理的人类活动,如过度地砍伐森林、陡坡开荒、没有采取任何保护措施来大面积开采地下各种资源等都能造成严重的水土流失。另外,工业生产的废弃物任意排放,农业生产中各种农药、化肥无节制地使用,生活垃圾的大量增加,不但破坏了土壤对径流的调节作用,还严重污染了水质。因此,我们必须保护森林,保护我们的生存环境

第三节　世界及中国水资源概况

一、全球水资源利用概况

1. 全球水资源概况

全球总储水量约 13.86×10^9 亿立方米,其中,海洋水为 13.38×10^9 亿立方米,约占全球总水量的 96.5%。在余下的储水量中,地表水占 1.78%,地下水占 1.69%。人类主要利用的含盐量不超过 0.1% 的淡水约 3.5×10^8 亿立方米,在全球总储水量中只占 2.53%,其余 97.47%属于咸水。淡水少部分分布在湖泊、河流、土壤和地表以下浅层地下水中;大部分则以冰川、永久积雪和多年冻土的形式储存。

世界水资源分布十分不平衡,从各大洲水资源的分布来看,年径流量亚洲最多,其次为南美洲、北美洲、非洲、欧洲、大洋洲。从人均径流量的角度看,全世界河流径流总量按人平均,每人约合 10 000 立方米。在各大洲中,大洋洲人均径流量最多,其次为南美洲、北美洲、非洲、欧洲、亚洲。

随着世界经济的发展，人口不断增长，城市日渐增多和扩张，各地用水量不断增多。据联合国统计，1900 年，全球用水量只有 4 000 亿立方米/年，1980 年为 30 000 亿立方米/年，1985 年为 39 000 亿立方米/年。到 2000 年，水量需增加到 60 000 亿立方米/年。其中以亚洲用水量最多，达 32 000 亿立方米/年，其次为北美洲、欧洲、南美洲等。到 2000 年，中国全国需水量达 6 814 亿立方米。其中，最多为长江流域，达 2 166 亿立方米，其次为黄河流域和珠江流域。随着生产的发展，不少地区和国家水资源的供需矛盾正日益突出。

2. 全球水资源面临问题

从未来的发展趋势看，由于全球社会对水的需求不断增加，而自然界所能提供的可利用的水资源又有一定限度，突出的供需矛盾使水资源已成为各国经济发展的重要制约因素，主要表现在：

(1)水量短缺严重。随着社会需水量的大幅度增加，水资源供需矛盾日益突出，水资源量短缺现象非常严重。联合国环境规划署发表的《2000 年全球环境展望》报告指出：世界上已有大约 20%的人缺乏安全的饮用水，50%的人生活在没有卫生系统的地区。预测到 2025 年，全世界将有 2/3 的人口面临严重缺水的局面。缺水区在亚洲占 60%、非洲占 85%。对中东国家来说，缺水危机已经成为严酷的现实。

据不完全统计，全球地下水资源年开采量已达到 5 500 亿立方米。其中美国、印度、中国、巴基斯坦、伊朗、日本等的开采量之和占全球地下水开采量的 85%。尤其是亚洲地区，在过去的 40 年里，人均水资源拥有量下降了 40%～60%。

(2)水资源污染严重。据统计，目前全世界每年有 420 多平方千米的污水排入江河湖海，污染了 55 000 亿立方米的淡水，占全球径流总量的 14%以上。由于人口的增加和工业的发展，排出的污水量将日益增加。

3. 全球水资源开发利用趋势

(1)农业用水量及农业用水中不可复原的水量最高。

随着农业技术的发展，农业用水量在总用水量中所占的比例在逐年降低,但农业用水量基数大,且农业用水的不可恢复水量占用水量的比例又远远大于工业和生活用水的不可恢复水量的比例。因此,在未来水资源开发利用过程中,农业用水方式和节水措施将是克服水资源短缺的重要方面,而且节水的潜力巨大。

(2)工业用水由于不可恢复的水量最低,将更加重视提高工业用水技术,降低用水量定额,加大节水力度,大幅度提高水的重复利用率。

(3)水资源的开发将更为重视经济、环境与生态的良性协调发展。水资源开发利用应充分注意“开源与节流并重”,优先发展污水再生回用,实现水资源的合理开发,永续利用。

二、中国水资源概况

1. 中国水资源的特点

我国地域辽阔,是世界上水资源相对较丰富的国家之一。水资源可利用量为 8 140 亿立方米,仅占水资源总量的 29%,仅次于巴西、俄罗斯、加拿大、美国、印度尼西亚。从表面上看,我国淡水资源相对比较丰富,属于丰水国家。但我国人口基数和耕地面积基数大,人均和每公顷平均经济量相对要小得多,我国已处于严重的缺水边缘。我国人均占有水资源量仅为 2 173 立方米,不足世界人均占有量的 1/4,美国的 1/6,俄罗斯和巴西的 1/12,加拿大的 1/50,排在世界的第 121 位。

我国的水资源分布极不均衡,呈现东多西少、南多北少、夏多冬少的特点。

(1)降水、河流分布的不均匀性

我国水资源空间分布的特征主要表现为:降水和河川径流的地区分布不均匀,水土资源组合很不平衡。一个地区水资源的丰富程度主要取决于降水量的多寡。根据降水量空间的丰度和径流深度可将全国地域分为五个不同水量级的径流地带,见表 1-8。

表 1-8　我国径流带、径流深度的分布

径流带	年降雨量 /mm	径流深度 /mm	地　区
丰水带	1 600	>900	福建省和广东省的大部分地区、“台湾省”的大部分地区、江苏省和湖南省的山地、广西壮族自治区南部、云南省西南部、西藏自治区的东南部
多水带	800～1 600	200～900	广西壮族自治区大部、四川省、贵州省、云南省大部、秦岭—淮河以南的长江中下游地区
过渡带	400～800	50～200	黄河、淮海平原、山西省和陕西省的大部、四川省西北部和西藏自治区东部
少水带	200～400	10～50	东北西部、内蒙古自治区、宁夏回族自治区、甘肃省、新疆维吾尔自治区西部和北部、西藏自治区西部
缺水带	<200	<10	内蒙古自治区西部地区和准噶尔、塔里木、柴达木三大盆地以及甘肃省北部的沙漠区

上述径流地带的分布受降水、地形、植被、土壤和地质等多种因素的影响，其中降水影响是主要因素。

(2)地下水资源分布的不均匀性

我国是一个地域辽阔、地形复杂、多山分布的国家，山区(包括山地、崎岖的高原和丘陵)约占全国面积的69%，平原和盆地约占31%。地形特点是西高东低，定向山脉纵横交织，构成了我国地形的基本骨架。北方分布的大型平原和盆地成为地下水的基本骨架。我国北方分布的大型平原和盆地成为地下水储存的良好场所。东西向排列的昆仑山—秦岭山脉，成为我国南北方的分界线，对地下水资源量的区域分布产生了深刻影响。

另外，年降水量由东南向西北递减所造成的东部地区湿润多雨、西北部地区干旱少雨的降水分布特征，对地下水资源的分布起到重要的控制作用。

我国地下水资源量总的分布特点是南方高于北方，地下水资源的丰富程度由东南向西北逐渐减少，另外，由于我国各地区之间社会经济发达程度不一，各地人口密集程度、耕地发展情况均不相同，使不同地区人均、单位耕地面积所占有的地下水资源量具有较大的差别。

我国的水资源不仅在地域上分布很不均匀，而且在时间分配上也很不均匀，无论年际或年内分配都是如此。我国大部分地区受季风影响明显，降水年内分配不均匀，年际变化大，枯水年和丰水年连续发生。许多河流发生过3～8年的连丰、连枯期。

我国最大年降水量与最小年降水量之间相差悬殊。我国南部地区最大年降水量一般是最小年降水量的2～4倍，北部地区则达3～6倍。降水量的年内分配也很不均匀。我国长江以南地区由南往北雨季为3～6月至4～7月，降水量占全年的50%～60%。长江以北地区雨季为6～9月，降水量占全年的70%～80%。正是由于水资源在地域上和时间上分配不均匀，造成有些地方或某一时间内水资源富余，而另一些地方或时间内水资源贫乏。因此，在水资源开发利用、管理与规划中，水资源的时空再分配将成为克服我国水资源分布不均、灾害频繁状况，实现水资源最大限度有效利用的关键内容之一。

2. 中国水资源开发利用

我国年用水总量与水资源总量在世界上所占的位置类似，居世界前列，用水总量高居世界第2位，而人均用水量不足世界人均用水量的1/3。与世界上先进国家相比，工业和城市生活用水所占的比例较低，农业用水占的比例过大。随着工业化、城市化的发展及用水结构的调整，工业和城市生活用水所占的比例将会进一步提高。

(1)农业用水。农业用水是我国的用水大户，占总用水量的比例较高。农业用水主要包括农田、林业、牧业的灌溉用水及水产养殖业、农村工副业和人畜生活等用水。农田灌溉是农业的主要用水和耗水对象，农田灌溉用水量占农业总用水量的比例始终保持在90%以上。

(2)工业和生活用水。近20年来，我国工业和生活用水量具有显著的提高，所占总用水量的比例也有大幅度增加。

我国人均生活日用水量仅为114升，城镇居民生活日用水量略有增加。城市规模的差异以及城市化水平的不同，区域水资源条件的差别，造成城市居民人均日用水量的差距相当大。

3. 中国水资源面临主要问题

(1)水资源开发过度，生态破坏严重。我国水资源的开发程度偏高，局部地区超过水资源的最大允许开发限度。伴随而至的环境与生态恶化愈发严重。由于过分强调地表水渠系利用率，使山前冲洪积扇地区河流由于入渗量的减少而补给地下水量大为降低，造成下游河道干涸、沙化。

(2)城市供水集中，供需矛盾尖锐。在城市地区，工业和人口相对集中，供水地点范围有限，常年持续供水，同时要求供水保证率高。随着城市和工业的迅猛发展，大中城市供需矛盾日趋尖锐。

造成水资源短缺的直接原因包括以下几项：

1)水资源分布与人口、土地分布的极不平衡；

2)工农业发展迅速，人口成倍增长，人类对水的需求量超出可供的水资源量；

3)天然存在的劣质水体以及水资源污染造成的污染水体所占水资源的比例较高；

4)水资源开发利用不合理，水资源利用效率低下，水浪费现象十分普遍，在不发达或欠发达地区尤为显著。

(3)地下水过量开采，环境地质问题突出。开采过于集中，在城市地区引起区域地下水位持续下降，降落漏斗面积不断扩大；泉水流量衰减或断流；地面沉降；海水入侵；水位大幅下降，地面失衡，在覆盖型岩溶水源地和矿区产生地面塌陷。

(4)水资源开发利用缺乏统筹规划和有效管理。对地下水与地表水、上游与下游、城市工业用水与农业灌溉用水、城市和工业规划布局及水资源条件等尚缺乏合理综合规划。地下水开发利用的监督管理工作薄弱，地下水和地质环境监测系统不健全。

第四节 小城镇水资源概况

一、小城镇水资源现状

中共十八大提出的新型城镇化逐渐成为舆论关注的焦点，城镇化被视为拉动内需乃至推动中国经济发展的重要途径。结合十八大报告以及中央经济工作会议的成果看，新型城镇化将着重于农业转移人口的市民化，同时，兼顾工业化、信息化、城镇化与农业现代化的协调发展。

新型城镇在具体执行时将面临多种挑战，最先遭遇的可能是水资源瓶颈。水资源承载力决定了一个地区所能承受的人口、工业规模上限。一旦超出承载力范围，缺水、水污染以及由此引发的地下水超采、地质沉降、饮水安全等问题将逐一爆发。

2012 年 10 月底，通过验收的“我国近海海洋综合调查与评价”专项（908 专项）则显示，中国沿海地区水资源短缺日益严重，11 个沿海省（自治区、直辖市）所辖的 52 个沿海城市中，极度缺水的 18 个、重度缺水的 10 个、中度缺水的 9 个、轻度缺水的 9 个，近 90％的城市存在不同程度缺水的问题。专项并得出结论，水资源已经成为我国沿海地区经济社会可持续发展的瓶颈。

总结分析我国水资源短缺的原因，问题首先指向工业、农业以及城市居民生活用水浪费惊人。

工业方面，生产方式粗放，水资源的重复利用率不到发达国家的 1/3；农业方面，灌溉技术落后，灌溉用水利用率一般只有 40％；城市方面，浪费严重、污水回用率低，生活污水排放总量早在 1999 年就已经超过了工业污水，成为污水的主要来源。

上述三个方面水资源利用的问题，分别对应着“新四化”中的工业化、农业现代化以及新型城镇化。这也意味着，只有真正落实“四化同步”，我国才有可能克服水资源的瓶颈。

一方面，由于节水、治污不但没有眼前的经济效益，还需投入大量的资金，绩效也不明显；另一方面，由于中央政府没有建立完善的节水环保科技新产品的宣传、推广、补贴的政策机制，节水产品像节能灯一样由于较高的成本处于市场竞争的劣势，节水技术没有得到广泛的推广，这也使节约用水在技术上成了空谈。例如，对城市节约用水至关重要的中水设施，由于前期一次性投资太高，又没有相应补贴，目前仅能在北京市等极少数大城市的部分新建小区安装，且正常运行的不到20%。

解决水资源利用的问题，需要从治污、节水及再利用等多方面入手，涉及"四化同步"、政府职能转变以及节水制度建设等多方面的内容。在过去的发展模式下，水资源短缺、污染与浪费并存，中国社会为此付出了巨大的代价。旧的模式不再可行，新型城镇化在水资源利用方面，也要开创新的发展模式。

二、小城镇水资源面临的问题

水是人类生存和经济社会发展不可缺少的重要战略资源，并且也是生态环境的控制性要素。20世纪70年代以来，全球用水量急剧增长，城市工业废、污水的大量排放，水污染迅猛增加，可供人类安全饮用的水源日益短缺，生态环境不断恶化，水资源问题严重影响了全球的环境与发展，已成为世界各国共同关注的重要问题。

1. 水利建设的成就和问题

新中国成立以来，全国兴修了大量水利工程，初步控制了大江大河的常遇洪水，形成了5 800亿立方米的供水能力，灌溉农田由2.4亿亩扩大到8.3亿亩，并为城市和工业发展提供了水源，有力支持了我国经济社会的发展。

但是，近年来受全球气候变化的影响，水循环发生了异常变化，我国北方尤其是黄、淮、海地区出现了持续干旱缺水，南方长江及其以南地区出现了频繁的洪涝灾害。南涝北旱同时出现的局面，暴露了我国现有水利工程抵御特大自然灾害的能力不足。在防洪方面，不少地区防洪标准偏低，工程老化失修，目前的防洪工程体系尚难抵御大洪水或特大洪水，防洪安全没有保障；在抗旱方面，黄、淮、海、辽地区地表径流衰减，地表水源不足，导致平原地区大量超采地下水，地下水位大幅度下降，湖淀干涸，地面下沉，入海水量锐减，尤其是黄河下游大量引黄抗旱，造成黄河连年频繁断流；在生态环境方面，由于城市和工业用水剧增，废污水大量排放，污水处理未能及时跟上，水污染加剧、江河湖库的水质下降，西北干旱地区水土资源过度开发，促使荒漠化的发展，生态环境严重恶化。

随着人口增长、国民经济的持续快速发展、城市化进程的加快，以及自然环境的变化，洪涝灾害、干旱缺水、水污染、生态环境恶化等问题已逐渐成为我国经济社会可持续发展的重要制约因素，引起了全社会的广泛关注。

2. 新世纪面临的新任务

随着国民生产总值的成倍增长，全国需水总量将达到 7 000 亿立方米左右，水资源能否可持续开发利用，既满足城乡生活、工农业生产用水的需求，又保持生态环境不再继续恶化，将成为我国水资源面临的时代挑战。为此，必须采取以下措施，并开展相应的水文水资源研究工作：

(1)建设节水防污型社会，提高用水效率。在水资源可持续利用方面，要满足 16 亿人口的需要，尤其是黄、淮、海、辽四个流域的缺水区，建设节水防污型社会，提高用水效率是关键。

农业用水要从传统粗放的灌溉农业和旱地雨养农业转变为建设节水高效的现代灌溉农业和现代旱地农业。建议通过对降雨—土壤水—地表水—植物水转化关系的观测，研究提出灌溉农业的节水和效率的提高和改进意见。农业节水的重点应放在北方缺水地区，尤其应该结合抗旱灌溉对非充分灌溉或有限灌溉条件下的灌溉用水效率进行观测研究。土壤水墒情的观测预报，对适时灌溉提高灌溉水的有效利用率有明显作用，建议开展此项观测研究。

工业化和城市化必然带来城市用水的高速增长，因此今后应列节水为重点。通过水均衡监测和污水的治理，进一步提高工业用水的重复利用率和城市污水的再生回用率。针对 2020 年城市污水的有效处理率要达到 80%以上，使水环境有明显改善的规划治理目标，应加强省界监测断面的水量和水质监测工作，为我国水资源管理工作提供依据。

(2)统筹安排生态环境用水。保护和改善生态环境是保障我国经济社会可持续发展必须坚持的基本方针。我国西部地区生态环境脆弱，特别是西北干旱、半干旱地区，为了防止盲目发展灌溉农业进一步挤占生态环境用水和黄河中下游的冲沙用水，应在水资源的配置中，合理安排生态用水，确保生态环境不再继续恶化。对各类河流最小生态需水量应结合河流的特性做专门的研究。

(3)防洪减灾方面。要从建立防洪工程体系为主的战略，转变为全面建立防洪工作体系，达到人与自然协调共处的防洪减灾战略。设计洪水和洪水预报调度是防洪工程体系的建设基础，为此需要充分利用现有的暴雨、洪水遥测和遥感信息资料，充分利用现代水文计算新技术，对现行的设计洪水和洪水预报方法进行改进和完善，以适应战略转变的需要。

三、我国水资源与经济发展之间的矛盾

(1)水资源贫乏，供需矛盾加剧制约经济发展。我国是一个水资源严重短缺的国家，随着工业化、城镇化的快速发展，工业用水、城市用水量急剧增大，水资源供需之间的矛盾显现，造成工业生产停滞、城市供水限时。

据统计，20 世纪 80 年代全国缺水城市 236 座，缺水量 1 200 万 m^3/d，20 世纪 90 年代全国缺水城市 300 座，缺水量 1 600 万 m^3/d，21 世纪初全国缺水城市 450 座，缺水量 2 000 万 m^3/d。加之，我国是一个农业大国，农业人口约占 70%，而在广大农村节约用水观念普遍不强，农业用水利用率相当低，造成了巨大的水资源浪费，供需矛盾进一步加剧，水资源型干旱导致广大农村农作物减产绝收、农村饮水困难、农民收入大幅度下降，严重影响人民的生产、生活，给工农业生产带来了无法估量的经济损失，是农村实现小康社会、工业经济持续增长的最大束缚。

(2)水资源因时空分布不均衡而造成区域性干旱或季节性自然

灾害严重阻碍了我国经济的发展。我国水资源与人口、土地、经济发展组合状况不理想，降雨在空间上分布不均衡，降雨量南方比较充沛，年平均降雨超过 1 000 mm，而北方内陆地区降雨量少，年平均降雨量少于 400 mm，这种降雨分布的区域性差异导致水资源分布南北不均衡，北方资源性缺水严重。水资源的缺乏，严重制约了当地经济的发展。

我国降雨受典型季风气候影响，全年降雨在年内时间分布极不平衡，降雨呈明显的季节性，其中，70%～80%降雨集中在汛期的 6 月、7 月、8 月内，汛期降雨强度大、雨量太过集中，往往地表径流汇聚引发洪涝灾害，当降雨集中的汛期过后，工农业用水量依然巨大，因水量大部分都集中在了汛期，水资源集中期偏离工农业用水集中期，水资源供需矛盾显现，季节性缺水严重，降雨的季节性造成灾害的季节性，大洪之后又遇大旱，汛期抗洪汛后抗旱，严重阻碍了经济的发展。

(3)流域内、流域之间水资源利用分配不合理，影响居民的生产生活，造成巨大的经济损失。我国目前水资源的开发极不合理，局部流域内上游不顾下游，左岸不顾右岸，拦河修坝截流，在上游对水资源进行过度的开发利用，导致水资源在上下游、左右岸分配利用不合理，严重影响居民的生产生活，造成了巨大的经济损失。在流域之间，水资源丰富的流域，用水浪费严重，水利用率低，而在水资源贫乏的流域却是河流断水，水库干涸，无水可用，连最基本的生态环境用水都无法保障，流域之间水资源利用分配不合理。建议国家加强对水资源进行统一管理、统一调度，保证水资源在流域内、流域之间的合理配置，综合考虑流域内、流域之间的用水需求，科学配置、合理调度，保障最广大人民的根本利益。

(4)水污染严重形成水质性缺水，人们生活水资源总量不断减少。随着我国经济的快速发展，工农业污水排放量逐年加大，近年来全国污水排放量达 600 亿吨，其中绝大部分未做处理直接排入江河湖泊，全国 700 多条河流中，有近 50 条河段水域污染严重，水污染严重形成水质性缺水，生活水资源总量因河湖水资源污染而不断减少。

(5)各种用水需求不合理,导致生态破坏。我国北方的高纬度地区由于长时间的持续干旱,用水相当紧张,工业用水挤占农业用水,农业用水挤占生态环境用水,生态环境用水濒临枯绝。如果这样无休止地挤占生态环境用水,不合理地配置工业、农业、生态环境用水之间的比例,必然会对生态系统和环境造成极大的破坏,导致植被覆盖率减少、自然绿洲萎缩、草场退化、土地沙漠化严重。

四、小城镇水资源开发利用综合保障措施

我国对水资源的开发利用应科学规划、合理应用,采取综合措施充分缓解各种矛盾,协调各方面关系,实现经济健康、快速、可持续发展,具体来讲有行政措施、法律措施、工程措施、技术措施等。

(1)行政措施。

国家应积极加强宏观调控,运用行政手段来合理引导、调整国家工农业产业结构及产业内部结构,经济发展由粗放型向集约型转变,建立健全适合我国水资源现状的产业结构模式。我国目前单位产值工业耗水量少于农业耗水量,国家可以适当提高工业比重,在经济总量不减少的情况下,降低水资源需求总量,减轻水资源供需矛盾,同时,对工农业结构内部进行产业转化,鼓励农民向节水型农业发展,引导农民大力发展渔业、林业、牧业等低耗水型农业,节约宝贵的水资源。对工业企业中高耗水低产出,强制进行技术改造,提高水资源利用率,对工业项目进行政审批时,不仅要考虑经济效益,还应考虑环境生态效益,科学分析当地的水资源情况,对超过水资源承载力的项目不允许上马。国家应积极加强宏观调控,实现水资源供需的总体平衡。

(2)法律措施。

在全国范围内加强《水法》《水土保持法》和《水污染防治法》的宣传力度,提高全民节水意识,积极参与水土保持、水污染防治、依靠法制节水、节约宝贵的水资源等社会活动。但目前我国对水资源管理法律体系的建设步伐明显滞后于经济的快速发展的速度。依

法治水必须以法律为基础，才能做到有法可依、有章可循，国家应加快这方面的立法建设，以适应新时期经济发展的需要。

(3)工程措施。

为了从根本上缓和我国区域性的干旱灾害，减轻水资源供需矛盾，兴建大型跨流域调水工程是必需的(如南水北调工程)，以缓和北方地区的资源性缺水，实现水资源的优化配置，保障南北地区经济同时协调、健康、快速地发展。

为缓解季节性旱灾，应在流域内兴建小型灌溉工程，在降雨集中期蓄水用于降雨集中期过后灌溉之用，除水害兴水利，同时，还可以结合发电、养殖开展多种经营，活跃地方经济。

(4)技术措施。

我国农业灌溉用水利用率偏低，一般只有 30%～40%，生产单位粮食用水量是发达国家用水量的 2～2.5 倍，农业用水占全国用水总量的 70%，水资源存在极大的浪费，因此应积极推广节水灌溉新技术，发展节水型农业。如滴灌、喷灌比传统的漫灌水资源利用率要提高 10%～20%，可以大量节约宝贵的水资源。我国工业水资源利用率偏低，用水浪费严重，据统计资料，日本每增加 1 万美元 GDP 耗水 208 m^3，美国为 514 m^3，中国则高达 5 045 m^3，是美国的 10 倍、日本的 24 倍，如此大的差异主要是差在科学技术上。因此，发展科学技术成为水资源开发利用的重要措施。

五、水资源保护的行为规范

(1)以节水为荣，随时关上水龙头，别让水空流。我国是世界上 13 个贫水国家之一，淡水资源还不到世界人均水量的 1/4。地表水资源的稀缺造成对地下水的过度开采。例如，20 世纪 50 年代，北京市的水井在地表下约 5 m 处就能打出水来，而现在北京市 4 万口井平均深达 49 m，地下水资源已近枯竭。因此，要大力倡导人们珍惜每一滴水，养成良好的行为习惯。

(2)注意监护水源，保护水源就是保护生命。根据环境监测，全国每天约有 1 亿吨污水直接排入水体。全国七大水系中一半以上河段水质受到污染。35 个重点湖泊中，有 17 个被严重污染，全国 1/3 的水体不适用于农业灌溉。90%以上的城市水域污染严重，50%以上城镇的水源不符合饮用水标准，40%的水源已不能饮用，南方城市总缺水量的60%～70%是由于水源污染造成的。

(3)一水多用或水重复使用。提倡生活用水一水多用，通过循环利用、逆流回用等节约措施，提高工业用水回收率和重得利用率。

(4)防止滴漏，检查维修水龙头。若水龙头没有拧紧，一个晚上流失的水则相当于非洲或亚洲缺水地区一个村庄的居民日饮用水总量。

(5)慎用清洁剂，减少水污染。大多数洗涤剂是化学产品，洗涤剂含量大的废水大量排放到江河里，会使水质恶化。

(6)大力发展绿化工程，增加森林面积涵养水源。森林有涵养水源、减少无效蒸发及调节小气候的作用，具有节流意义。林区和林区边缘有可能增加降水量，具有开源的意义。

(7)提高水资源的综合利用。水库可以蓄洪，也可以养殖水生动植物，大水面可以通航，有些水域还可开辟旅游。水力发电用过的水经过处理后，可以用于灌溉。渠系和田间渗漏的水，可以地下抽出利用，从地下抽出的水，还可以灌区下游重复抽出，重复利用。我国新疆地区是干旱区，没有灌溉就没有农业，设法提高河流引水率，要安排好上下游用水关系，等于开辟水源。

(8)建设调水工程。由于地理、气候特点，地区间水的分配并不平衡。利用自然因素及人工改造，把丰水区的水调至缺水区，是解决水源不足、开辟新的经济区的有效手段。如南水北调工程。

(9)开发利用污水资源，发展中水处理、污水回用技术。城市中部分工业生产和生活产生的优质杂排水经处理净化后，可以达到一定的水质标准，作为非饮用水用于绿化、清洁卫生等方面。

(10)发展和推广节水器具。据不完全统计，我国目前有便器水箱近 4 000 万套和大量的其他卫生器具，每年因马桶水箱漏水损失水量上亿立方米。因此，要大力推广节水器具，减少用水量。

(11)强化保护水资源、节约用水的法制建设和宣传工作。增强全民的节水意识,使人们自觉认识到水是珍贵的资源,摈弃“取之不尽,用之不竭”的陈旧观念,形成珍惜水资源、节约水资源和保护水资源的良好社会风尚。

第二章　供水资源水质评价

第一节　水质指标

水质指标项目繁多，总共有上百种，大致可分为物理性水质指标、化学性水质指标和生物学水质指标三大类。

一、物理性水质指标

1. 感官物理性指标

感官物理性指标包括温度、色度、浑浊度、透明度等。

(1)温度。水的许多物理特性、物质在水中的溶解度以及水中进行的许多物理化学过程都与温度有关。地表水的温度随季节、气候条件而有不同程度的变化，一般在0.1 ℃～30 ℃。地下水的温度比较稳定，在8 ℃～12 ℃。工业废水的温度与生产过程有关。饮用水的温度在10 ℃比较适宜。

(2)色度。纯水是无色的，但水的颜色有真色和表色之分。真色是由于水中所含溶解物质或胶体物质所致，即除去水中悬浮物质后所呈现的颜色。表色包括由溶解物质、胶体物质和悬浮物质共同引起的颜色。

测定水样时，将水样颜色与一系列具有不同色度的标准溶液进行比较或绘制标准曲线在仪器上进行测定。

(3)浑浊度和透明度。水中由于含有悬浮物及胶体状态的杂质而产生浑浊现象。水的浑浊程度可以用浑浊度来表示。水体中悬浮物质含量是水质的基本指标之一，表明的是水体中不溶解的悬浮和漂浮物质，包括无机物和有机物。悬浮物对水质的影响表现在阻塞土壤孔隙，形成河底淤泥，还可阻碍机械运转。悬浮物能在1～2 h内沉淀下来的部分称为可沉固体，此部分可粗略地表示水体中悬浮物之量。生活污水中沉淀下来的物质通常称为污泥;工业废水中沉淀的颗粒物则称为沉渣。

浑浊度是一种光学效应,表现出光线透过水层时受到的阻碍程度,与颗粒的数量、浓度、尺寸、形状和折射指数等有关。

浑浊度是一种光学效应,是光线透过水层时受到阻碍的程度,表示水层对光线散射和吸收的能力。浑浊度不仅与悬浮物的含量有关,而且还与水中杂质的成分、颗粒大小、形状及其表面的反射性能有关。透明度与浑浊度相反,这里不多做介绍。

2. 其他物理性指标

其他物理性水质指标包括总固体、悬浮性固体、固定性固体、电导率(电阻率)等。

(1)总固体。水样在 103 ℃～105 ℃温度下蒸发干燥后所残余的固体物质总量,也称蒸发残余物。

(2)悬浮性固体和溶解性固体。水样过滤后,滤样截留物蒸干后的残余固体量称为悬浮性固体;滤过液蒸干后的残余固体量称为溶解固体。

(3)挥发性固体和固定性固体。在一定温度下(600 ℃)将水样中经蒸发干燥后的固体灼烧而失去的质量称为挥发性固体;灼烧后残余物质的质量称为固定性固体。

(4)电导率。电导率是指一定体积溶液的电导,即在 25 ℃时面积为 1 cm^2,间距为 1 cm 的两片平板电极间溶液的电导,单位为 mS/m 或 μS/cm。

水中溶解的盐类均以离子状态存在,具有一定的导电能力,因此,电导率可以间接地表示出溶解盐类的含量。

电导率的大小受溶液浓度、离子种类及价态和测量方法的影响。

二、化学性水质指标

1. 一般的化学指标

一般的化学性水质指标有 pH 值、硬度、碱度、各种离子、一般有机物质等。

(1)pH 值。一般天然水体的 pH 值为 6.0～8.5。其测定可用试纸法、比色法、电位法。试纸法虽简单,但误差较大;比色法用不同的显色剂进行,比较不方便;电位法用一般酸度计。

(2)硬度。水的总硬度指水中钙、镁离子的总浓度。其中包括碳酸盐硬度(即通过加热能以碳酸盐形式沉淀下来的钙、镁离子,故又叫暂时硬度)和非碳酸盐硬度(即加热后不能沉淀下来的那部分钙、镁离子,又称永久硬度)。

碳酸盐硬度和非碳酸盐硬度之和称为总硬度;水中钙离子的含量称为钙硬度;水中镁离子的含量称为镁硬度;当水的总硬度小于总碱度时,两者之差,称为负硬度。

(3)碱度。碱度是指水中能与强酸发生中和反应的全部物质,即水接受质子的能力,包括各种强碱、弱碱和强碱弱酸盐、有机碱等。天然水中的碱度主要有:CO_3^{2-}、HCO_3^-、OH^-、$HSiO_3^-$、$H_2BO_3^-$、HPO_4^-、HS^- 和 NH_3O 等。其中,CO_3^{2-}、HCO_3^-、OH^- 是主要的致碱度阴离子。

碱度的测定用中和滴定法进行,见表 2-1。用酚酞指示剂测得的碱度为酚酞碱度 P。用甲基橙指示剂测得的碱度为甲基橙碱度,或称总碱度 T。从酚酞变色到甲基橙变色之间,所用去 H^+ 的物质量为 M。即 $T=P+M$。

(4)酸度和游离 CO_2。酸度是指水中能与强碱发生中和作用的物质总量。总酸度包括以下内容。

1)强酸包括 HCl、HNO_3、H_2SO_4 等;

表 2-1　三种碱度的计算表

滴定结果	氢氧化物碱度[OH^-]	碳酸盐碱度[CO_3^{2-}]	重碳酸盐碱度[HCO_3^-]
$P=0$	0	0	T
$P<1/2T$	0	$2P$	$T-2P$
$P=1/2T$	0	T	0
$P>1/2T$	$2P-T$	$2(T-P)$	0
$P=T$	T	0	0

2)弱酸包括 CO_2、H_2CO_3、H_2S 及有机酸;

3)强酸弱碱盐包括 $FeCl_3$、$Al_2(SO_4)_3$ 等。

(5)酸根。

1)硫酸根(SO_4^{2-}):水垢的重要阴离子,可转化成 H_2S,使水质产生恶臭和腐蚀现象。

2)氯离子(Cl^-):海水达到 18 000 mg/L;一般淡水为每升数十到数百毫克;超过 500～1 000 mg/L 时有明显的咸味。

3)硝酸根(NO_3^-):主要来源于有机物的生物降解。

(6)碱金属。Na^+、K^+:其盐类溶于水。它们的特性相近,通常合在一起测定。对水质影响不很显著。反映水中的含盐量。

2. 有毒的化学水质指标

有毒的化学性水质指标,如各种重金属、氰化物等。

(1)铁。铁在水中以二价和三价铁的各种化合物形式存在。地表水中,铁以三价铁形式存在,可形成氢氧化铁沉淀或胶体微粒。地下水中,铁以二价铁的形式,每升水可达数十毫克。沼泽水中铁可能以有机铁的形式存在。水中铁的存在易生成沉淀或锈斑、水垢组成物。

(2)锰。锰常与铁伴随,许多表现与铁相似,在饮用水中比铁的危害性要大。锰在水中以二价形式存在。有机锰会使水质变坏,带有异味。

3. 氧平衡指标

氧平衡指标包括化学需氧量(COD)、生物需氧量(BOD)、总需氧量(TOD)等。

化学需氧量,在一定严格的条件下,水中各种有机物质与外加的强氧化剂($K_2Cr_2O_4$、$KMnO_4$)作用时消耗的氧化剂量,以氧(O)的 mg/L 表示。

生化需氧量是指在人工控制的一定条件下,使水样中的有机物在有氧的条件下被微生物分解,在此过程中消耗溶解氧的 mg/L 数。BOD 愈高,反映有机耗氧物质的含量也愈多。

总需氧量是在特殊的燃烧器中,以铂为催化剂,在 900 ℃高温下使一定量的水样气化，其中，有机物燃烧变成稳定的氧化物时所需的氧量。

三、生物学水质指标

生物学水质指标一般包括细菌总数、总大肠菌数、各种病原细菌、病毒等。

水是传播疾病的重要媒介。饮用水中的病原体包括细菌、病毒以及寄生型原生动物、蠕虫，其污染来源主要是人畜粪便。在不发达国家，饮用水造成传染病的流行是很常见的。这可能是由于水源受病原体污染后，未经充分消毒，也可能是饮用水在输配水和贮存过程中受到二次污染造成的。

理想的饮用水不应含有已知致病微生物，更不应有人畜排泄物污染的指示菌。为了保障饮用水能达到要求，定期抽样检查水中粪便污染的指示菌是很重要的。为此，我国《生活饮用水卫生标准》(GB 5749)中规定的指示菌是总大肠菌群，另外，还规定了游离余氯的指标和细菌总数。

我国自来水厂普遍采用加氯消毒的方法，当饮用水中游离余氯达到一定浓度后，接触一段时间就可以杀灭水中细菌和病毒。因此，饮用水中余氯的测定是一项评价饮用水微生物学安全性的快速而重要的指标。

第二节　水环境的分析、监测与评价

一、水环境质量标准

1. 地表水环境质量标准

依据地表水水域环境功能和保护目标，《地表水环境质量标准》(GB 3838)按功能高低依次划分为以下五类。

Ⅰ类主要适用于源头水、国家自然保护区；

Ⅱ类主要适用于集中式生活饮用水地表水源地一级保护区、珍稀水生生物栖息地、鱼虾类产卵场、仔稚幼鱼的索饵场等；

Ⅲ类主要适用于集中式生活饮用水地表水源地二级保护区、鱼虾类越冬场、洄游通道、水产养殖区等渔业水域及游泳区；

Ⅳ类主要适用于一般工业用水区及人体非直接接触的娱乐用水区；

Ⅴ类主要适用于农业用水区及一般景观要求水域。

对应地表水上述五类水域功能，将地表水环境质量标准基本项目标准值分为五类，不同功能类别分别执行相应类别的标准值。

(1)地表水环境质量标准基本项目标准限值见表2-2。

表2-2　地表水环境质量标准基本项目标准限值

序号	标准值 项目		分类				
			Ⅰ类	Ⅱ类	Ⅲ类	Ⅳ类	Ⅴ类
1	水温/℃		人为造成的环境水温化应限制在： 周平均最大温升≤1 周平均最大温降≤2				
2	pH值(无量纲)		6～9				
3	溶解氧	≥	饱和率90% (或7.5)	6	5	3	2
4	高锰酸盐指数	≤	2	4	6	10	15
5	化学需氧量 (COD)	≤	15	15	20	30	40
6	5日生化需氧量 (BOD_5)	≤	3	3	4	6	10
7	氨氮(NH_3-N)	≤	0.15	0.5	1.0	1.5	2.0
8	总磷(以P计)	≤	0.02 (湖、库0.01)	0.1 (湖、库0.025)	0.2 (湖、库0.05)	0.3 (湖、库0.1)	0.4 (湖、库0.2)
9	总氮 (湖、库，以N计)	≤	0.2	0.5	1.0	1.5	2.0
10	铜	≤	0.01	1.0	1.0	1.0	1.0

续表

序号	项目＼标准值		分类				
			Ⅰ类	Ⅱ类	Ⅲ类	Ⅳ类	Ⅴ类
11	锌	≤	0.05	1.0	1.0	2.0	2.0
12	氟化物(以 F^- 计)	≤	1.0	1.0	1.0	1.5	1.5
13	硒	≤	0.01	0.01	0.01	0.02	0.02
14	砷	≤	0.05	0.05	0.05	0.1	0.1
15	汞	≤	0.000 05	0.000 05	0.000 1	0.001	0.001
16	镉	≤	0.001	0.005	0.005	0.005	0.01
17	铬(6 价)	≤	0.01	0.05	0.05	0.05	0.1
18	铅	≤	0.01	0.05	0.05	0.05	0.1
19	氰化物	≤	0.005	0.05	0.02	0.2	0.2
20	挥发酚	≤	0.002	0.002	0.005	0.01	0.1
21	石油类	≤	0.05	0.05	0.05	0.5	1.0
22	阴离子表面活性剂	≤	0.2	0.2	0.2	0.3	0.3
23	硫化物	≤	0.05	0.1	0.2	0.5	1.0
24	粪大肠菌群(个/L)	≤	200	2 000	10 000	20 000	40 000

(2)集中式生活饮用水地表水源地补充项目标准限值见表 2-3。

表 2-3　集中式生活饮用水地表水源地补充项目标准限值

序号	项目	标准值
1	硫酸盐(以 SO_4^{2-} 计)	250
2	氯化物(以 Cl 计)	250
3	硝酸盐(以 N 计)	10
4	铁	0.3
5	锰	0.1

(3)集中式生活饮用水地表水源地特定项目标准限值见表 2-4。

表 2-4 集中式生活饮用水地表水源地特定项目标准限值

序号	项目	标准值	序号	项目	标准值
1	三氯甲烷	0.06	26	1,4—二氯苯	0.3
2	四氯化碳	0.002	27	二氯苯②	0.02
3	三溴甲烷	0.1	28	四氯苯③	0.02
4	二氯甲烷	0.02	29	六氯苯	0.05
5	1,2—二氯乙烷	0.03	30	硝基苯	0.017
6	环氧氯丙烷	0.02	31	二硝基苯④	0.5
7	氯乙烯	0.005	32	2,4—二硝基甲苯	0.000 3
8	1,1—二氯乙烯	0.03	33	2,4,6—三硝基甲苯	0.5
9	1,2—二氯乙烯	0.05	34	硝基氯苯⑤	0.05
10	三氯乙烯	0.07	35	2,4—二硝基氯苯	0.5
11	四氯乙烯	0.04	36	2,4—一氯苯酚	0.093
12	氯丁二烯	0.002	37	2,4,6—三氯苯酚	0.2
13	六氯丁二烯	0.000 6	38	五氯酚	0.009
14	苯乙烯	0.02	39	苯胺	0.1
15	甲醛	0.9	40	联苯胺	0.000 2
16	乙醛	0.05	41	丙烯酰胺	0.000 5
17	丙烯醛	0.1	42	丙烯腈	0.1
18	三氯乙醛	0.01	43	邻苯二甲酸二丁酯	0.003
19	苯	0.01	44	邻苯二甲酸二(2—乙基己基)酯	0.008
20	甲苯	0.7			
21	乙苯	0.3	45	水合肼	0.01
22	二甲苯①	0.5	46	四乙基铅	0.000 1
23	异丙苯	0.25	47	吡啶	0.2
24	氯苯	0.3	48	松节油	0.2
25	1,2—二氯苯	1.0	49	苦味酸	0.5

续表

序号	项目	标准值	序号	项目	标准值
50	丁基黄原酸	0.005	66	苯并(a)芘	2.8×10^{-6}
51	活性氯	0.01	67	甲基汞	1.0×10^{-6}
52	滴滴涕	0.001	68	多氯联苯⑥	2.0×10^{-6}
53	林丹	0.002	69	微囊藻毒素－LR	0.001
54	环氧七氯	0.000 2	70	黄磷	0.003
55	对硫磷	0.003	71	钼	0.07
56	甲基对硫磷	0.002	72	钴	1.0
57	马拉硫磷	0.05	73	铍	0.002
58	乐果	0.08	74	硼	0.5
59	敌敌畏	0.05	75	锑	0.005
60	美曲膦酯	0.05	76	镍	0.02
61	丙吸磷	0.03	77	钡	0.05
62	百菌清	0.01	78	钒	0.05
63	甲萘威	0.05	79	钛	0.1
64	溴氰菊酯	0.02	80	铊	0.000 1
65	阿特拉津	0.003			

① 二甲苯:指对—二甲苯、间—二甲苯、邻—二甲苯。

② 三氯苯:指 1,2,3—三氯苯、1,2,4—三氯苯和 1,3,5—三氯苯。

③ 四氯本:指 1,2,3,4—四氯苯,1,2,3,5—四氯苯和 1,2,4,5—四氯苯。

④ 二硝基苯:指对—二硝基苯、间—二硝基苯、邻—二硝基苯。

⑤ 硝基氯苯:指对—硝基氯苯、间—硝基氯苯、邻—硝基氯苯。

⑥ 多氯联苯:指 PCB—1016、PCB—1221、PCB—1232、PCB—1242、PCB—1248、PCB—1254、PCB—1260。

2. 地下水质量标准

依据我国地下水水质现状、人体健康基准值及地下水质量保护目标,并参照生活饮用水、工业用水、农业用水水质最高要求,将地下水质量划分为五类。

Ⅰ类主要反映地下水化学组分的天然低背景含量，适用于各种用途。

Ⅱ类主要反映地下水化学组分的天然背景含量，适用于各种用途。

Ⅲ类以人体健康基准值为依据，主要适用于集中式生活饮用水水源及工、农业用水。

Ⅳ类以农业和工业用水要求为依据，除适用于农业和部分工业用水外，适当处理后可作生活饮用水。

Ⅴ类不宜饮用，其他用水可根据使用目的选用。

与地表水一样，地下水环境质量也根据不同功能类别分别执行相应类别的标准值，见表 2-5。

表 2-5　地下水质量分类指标

序号	标准值 项目	分类				
		Ⅰ类	Ⅱ类	Ⅲ类	Ⅳ类	Ⅴ类
1	色/度	≤5	≤5	≤15	≤25	>25
2	臭和味	无	无	无	无	有
3	浑浊度/(NTU)	≤3	≤3	≤3	≤10	>10
4	肉眼可见物	无	无	无	无	有
5	pH 值	6.5～8.5			5.5～6.5 8.5～9	<5.5，>9
6	总硬度(以 $CaCO_3$ 计)/(mg/L)	≤150	≤300	≤450	≤550	>550
7	溶解性总固体/(mg/L)	≤300	≤500	≤1 000	≤2 000	>2 000
8	硫酸盐/(mg/L)	≤50	≤150	≤250	≤350	>350
9	氯化物/(mg/L)	≤50	≤150	≤250	≤350	>350
10	铁(Fe)/(mg/L)	≤0.1	≤0.2	≤0.3	≤1.5	>1.5
11	锰(Mn)/(mg/L)	≤0.05	≤0.05	≤0.1	≤1.0	>1.0

续表

序号	标准值 项目	分类				
		Ⅰ类	Ⅱ类	Ⅲ类	Ⅳ类	Ⅴ类
12	铜(Cu)/(mg/L)	≤0.01	≤0.05	≤1.0	≤1.5	>1.5
13	锌(Zn)/(mg/L)	≤0.05	≤0.5	≤1.0	≤5.0	>5.0
14	钼(Mo)/(mg/L)	≤0.001	≤0.01	≤0.1	≤0.5	>0.5
15	钴(Co)/(mg/L)	≤0.005	≤0.05	≤0.05	≤1.0	>1.0
16	挥发性酚类(以苯酚计)/(mg/L)	≤0.001	≤0.001	≤0.002	≤0.01	>0.01
17	阴离子合成洗涤剂/(mg/L)	不得检出	≤0.1	≤0.3	≤0.3	>0.3
18	高锰酸盐指数/(mg/L)	≤1.0	≤2.0	≤3.0	≤10	>10
19	硝酸盐(以N计)/(mg/L)	≤2.0	≤5.0	≤20	≤30	>30
20	亚硝酸盐(以N计)/(mg/L)	≤0.001	≤0.01	≤0.02	≤0.1	>0.1
21	氨氮(NH_4)/(mg/L)	≤0.02	≤0.02	≤0.2	≤0.5	>0.5
22	氟化物/(mg/L)	≤1.0	≤1.0	≤1.0	≤2.0	>2.0
23	碘化物/(mg/L)	≤0.1	≤0.1	≤0.2	≤1.0	>1.0
24	氰化物/(mg/L)	≤0.001	≤0.01	≤0.05	≤0.1	>0.1
25	汞(Hg)/(mg/L)	≤0.000 05	≤0.000 5	≤0.001	≤0.001	>0.001
26	砷(As)/(mg/L)	≤0.000 5	≤0.01	≤0.05	≤0.05	>0.05
27	硒(Se)/(mg/L)	≤0.01	≤0.01	≤0.01	≤0.1	>0.1
28	镉(Cd)/(mg/L)	≤0.000 1	≤0.001	≤0.01	≤0.01	>0.01
29	铬(六价)(Cr^{6+})/(mg/L)	≤0.005	≤0.01	≤0.05	≤0.1	>0.1

续表

序号	标准值 项目	分类				
		Ⅰ类	Ⅱ类	Ⅲ类	Ⅳ类	Ⅴ类
30	铅(Pb)/(mg/L)	≤0.005	≤0.01	≤0.05	≤0.1	>0.1
31	铍(Be)/(mg/L)	≤0.000 02	≤0.000 1	≤0.000 2	≤0.001	>0.001
32	钡(Ba)/(mg/L)	≤0.01	≤0.1	≤1.0	≤4.0	>4.0
33	镍(Ni)/(mg/L)	≤0.005	≤0.05	≤0.05	≤0.1	>0.1
34	滴滴涕/(μg/L)	不得检出	≤0.005	≤1.0	≤1.0	>1.0
35	六六六/(μg/L)	≤0.005	≤0.05	≤5.0	≤5.0	>5.0
36	总大肠菌群/(个/L)	≤3.0	≤3.0	≤3.0	≤100	>100
37	细菌总数/(个/mL)	≤100	≤100	≤100	≤1 000	>1 000
38	总α放射性/(Bq/L)	≤0.1	≤0.1	≤0.1	>0.1	>0.1
39	总β放射性/(Bq/L)	≤0.1	≤1.0	≤1.0	>1.0	>1.0

二、水质的调查与分析

1. 污染源调查

污染源调查的目的是判明水体污染现状、污染危害程度、污染发生的过程、污染物进入水体的途径及污染环境条件，并揭示水污染发展的趋势，确定影响污染过程可能的环境条件和影响因素。水污染调查的内容主要包括污染现状、污染源、污染途径以及污染环境条件等。

2. 水质分析

水质监测分析技术分类按其原理可分为物理法、化学法和生物法。

(1)物理法。物理法是指通过测量各种物理量，如时间、热、光、磁、放射性等，对水中污染物或其某些特征值进行监测。测量手段除了传统的方法外，还可使用遥感、激光等新技术。

(2)化学法。化学法是指通过化学分析和仪器分析等手段，对水体中污染物进行定量和定性分析。

(3)生物法。生物法是指利用不同生物对水污染产生的各种反应(如群落、种群、细胞的变化等),判断水体污染的状况。生物法与物理法、化学法不同,它可反映多种污染因子的综合效应以及水体长期污染的结果,在一定程度上弥补物理法及化学法的不足。

三、水环境监测

水环境监测是在水质分析的基础上发展起来的,是对代表水质的各种标志数据的测定过程。监测目的是:提供代表水质质量现状的数据,供水体环境质量评价使用;确定水体中污染物的时空分布特点,追溯污染物的来源和生长规律,预测水体污染的变化趋势;判断水污染对环境生物和人体健康造成的影响,评价污染防治措施的实际效果,为制定有关法规、水环境质量标准、污染物排放标准等提供科学依据;为建立和验证水质污染模型提供依据;探明污染原因、污染机理以及各种污染物质,进一步深入开展水环境及其污染的理论研究。

1. 地面水水质监测

(1)水质监测站网。水质监测站网是指在一定地区、按一定原则、以适当数量的水质监测站构成的水质资料收集系统。

(2)监测断面。监测断面是为了明确特定污染源对水体的影响,评价水质状况而设置的,设置原则如下:

1)设在大量污水排入河流的主要居民区、工业区的上游和下游;

2)设在湖泊、水库、河口的主要出、入口;

3)设在河流主流、河口、湖泊和水库的代表性位置;

4)设在主要用水地区,如公用给水的取水口、商业性捕鱼水域或娱乐水域等;

5)设在主要支流汇入干流、河口或入海水域的汇合口。

流经城市或工业区的河段,除监测断面外,一般还设置对照断面和消减断面,如图 2-1 所示。

①对照断面是指为了弄清河流入境前的水质而设置的。应在流入城市或工业区以前,避开各类污水流入或回流装置,一般对照断面

只设一个。

②消减断面是指污水汇入河流，经一段距离与河水充分混合后，水中污染物经稀释和自净而逐渐降低，其左、中、右三点浓度差异较小的断面。通常设在城市或工业区最后一个排污口下游 1 500 m 以外的河段上。

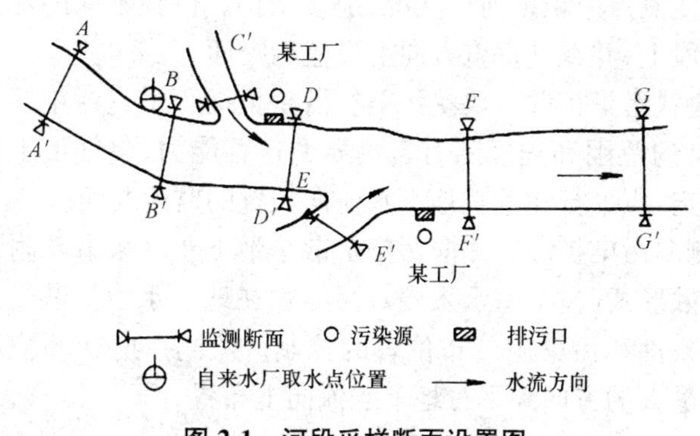

图 2-1 河段采样断面设置图

(3)采样时间和频率。水质监测采样频率及时间的要求如下：

1)饮用水源及重要水源保护区，全年采样 8～12 次；

2)重要水系干流及一级支流，全年采样 12 次；

3)一般中小河流，全年采样 6 次，丰、平、枯水期各 2 次；

4)面积大于 1 000 km^2 的湖泊和库容大于 1×10^8 m^3 的水库，每月应采样分析 1 次，全年不少于 12 次；

5)其他湖泊、水库，全年采样 2 次，其中丰、枯水期各 1 次。

2. 地下水水质监测

地下水水质监测的主要对象应是污染物危害性大和排放量大的污染源、重点污染区和重要的供水水源地。污染区监测点的布置方法应根据污染物在地下水中的存在形式来确定。污染物的扩散形式可按污染途径及动力条件分为以下几类。

(1)条带状污染扩散。渗坑、渗井的污染物随地下水流动而在其下游形成条带状污染，表明有害物质在含水层中具有较强的渗透性能、较快的渗透速度。监测点的布置,应沿地下水流向,用平行和垂直监测断面控制,其范围包括重污染区、轻污染区以及污染物扩散边界。

(2)点状污染扩散。由于地下水径流条件差,污染物迁移以离子扩散为主,运动缓慢,污染范围小,所以,监测点应在渗坑、渗井附近布置。

(3)带状污染扩散。带状污染扩散是污染物沿河渠渗漏污染扩散的形式。监测点应根据河渠状况、地质结构。设在不同的水文地质单元的河渠段上,并在其垂直方向上设监测断面。

(4)块状污染扩散。块状污染扩散是大面积垂直污染的一种扩散形式,污染的范围和程度随有害物质的迁移能力、包气带土壤的性质和厚度而定,应平行和垂直地下水流向布置的监测断面。

(5)侧向污染扩散。侧向污染扩散是地下水开采漏斗附近污染源的一种扩散形式(包括海水入侵),污染物在地下水中扩散受开采漏斗的水动力条件和污染源分布位置的控制。监测点应在环境水文地质条件变化最大的方向和平行地下水流向上布置。

3. 监测项目的确定

水污染监测项目的确定应按水污染的实际情况而定。监测项目可分为以下三类。

(1)常规组分监测。常规组分监测包括钾、钠、钙、镁、硫酸盐、总硬度、耗氧量、氨氮、氯化物、重碳酸盐、pH 值、总溶解性固体、硝态氮等。

(2)有害物质监测。有害物质监测项目应根据工业区和城镇中工业企业类型及主要污染物确定,一般常见的有汞、铬、镉、铜、锌、砷等有机有毒物质;酚、氰以及其他工业排放的有害物质。

(3)细菌监测。可取部分控制点或主要水源地进行监测。对一些特定污染组分,要根据水质基本状况进行专项监测。

四、水环境的评价

水环境质量评价是指利用评价模型和参数对水体的环境质量做出量化的、有效的评判,确定其水环境质量状况和应用价值,从而为防治水体污染及其合理开发利用、保护水源提供理论依据。

1. 水质评价的分类

(1)按评价阶段可分为回顾评价、现状评价和预断(或影响)评价三类。

1)回顾评价:根据水域历年积累的资料,以揭示该水域水质污染的发展变化过程。

2)现状评价:根据近期水质监测资料,对水体水质的现状进行评价。

3)预断(或影响)评价:根据地区的经济发展规划,预测水体未来的水质状况。

(2)按评价水体用途可分为单项评价、渔业用水评价和农业(灌溉)用水评价等。

(3)按评价参数的数量可分为单因子评价和多因子评价。

(4)按评价水体可分为河流、湖泊(水库)和河口评价等。

2. 水质评价的方法

水质评价的方法种类很多,具体见表 2-6。

实际方法更多,水环境质量评价方法具有优缺点。原因在于:

(1)污染物质之间存在复杂关系,对环境质量的影响程度不一。

(2)水质分级标准难以统一。

(3)对水体质量的综合评判存在模糊性。

表 2-6　水质评价的方法

方法	基本原理	适用范围	优缺点
一般统计法	以监测点的检出值与背景值或饮用水标准比较,统计其检出数、检出率、超标率及其分布规律	适用于水环境条件简单、污染物质单一的地区,适用于水质初步评价	简单明了,但应用有局限性,不能反映总体水质状况
综合指数法	将有量纲的实测值变为无量纲的污染指数进行水质评价	适用于对某一水井、某一地段的时段水体质量进行评价	便于纵向、横向对比,但不能真实反映各污染物对环境影响的大小,分级存在绝对化,不尽合理

续表

方法	基本原理	适用范围	优缺点
数理统计法	在大量水质资料分析的基础上,建立各种数学模型,经数理统计的定量运算,评价水质	水质资料准确,长期观测资料丰富,水质监测和分析基础工作扎实	直观明了,便于研究水中污染物化学类型与成因,有可比性,但数据的收集整理困难
模糊数学综合评判法	应用模糊数学理论,运用隶属度刻画水质的分级界限,用隶属函数对各单项指标分别进行评价,再用模糊矩阵复合运算法进行水质评价	区域现状评价和趋势分析	考虑了界限的模糊性,各指标在总体中污染程度清晰化、定量化,但可比性较差
浓度级数模式法	基于矩阵指数模式原理	连续性区域水质评价	克服了水质分级和边际数值衔接的不合理
Hamming贴近度法	应用泛函分析中Hamming距离概念,定量分析任意两模糊子集间的靠近程度	适用于需自定水质级别的情况,评价具有连续性,适用于区域性评价	便于根据实际情况定出水质分析标准,评价结果表达信息丰富

因此,方法随角度和出发点不同而不同,但方法本身应具有科学性、正确性和可比性。下面介绍几种简单的计算方法:

(1)地表水单要素指数污染法。

$$I=C_i/C_0$$

式中　I——单要素污染指数(无量纲);

C_i——水中某组分的实测浓度,mg/L;

C_0——背景值或参照值,mg/L。

判别准则:$I\leqslant 1$ 时,水体未污染;

$I>1$ 时,水体被污染。

(2)内梅罗(N. L. Nemerow)指数。

该方法不仅考虑了影响水质的一般水质指标,还考虑了对水质污染影响最严重的水质指标状况。其计算公式如下:

$$P_{ij}=\sqrt{\frac{(C_i/L_{ij})_{\max}^2+(C_i/L_{ij})_{\mathrm{av}}^2}{2}}$$

当 $C_i/L_{ij}>1$ 时,

$$C_i/L_{ij}=1+P'\lg(C_i/L_{ij})$$

当 $C_i/L_{ij}\leqslant1$ 时,用 C_i/L_{ij} 的实际数值。

$$P_i=\sum_{j=1}^{m}W_jP_{ij}$$

式中 i——水质项目数($i=1,2,\cdots,n$);

j——水质用途数($j=1,2,\cdots,m$);

P_{ij}——j 用途 i 项目的内梅罗指数;

C_i——水中 i 项目的监测浓度;

L_{ij}——j 用途的 i 项目的最大允许浓度;

P'——常数,内梅罗采用 5;

P_i——几种用途的总指数,取不同用途的加权平均值;

W_j——不同用途的权重,$\sum(W_j)=1$。

(3)地下水水质综合评价法。

地下水水质综合评价采用加附注的评分法。具体步骤如下:

1)参加评分的项目,应不少于《地下水质量评价指标》中所列出的监测项目,但不包括细菌学指标。

2)首先进行各单项组分评价,划出组分所属质量类别。

3)对各类别按《地下水质量评价指标》的规定分别确定单项组分评价分值 F_i,见表 2-7。

表 2-7 各类别分值表

类别	Ⅰ	Ⅱ	Ⅲ	Ⅳ	Ⅴ
F_i	0	1	3	5	10

4)求综合评价分值 F：

$$F=\sqrt{\frac{\overline{F}^2+F_{max}^2}{2}}$$

$$\overline{F}=\frac{1}{n}\sum_{i=1}^{n}F_i$$

式中　$\overline{F}$——各单项组分评分值 F_i 的平均值；

F_{max}——各单项组分评分值 F_i 中的最大值；

n——项数。

5)根据 F 值,按表 2-8 所规定的区间划分地下水质量级别,再将细菌学指标评价类别注在级别定名之后,如“优良(Ⅱ)类”“较好(Ⅲ类)”。

表 2-8　地下水质量级别标准区间

级别	优良	良好	较好	较差	极差
F	<0.8	0.8～<2.5	2.5～<4.25	4.25～<7.2	≥7.2

3. 水质评价的程序与步骤

水质评价的程序如图 2-2 所示。

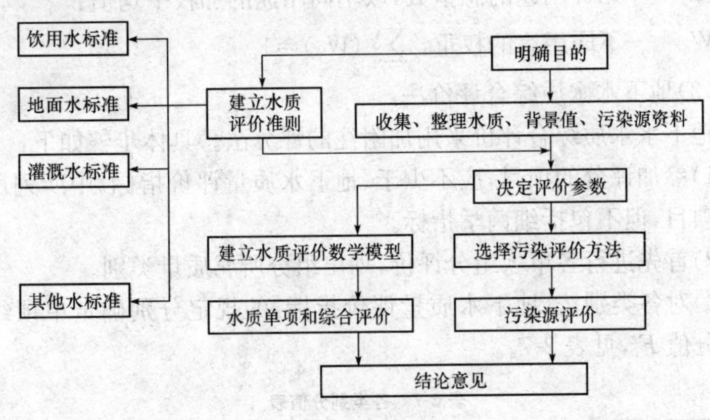

图 2-2　水质评价程序

水质评价的步骤如下。

(1)水体环境背景值的确定。在未受人为污染影响状况下,确定水体在自然发展过程中原有的化学组成。因目前难以找到绝对不受污染影响的水体，所以，测得的水环境背景值实际上是一个相对值，可以作为判别水体受污染影响程度的参考比较指标。

进行一个区域或河段的评价时，可考虑将对照断面的监测值作为背景值。

(2)污染源调查评价。污染源是影响水质的重要因素，通过污染源调查与评价，可确定水体的主要污染物质，从而确定水质监测及评价项目。

(3)水质监测。根据水质调查和污染源评价结论，结合水质评价目的、评价水体的特性和影响水体水质的重要污染物质，制订水质监测方案，进行取样分析，获取进行水质评价必需的水质监测数据。

(4)确定评价标准。水质标准是水质评价的准则和依据。对同一水体采用不同的标准，会得出不同的评价结果，甚至对水质是否污染也会得出不同的结论。因此，应根据评价水体的用途和评价目的选择相应的评价标准。

(5)按照一定的数学模型进行评价。

(6)评价结论。根据计算结果进行水质优劣分级，提出评价结论。为了更直观地反映水质状况，可绘制水质图。

第三节　生活饮用水水质与评价

一、生活饮用水水质标准

生活饮用水水质应符合下列基本要求，保证用户饮用安全。

(1)生活饮用水中不得含有病原微生物。

(2)生活饮用水中化学物质不得危害人体健康。

(3)生活饮用水中放射性物质不得危害人体健康。

(4)生活饮用水的感官性状良好。

(5)生活饮用水应经消毒处理。

(6)生活饮用水水质应符合表 2-9 和表 2-10 卫生要求。集中式供

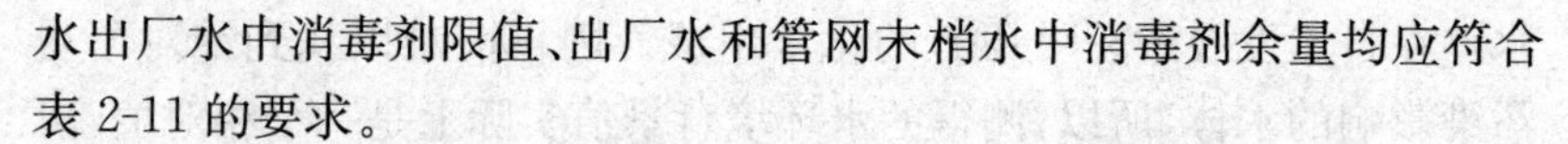

水出厂水中消毒剂限值、出厂水和管网末梢水中消毒剂余量均应符合表 2-11 的要求。

(7)农村小型集中式供水和分散式供水的水质因条件限制,部分指标可暂按表 2-12 执行,其余指标仍按表 2-9～表 2-11 执行。

(8)当发生影响水质的突发性公共事件时,经市级以上人民政府批准,感官性状和一般化学指标可适当放宽。

(9)饮用水可参考表 2-9 限值评价。

表 2-9　水质常规指标及限值

指标	限值
1. 微生物指标①	
总大肠菌群(MPN/100mL 或 CFU/100mL)	不得检出
耐热大肠菌群(MPN/100mL 或 CFU/100mL)	不得检出
大肠埃希氏菌(MPN/100mL 或 CFU/100mL)	不得检出
菌落总数(CFU/100mL)	100
2. 毒理指标	
砷/(mg/L)	0.01
镉/(mg/L)	0.005
铬(六价,mg/L)	0.05
铅/(mg/L)	0.01
汞/(mg/L)	0.001
硒/(mg/L)	0.01
氰化物/(mg/L)	0.05
氟化物/(mg/L)	1.0
硝酸盐(以 N 计,mg/L)	10 地下水源限制时为 20
三氯甲烷/(mg/L)	0.06
四氯化碳/(mg/L)	0.002

续表

指标	限值
溴酸盐(使用臭氧时,mg/L)	0.01
甲醛(使用臭氧时,mg/L)	0.9
氯酸盐(使用复合二氧化氯消毒时,mg/L)	0.7
亚氯酸盐(使用二氧化氯消毒时,mg/L)	0.7
3. 感官性状和一般化学指标	
色度(铂钴色度单位)	15
浑浊度(NTU——散射浊度单位)	1 水源与净水技术条件限制时为 3
臭和味	无臭、异味
肉眼可见物	无
pH 值(pH 值单位)	不小于 6.5 且不大于 8.5
铝/(mg/L)	0.2
铁/(mg/L)	0.3
锰/(mg/L)	0.1
铜/(mg/L)	1.0
锌/(mg/L)	1.0
氯化物/(mg/L)	250
硫酸盐/(mg/L)	250
溶解性总固体/(mg/L)	1 000
总硬度(以 $CaCO_3$ 计,mg/L)	450
耗氧量(COD_{Mn}法,以 O_2 计,mg/L)	3 水源限制,原水 耗氧量>6 mg/L 时为 5
挥发酚类(以苯酚计,mg/L)	0.002

续表

指标	限值
阴离子合成洗涤剂/(mg/L)	0.3
4. 放射性指标②	指导值
总 α 放射性/(Bq/L)	0.5
总 β 放射性/(Bq/L)	1

① MPN 表示最可能数；CFU 表示菌落形成单位。当水样检出总大肠菌群时，应进一步检验大肠埃希氏菌或耐热大肠菌群；水样未检出总大肠菌群，不必检验大肠埃希氏菌或耐热大肠菌群。

② 放射性指标超过指导值，应进行核素分析和评价，判定能否饮用。

表 2-10　饮用水总消毒剂的常规指标及要求

消毒剂名称	与水接触时间	出厂水中限值/(mg/L)	出厂水中余量/(mg/L)	管网末梢水中余量/(mg/L)
氯气及游离氯制剂(游离氯)	≥30min	4	≥0.3	≥0.05
一氯胺(总氯)	≥120min	3	≥0.5	≥0.05
臭氧(O_3)	≥12min	0.3		0.02，如加氯，总氯≥0.05
二氧化氯(ClO_2)	≥30min	0.8	≥0.1	≥0.02

表 2-11　水质非常规指标极限值

指标	限值
1. 微生物指标	
贾第鞭毛虫/(个/10L)	<1
隐孢子虫/(个/10L)	<1
2. 毒理指标	
锑/(mg/L)	0.005

续表

指标	限值
钡/(mg/L)	0.7
铍/(mg/L)	0.002
硼/(mg/L)	0.5
钼/(mg/L)	0.07
镍/(mg/L)	0.02
银/(mg/L)	0.05
铊/(mg/L)	0.000 1
氯化氰(以 CN^- 计,mg/L)	0.07
一氯二溴甲烷/(mg/L)	0.1
二氯一溴甲烷/(mg/L)	0.06
二氯乙酸/(mg/L)	0.05
1,2—二氯乙烷/(mg/L)	0.03
二氯甲烷/(mg/L)	0.02
三卤甲烷(三氯甲烷、一氯二溴甲烷、二氯一溴甲烷、三溴甲烷的总和)	该类化合物中各种化合物的实测浓度与其各自限值的比值之和不超过1
1,1,1—三氯乙烷(mg/L)	2
三氯乙酸/(mg/L)	0.1
三氯乙醛/(mg/L)	0.01
2,4,6—三氯酚/(mg/L)	0.2
三溴甲烷/(mg/L)	0.1
七氯/(mg/L)	0.000 4
马拉硫磷/(mg/L)	0.25
五氯酚/(mg/L)	0.009
六六六(总量,mg/L)	0.005
六氯苯/(mg/L)	0.001

续表

指标	限值
乐果/(mg/L)	0.08
对硫磷/(mg/L)	0.003
灭草松/(mg/L)	0.3
甲基对硫磷/(mg/L)	0.02
百菌清/(mg/L)	0.01
呋喃丹/(mg/L)	0.007
林丹/(mg/L)	0.002
毒死蜱/(mg/L)	0.03
草甘膦/(mg/L)	0.7
敌敌畏/(mg/L)	0.001
莠去津/(mg/L)	0.002
溴氰菊酯/(mg/L)	0.02
2,4—滴/(mg/L)	0.03
滴滴涕/(mg/L)	0.001
乙苯/(mg/L)	0.3
二甲苯(总量)/(mg/L)	0.5
1,1—二氯乙烯/(mg/L)	0.03
1,2—二氯乙烯/(mg/L)	0.05
1,2—二氯苯/(mg/L)	1
1,4—二氯苯/(mg/L)	0.3
三氯乙烯/(mg/L)	0.07
三氯苯(总量,mg/L)	0.02
六氯丁二烯/(mg/L)	0.000 6
丙烯酰胺/(mg/L)	0.000 5
四氯乙烯/(mg/L)	0.04
甲苯/(mg/L)	0.7

续表

指标	限值
邻苯二甲酸二(2－乙基己基)酯/(mg/L)	0.008
环氧氯丙烷/(mg/L)	0.000 4
苯/(mg/L)	0.01
苯乙烯/(mg/L)	0.02
苯并(a)芘/(mg/L)	0.000 01
氯乙烯/(mg/L)	0.005
氯苯/(mg/L)	0.3
微囊藻毒素－LR/(mg/L)	0.001
3. 感官性状和一般化学指标	
氨氮(以N计,mg/L)	0.5
硫化物/(mg/L)	0.02
钠/(mg/L)	200

表 2-12　农村小型集中式供水和分散式供水部分水质指标及限值

指标	限值
1. 微生物指标	
菌落总数(CFU/mL)	500
2. 毒理指标	
砷/(mg/L)	0.05
氟化物/(mg/L)	1.2
硝酸盐(以N计,mg/L)	20
3. 感官性状和一般化学指标	
色度(铂钴色度单位)	20
浑浊度(散射浊度单位)/NTU	3 水源与净水技术条件 限制时为5
pH值	不小于6.5且不大于9.5
溶解性总固体/(mg/L)	1 500

续表

指标	限值
总硬度(以 $CaCO_3$ 计)/(mg/L)	550
耗氧量(COD_{Mn}法)/(以 O_2 计,mg/L)	5
铁/(mg/L)	0.5
锰/(mg/L)	0.3
氯化物/(mg/L)	300
硫酸盐/(mg/L)	300

二、饮用水水质评价

1. 水的物理性状评价

饮用水的物理性质应当是无色、无味、无臭、不含可见物及清凉可口(7 ℃～11 ℃),在《生活饮用水卫生标准》(GB 5749)中已有明确规定。

不良水的物理性质,直接影响人的感官对水体的忍受程度,同时,也反映了一定的化学成分,会严重影响水资源作为饮用水源的利用。水的不良特征如下。

(1)水中含腐殖质呈黄色。

(2)含低价铁呈淡蓝色。

(3)含高价铁或锰呈黄色至棕黄色。

(4)悬浮物呈混浊的浅灰色。

(5)硬水呈浅蓝色。

(6)含硫化氢有臭鸡蛋味。

(7)含有机物及原生动物有腐物味、霉味、土腥味等。

(8)含高价铁有发涩的锈味。

(9)含硫酸铁或硫酸钠的水呈苦涩味。

(10)含钠则有咸味等。

2. 水中普通盐类评价

水中溶解的主要物质是指水中的一些常见离子成分,如 Cl^-、SO_4^{2-}、HCO_3^-、Ca^{2+}、Mg^{2+}、Na^+、K^+、Fe^{2+}、Mn^{2+}、I^-、Sr^{2+}、Be^{2+}。

含有这些成分的物质多数是天然矿物，其含量在水中变化很大。这些离子成分的含量过高会损坏水的物理性质，使水过于咸或苦，以致不能饮用；含量过低时，人体吸取不到所需的某些矿物质，也会产生一些不良的影响。如硫酸盐含量过高造成水味不好，同时还会引起腹泻，使肠道机能失调。一般认为硫酸根的含量应在 250 mg/L 以下，尤其是在水中缺钙地区，硫酸盐含量低于 10 mg/L 时易患大骨节病。

3. 水中有毒物质的限定

水中主要有毒物质：氟化物、氰化物、砷、硒、汞、铬(六价)、铅、银、硝酸盐、氯仿、四氯化碳、苯并(a)芘、敌敌畏、六六六。有毒物质在地下水中的出现，除少数是天然形成以外，大多数均为人为污染造成的。对人体具有较强的毒性，以及强致癌性。各国在其饮用水水质标准中对此类物质的含量均严格限制。

4. 对细菌学指标的限制

受生活污染的水中，常含有各种细菌、病原菌和寄生虫等，同时有机物质含量较高，这类水体对人体十分有害。因此，饮用水中不允许有病原菌和病毒的存在。

(1)细菌总数：指水在相当于人体温度(37 ℃)时经 24 小时培养后，每毫升水中所含各种细菌的总个数。饮用水标准规定每毫升中细菌总数不得超过 100 个。

(2)大肠杆菌数：大肠杆菌本身并非致病菌，一般对人体无害。但水中有大肠杆菌说明水体已被粪便污染，进而说明存在有病原菌的可能性。我国饮用水标准中规定每升水中大肠杆菌不能超过 3 个。

第四节 工业用水水质与评价

一、工业用水水质标准

小城镇工业用水一般采用再生水。再生水用作工业用水水源时，基本控制项目及指标限值应满足表 2-13 的规定。对以城市污水为水源的再生水，除应满足表 2-13 各项指标外，其化学指标、物理学指标还应符合《城镇污水处理厂污染物排放标准》(GB 18918—2002)中"一类污染物"和"选择控制项目"各项指标限值的规定。

表 2-13　再生水用作工业用水水源的水质标准

序号	控制项目		冷却用水		洗涤用水	锅炉补给水	工艺与产品用水
			直流冷却水	敞开式循环冷却水系统补充水			
1	pH值		6.5～9.0	6.5～8.5	6.5～9.0	6.5～8.5	6.5～8.5
2	悬浮物(SS)(mg/L)	≤	30	—	30	—	—
3	浊度(NTU)	≤	—	5	—	5	5
4	色度(度)	≤	30	30	30	30	30
5	生化需氧量(BOD_5)/(mg/L)	≤	30	10	30	10	10
6	化学需氧量(COD_{Cr})/(mg/L)	≤	—	60	—	60	60
7	铁/(mg/L)	≤	—	0.3	0.3	0.3	0.3
8	锰/(mg/L)	≤	—	0.1	0.1	0.1	0.1
9	氯离子/(mg/L)	≤	250	250	250	250	250
10	二氧化硅/(SiO_2)	≤	50	50	—	30	30
11	总硬度(以$CaCO_3$计,mg/L)	≤	450	450	450	450	450
12	总碱度(以$CaCO_3$计,mg/L)	≤	350	350	350	350	350
13	硫酸盐/(mg/L)	≤	600	250	250	250	250
14	氨氮(以N计mg/L)	≤	—	10①	—	10	10
15	总磷(以P计mg/L)	≤	—	1	—	1	1
16	溶解性总固体/(mg/L)	≤	1 000	1 000	1 000	1 000	1 000
17	石油类/(mg/L)	≤	—	1	—	1	1
18	阴离子表面活性剂/(mg/L)	≤	—	0.5	—	0.5	0.5
19	余氯②/(mg/L)	≥	0.05	0.05	0.05	0.05	0.05
20	粪大肠菌群/(个/L)	≤	2 000	2 000	2 000	2 000	2 000

① 当敞开式循环冷却水系统换热器为铜质时，循环冷却系统中循环水的氨氮指标应小于1 mg/L。

② 加氯消毒时管末梢值。

二、锅炉用水的水质评价

1. 成垢作用

水煮沸时，水中所含的一些离子、化合物可以相互作用而生成沉淀，依附于锅炉壁上形成锅垢，这种作用称为成垢作用。锅垢的评价公式如下：

$$H_0 = S + C + 72[Fe^{2+}] + 51[Al^{3+}] + 400[Mg^{2+}] + 118[Ca^{2+}]$$

式中　H_0——锅垢的总浓度，mg/L；

S——悬浮物浓度，mg/L；

C——胶体色度（$SiO_2 + Fe_2O_3 + Al_2O_3$），mg/L；

$[Fe^{2+}]$、$[Al^{3+}]$、$[Mg^{2+}]$、$[Ca^{2+}]$——离子浓度，mmol/L。

采用硬垢系数对硬垢进行评价，即 $K_n = \frac{H_n}{H_0}$。当 $K_n < 0.25$ 时，为软垢水；当 $K_n = 0.25 \sim 0.5$ 时，为软硬垢水；当 $K_n > 0.5$ 时，为硬垢水。评价公式如下：

$$H_n = [SiO_2] + 40[Mg^{2+}] + 68[Cl^-] + 2[SO_4^{2-}] - [Na^+] - [K^+]$$

式中　K_n——硬垢系数；

H_n——硬垢总浓度，mg/L；

$[SiO_2]$——二氧化硅浓度，mg/L。

如果括号内为负值，可略去不计。

2. 起泡作用

起泡作用主要是指水沸腾时产生大量气泡的作用。如果气泡不能立即破裂，就会在水面以上形成很厚的极不稳定的泡沫层。泡沫太多时将使锅炉内水的汽化作用极不均匀和水位急剧升降，致使锅炉不能正常运转。起泡作用的评价公式如下：

$$F = 62[Na^+] + 78[K^+]$$

式中　F——起泡系数，按钠、钾的含量计算。

3. 腐蚀作用

水通过化学的、物理化学的或其他作用对材料的侵蚀破坏称为腐蚀作用。对金属的腐蚀与水中的溶解氧、硫化氢、游离二氧化碳、氨、氯等气体的含量，Cl^-、SO_4^{2-} 等离子浓度、pH 值的大小等因素有关。另外，锰盐、硫化铁、部分有机物及油脂等，皆可作为接触剂而加强腐蚀作用。腐蚀作用的评价公式如下：

(1)对酸性水：

$$K_K = 1.008([H^+]+3[Al^{3+}]+2[Fe^{2+}]+2[Mg^{2+}]-2[CO_3^{2-}]-[HCO_3^-])$$

(2)对碱性水：

$$K_K = 1.008(2[Mg^{2+}]-[HCO_3^-])$$

式中　K_K——腐蚀系数。

三、其他工业用水水质评价

不同的工业部门对水质的要求不同。

(1)水的硬度过高，对肥皂、染料、酸、碱生产的工业不太适宜。

(2)硬水妨碍纺织品着色，并使纤维变脆、皮革不坚固、糖类不结晶。

(3)水中有亚硝酸盐存在，会使糖制品大量减产。

(4)水中存在过量的铁、锰盐类时，使纸张、淀粉及糖出现色斑，影响产品质量。

(5)食品工业用水首先必须符合饮用水标准，然后还要考虑影响生产质量的其他成分。

第五节　农田灌溉用水水质与评价

一、农田灌溉水质标准

根据《农田灌溉水质标准》(GB 5084—2005)有关规定，农田灌溉水质要求，必须符合表 2-14 和表 2-15 的规定。

表 2-14 农田灌溉用水水质基本控制项目标准值

序号	项目类别		作物种类		
			水作	旱作	蔬菜
1	五日生化需氧量/(mg/L)	≤	60	100	40①,15②
2	化学需氧量/(mg/L)	≤	150	200	100①,60②
3	悬浮物/(mg/L)	≤	80	100	60①,15②
4	阴离子表面活性剂/(mg/L)	≤	5	8	5
5	水温/ ℃	≤	35		
6	pH 值		5.5～8.5		
7	全盐量/(mg/L)		1 000③(非盐碱土地区),2 000③(盐碱土地区)		
8	氯化物/(mg/L)	≤	350		
9	硫化物/(mg/L)	≤	1		
10	总汞/(mg/L)	≤	0.001		
11	镉/(mg/L)	≤	0.01		
12	总砷/(mg/L)	≤	0.05	0.1	0.05
13	铬(六价)/(mg/L)	≤	0.1		
14	铅/(mg/L)	≤	0.2		
15	粪大肠菌群数/(个/100mL)	≤	4 000	4 000	2 000①,1 000②
16	蛔虫卵数/(个/L)	≤	2		2①,1②

① 加工、烹调及去皮蔬菜。

② 生食类蔬菜、瓜类和草本水果。

③ 具有一定的水利灌排设施,能保证一定的排水和地下水径流条件的地区,或有一定淡水资源能满足冲洗土体中盐分的地区,农田灌溉水质全盐量指标可以适当放宽。

表 2-15　农田灌溉用水水质选择性控制项目标准值

序号	项目类别		作物种类		
			水作	旱作	蔬菜
1	铜/(mg/L)	≤	0.5	1	
2	锌/(mg/L)	≤	2		
3	硒/(mg/L)	≤	0.02		
4	氟化物/(mg/L)	≤	2(一般地区),3(高氟区)		
5	氰化物/(mg/L)	≤	0.5		
6	石油类/(mg/L)	≤	5	10	1
7	挥发酚/(mg/L)	≤	1		
8	苯/(mg/L)	≤	2.5		
9	三氯乙醛/(mg/L)	≤	1	0.5	0.5
10	丙烯醛/(mg/L)	≤	0.5		
11	硼/(mg/L)	≤	1①(对硼敏感的作物),2②(对硼耐受性较强的作物),3③(对硼耐受性强的作物)		

① 对硼敏感的作物,如黄瓜、豆类、马铃薯、笋瓜、韭菜、洋葱、柑橘等。

② 对硼耐受性较强的作物,如小麦、玉米、青椒、小白菜、葱等。

③ 对硼耐受性强的作物,如水稻、萝卜、油菜、甘蓝等。

二、农田灌溉用水水质评价

根据农田灌溉用水水质标准,灌溉用水的水温应适宜,我国北方和南方不同农作物区对水温的要求也有所差别。在我国北方地区以10 ℃～15 ℃为宜,在南方地区水稻生长区以15 ℃～25 ℃为宜,过低或过高的灌溉水温对农作物生长都不利。

水中所含盐类成分也是影响农作物生长和土壤结构的重要因素。对农作物生长而言,最有害的是钠盐,它能腐蚀农作物根部,使作物死亡,还能破坏土壤的团粒结构。如氯化钠,它能将土壤盐化变成盐土,使农作物不能正常生长,甚至枯萎死亡。

对灌溉水质的总体评价,过去我国比较常用的是苏联的灌溉系数评价法。多年来,我国在对豫东地区的主要农作物和水质状况研究基础上,提出盐度和碱度的评价方法,确定灌溉用水的盐害、碱害和综合危害。

由于近几年来水体的工业污染严重,灌溉水中有毒有害的微量金属等元素含量升高,利用这部分水体进行农田灌溉时,尽管不产生盐害、碱害或盐碱害,但有毒元素在农作物中的积累,已对农作物的产品质量及人体健康造成极大的危害,这种危害是潜在的、长期的。因此,在进行农田灌溉用水水质评价时,不仅要对可能造成的盐害、碱害或盐碱害进行细致的评价与说明。同时,还应特别注意有毒微量元素的危害,严格控制灌溉用水的水质,保证农作物的产品质量。

第三章 水环境预测

第一节 水污染预测

一、水污染预测的概念

污染源预测，就是要估计未来某一个或几个水平年污染源排放污染物的排放量、排污量、污染物浓度等，从而为水资源保护规划管理与决策提供依据。

二、水污染预测的方法

污染源预测的范围，可能是一个生产流程、一个车间、一个工厂，也可能是一个地区、一个流域甚至全国。进行污染源预测，常用直觉法、因果法和外推法三种方法。

1. 直觉法

直觉法是对污染情况的个人感觉或者是专家的意见。该法带有相当大的主观性。但是，往往由于情况的复杂性和缺乏适当的可靠资料，不得不采用这类方法。在采用直觉法进行预测时，为了尽可能地降低主观随意性，通常由各方面具有代表性的人组成一个小组来代表个别专家对污染源进行预测。

2. 因果法

因果法是根据对构成污染源排污特性原因的了解进行预测，根据原因预测结果。有时原因和结果之间的时差很小，往往不得不对原因进行预测。当对因果关系的结构了解得比较清楚时，则可能设计出比较准确而简易的预测方法。然而，因果关系有时是模糊的，特别对较大范围的预测，则不得不利用经验的因果关系式进行预测。

3. 外推法

外推法是根据过去实测的有关数据显示的特点推测未来。外推法预测的成功与否取决于排污结构的稳定性。

三、水污染预测的步骤

预测技术在我国仍然处在发展阶段。科学的预测通常包括收集资料、整理资料、建立模型、模型外推四个主要步骤。

1. 收集资料

因采用的预测方法不同,要求收集资料的详细程度也不同。当使用外推法进行预测时,只要收集不同年份的排污情况即可。当使用因果法预测时,就要收集更多的资料。包括工业产值、农药和化肥的使用量与使用方式、人口增长率、社会和经济发展趋势、污染治理的变化、工业结构的变化等。

为了能使资料均满足几种预测方法的要求,有些资料是必要的,大体可分成两类:一类是污染源本身的特性资料,如排污量、污染物质、生产工艺水平等;另一类是污染源本身以外的资料,如政府部门的统计资料、新兴工业类别或工业区的规划及国民经济发展速度等。

2. 整理资料

整理资料就是要将这许多的信息整理归纳减缩到最少,即构成最小限度信息,并满足以下要求。

(1)相关性:保证这些信息是最直接相关的有用信息。

(2)可靠性:保证这些信息来源可靠、数字可靠、具有代表性。

(3)最近性:所得到的信息应当是最新获得的。

3. 建立模型

在获得最小限度信息后即可建立模型。通用的模型有下列几种:

(1)常数平均

$$x_t=\mu$$

式中　x_t——t 时刻的预测值。

即在所有时段中,预测值不变。

(2)线性趋势

$$x_t=\alpha+\beta t$$

预测值随时间变化而变化。

(3)线性回归

$$x_t=\alpha+\beta z_t$$

式中　z_t——另一个时间变量。

(4)周期性

$$x_{t+nT}=x_t$$

即每隔 T 个观测值,x_t 重复出现。

4. 模型外推

模型外推就是使用已获得的模型推求某一时刻 t 值。

上述的预测过程并未到此结束,一个完整的预测过程还应将外推求得的新值,不断地反馈,以构成新的循环,从而使得预测结果更趋于准确。

四、江河(段)污染负荷预测具体方法

1. 工业废水量的预测

工业废水量预测计算公式为:

$$Q_i=DG(1-\Delta p)=DG\left(1-\frac{p_2-p_1}{1-p_1}\right)$$

式中　Q_i——预测年份的工业废水量,万 m^3;

D——预测年份工业产值,亿元;

G——基准年万元产值工业废水量,m^3/万元;

Δp——预测年份工业用水循环利用率的增量,%;

p_1、p_2——参测年和基准年工业用水循环利用率,%。

工业废水量预测计算中工业产值采用地方工业规划值。随着技术进步、设备更新、管理水平提高等因素的改变,万元产值废水量将逐渐减少。

2. 生活污水量的预测

生活污水量的预测计算公式为:

$$Q=0.365A\cdot F$$

式中　Q——生活污水量，万 m^3；

A——预测年份人口数，万人；

F——人均生活污水量，L/(d · 人)；

0.365——单位换算系数。

3. 工业污染物排放量的预测

工业污染物排放量预测计算公式为：

$$W_i=(q_i-q_0)C_0\times10^2+W_0$$

式中　W_i——预测年份某污染物排放量，t；

q_i——预测年份工业废水排放量，万 m^3；

q_0——基准年工业废水排放量，万 m^3；

C_0——含某污染物废水工业排放标准，mg/L；

W_0——基准年某污染物排放量，t。

如河段污染物基准年平均浓度低于排放标准，预测年份增加的污水所携带的污染物量仍按排放标准计算，其结果必然偏大。反之，当某污染物基准年平均浓度高于排放标准时，按排放标准(C)计算总量；当平均浓度低于排放标准时，用平均浓度(C_0)计算总量。其计算公式由上式变换为下列形式：

$$W_i=(q_i-q_0)C_0\times10^2+W_0=\frac{q_i}{q_0}\cdot W_0$$

$$C_0=\frac{W_0}{q_0}\cdot10^2$$

第二节　水质预测

一、水质预测的概念

水质预测是利用水质模型模拟计算水域内的水质状况。它是水环境质量影响评价、污染物排放总量控制指标制定，以及水污染控制系统规划与管理中必须采用的手段。

二、水质预测的分类

(1)按预测对象可分为社会预测、经济预测、科学预测、环境预测等。

(2)按预测技术属性可分为定性预测、定量预测、定时预测。

(3)按预测时间可分为近期预测、短期预测、中期预测、长期预测和未来预测。

(4)按预测方式可分为直观性预测、探索性预测、目标性预测、反馈性预测。

三、水质预测的方法

水环境质量预测是通过已取得的情报资料和监测、统计数据对水污染的现状进行评价,对将来或未知的水质前景进行估计和推测,水质预测不仅是进行水资源保护决策的依据,促进环境科学管理的动力,也是制定区域、流域水污染综合防治规划及水资源保护规划的基础。对区域和流域水环境预测来说,一般有两种方法:即从整体到局部的宏观预测及从局部到整体的微观预测。

1. 宏观预测

宏观预测首先从流域、区域或城市国民经济生产总值的增长入手,用数学模型或统计方法求出万元产值的排污量,据此预测各经济、社会发展水平年的排污增长量;再根据人口预测,计算生活污水的增量,求出整个流域、区域或城市在各个经济、社会发展水平年污水和污染物的排放总量。然后根据水质调查和现状评价及水质保护目标,再分别预测区域内的各个局部的排污数量,并做出相应的影响评价。

2. 微观预测

微观预测应根据各系统的具体发展规划,按照主要污染物的排放量和分布,逐行业、逐地区分别预测出主要污染物的排放量;最后预测出整个流域、区域或城市在经济、社会发展的各个水平年主要污染物及污水的排放总量,并做出相应的影响评价。

四、水质预测一般程序

水质预测的一般程序如图 3-1 所示。

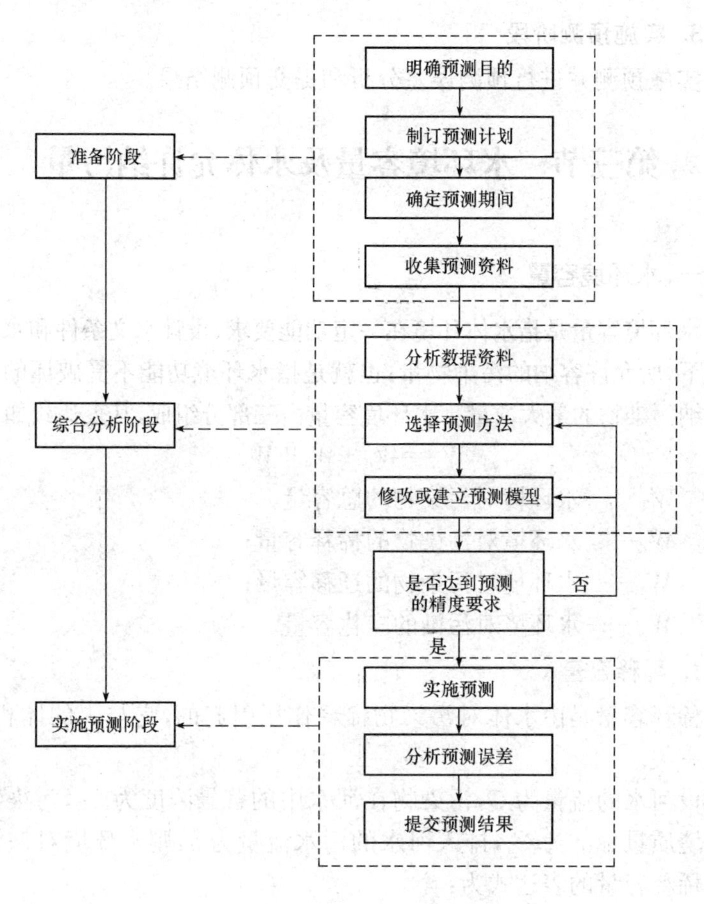

图 3-1　水质预测的一般程序

1. 准备阶段

明确环境预测的目的，制订预测计划，确定环境预测期间，收集进行环境预测所必需的数据和资料。

2. 综合分析阶段

分析数据资料，选择预测方法，修改或建立预测模型，检验预测模型等。

3. 实施预测阶段

实施预测并进行预测误差分析和提交预测结果。

第三节　水环境容量及水体允许纳污量

一、水环境容量

水环境容量是指水体环境在一定功能要求、设计水文条件和水环境目标下，所允许容纳的污染物量；也就是指水环境功能不受破坏的条件下收纳污染物的最大数量。水环境容量由三部分组成，其表达式如下：

$$W_T = W_d + W_t + W_s$$

式中　W_T——水环境对污染物的总容量；

W_d——水环境对污染物的稀释容量；

W_t——水环境对污染物的迁移容量；

W_s——水环境对污染的净化容量。

1. 稀释容量

稀释容量是由水体对污染物稀释作用引起的，它与水的体积、污径比有关。

设河水的流量为 Q，污染物在河水中的背景浓度为 C_B，污染物的水环境质量标准为 C_s，排入河水的污水流量为 q，则水环境对该污染物的稀释容量的表达式为：

$$W_d = Q(C_s - C_B)\left(1 + \frac{q}{Q}\right)$$

令 $V_d = Q, P_d = (C_s - C_B)\left(1 + \frac{q}{Q}\right)$，则有

$$W_d = V_d P_d$$

式中　P_d——水环境对污染物稀释容量的比容。

2. 迁移容量

迁移容量是由水体的流动引起的，与流速、离散等水力学特征有关。其数学表达式为：

$$W_T = Q(C_s - C_B)\left(1+\frac{q}{Q}\right)\left\{\frac{\sqrt{4\pi E_x t}}{u}\exp\left[\frac{(x-ut)^2}{4E_x t}\right]\right\}$$

式中 E_x——离散系数；

u——流速；

x——距离；

t——时间；

其他符号意义同前。

令 $V_t = Q$，$P_t = (C_s - C_B)\left(1+\frac{q}{Q}\right)\left\{\frac{\sqrt{4\pi E_x t}}{u}\exp\left[\frac{(x-ut)^2}{4E_x t}\right]\right\}$，

则有

$$W_t = V_t P_t$$

式中 P_t——水环境对污染物迁移容量的比容。

3. 净化容量

净化容量主要是由于水体对污染物的生物或化学作用使之降解产生的。假定这类污染物的衰减过程遵守一级动力学规律，则其反应速率 R 可写为：

$$R = -kC$$

式中，k 为反应速率常数，其大小反映污染物在水环境中被净化的能力，称为污导。将 k 的倒数定义为污阻，用 τ 表示。反应速率 R 能反映污染物被降解难易程度。C 是污染物在水环境中的浓度，表示为水环境的污染负荷，称为污压。反应速率 R 与 C 及 τ 有关，它反映水环境对污染物的自净快慢程度，称为污流。则上式可变为：

$$C = R\tau$$

4. 总水环境容量

总水环境容量等于水环境对污染物稀释容量、迁移容量和净化容量之和。

二、水体允许纳污量

水体允许纳污量以水质目标和水体稀释自净规律为依据。一切与水质目标和水体稀释自净规律有关的因素，如水环境质量标准、水体自然背景值、水量及水量随时间的变化，水环境的物理、化学、生物学及水力学特性，以及排污点的位置和方式等均能影响水体允许纳污量。水质模型是这些因素相互关系的数学表达式。因此，水体允许纳污量可以通过适当的水质模型进行计算。

1. 河流水域纳污能力计算

采用数学模型推算河流水域的纳污能力时，根据污染物扩散特性，结合我国河流具体情况，按多年平均流量 Q 将计算的河段划分为三种，见表 3-1。

表 3-1　多年平均流量计算河段的划分

序号	种类	流量
1	大型	$Q \geqslant 150m^3/s$ 的河段
2	中型	$15 < Q < 150m^3/s$ 的河段
3	小型	$Q \leqslant 15m^3/s$ 的河段

计算时，可按下列情况对河道特征和水力条件进行简化。

(1)断面宽深比大于等于 20 时，简化为矩形河段。

(2)河段弯曲系数小于等于 1.3 时，简化为顺直河段。

(3)河道特征和水力条件有显著变化的河段，应在显著变化处分段。

(4)有多个入河排污口的水域，可根据排污口的分布、排放量和对水域水质影响等进行简化。

(5)有较大支流汇入或流出的水域，应以汇入或流出的断面为节点，分段计算水域纳污能力。

计算河段的基本资料包括以下几项：

(1)水文：流量、流速、比降、水位等。其中，采用 90%保证率最枯月平均流量或近十年最枯月平均流量作为设计流量。

(2)水质:各水功能区的水质现状、水质目标等。

(3)入河排污口:入河排污口分布、排放量、污染物浓度、排放方式、排放规律以及入河排污口对应的污染源等。

(4)旁侧出、入流:计算河段内旁侧出、入流的位置、水量、污染物种类及浓度等。

(5)河道断面:横断面和纵剖面资料。

根据流域或区域规划要求,应以影响水功能区水质或对相邻水域影响突出的主要污染物作为计算水域纳污能力的污染物。

2. 湖(库)纳污能力计算

根据湖(库)的污染特性,结合我国具体情况,按照平均水深和水面面积将湖(库)划分为大、中、小型湖(库)三种类型(表 3-2)。

表 3-2　湖(库)类型

平均水深/m	水面面积/km^2		
	大型	中型	小型
≥10	>25	2.5～25	<2.5
<10	>50	5～50	<5

计算时应注意以下问题:

(1)营养状态指数≥50 的湖(库),宜采用富营养化模型计算湖(库)水域纳污能力。

(2)平均水深<10m、水体交换系数 $a<10$ 的湖(库),宜采用分层模型计算水域纳污能力。

(3)$a>20$ 的狭长形湖(库),可按河流计算水域纳污能力。

(4)珍珠串型湖(库)可分为若干区(段),各分区(段)分别按湖(库)或河流计算水域纳污能力。

(5)入湖(库)排污口比较分散,可根据排污口分布进行简化。均匀混合型湖(库),入湖(库)排污口可简化为一个排污口,计算水域纳污能力。

3. 计算的基本资料

基本资料包括水文资料、水质资料、入湖(库)排污口资料、湖(库)

周入流和出流资料、湖(库)水下地形资料等。

(1)水文资料:湖(库)水位、库容曲线、流速、入库流量和出库流量等。

(2)水质资料:反映湖(库)水功能区水质现状、水质目标等。

(3)入湖(库)排污口资料:排污口分布、排放量、污染物浓度、排放方式、排放规律以及入湖(库)排污口对应的污染源资料等。

(4)湖(库)周入流和出流资料:包括湖(库)入流和出流位置、水量、污染物种类及浓度等。

(5)湖(库)水下地形资料。基本资料应出自有相关资质的单位。当相关资料不能满足计算要求时,可通过扩大调查范围和现场监测获取。

第四章　小城镇地表水资源与取水

第一节　概　　述

一、地表水资源及形成

地表水主要包括河流水、湖泊水、沼泽水和冰川，并把大气降水视为地表水体的补给源。通常把地表水体动态水量，即河川径流量，作为评价的主要对象。地表水从广义上来说是指以液态或固态形式覆盖在地球表面的自然水体，都属于地表水，包括海洋水、河流水、湖泊水、沼泽水、水库水及冰川等。

地表自然水资源的形成格局是：由流域源头域面上收集自然降水后流到小河及大江大河，发生径流形成可资源利用的水源水量，再到沿河道内拦堵及贮存，由水库、湖泊等存水设施沿河道、引水渠、管道等再铺向海洋或需要灌溉的耕地等。

对一定地域的地表水资源而言，其丰富程度是由降水量的多少来决定的，能利用的是河流径流量。

河流补给是河流重要的水文特征，河流径流的水情和年内分配主要取决于补给来源。河流补给有雨水、冰雪融水、湖水、沼泽水和地下水补给等多种形式。最终的来源是降水。多数河流都不是由单纯一种形式补给，而是多种形式的综合补给，见表 4-1。研究河流补给有助于了解河流水情及其变化规律，也是河水资源评价的重要依据。

表 4-1　河流补给的形式

补给类型	概念及特点	补给时间	影响因素	分布地区
雨水补给	雨水补给是指降水以雨水形式降落，当降雨强度大于土壤入渗强度后产生地表径流，雨水汇入溪流和江河之中，使河水流量得到补充的过程。雨水是大多数河流的补给源，热带、亚热带和温带的河流多由雨水补给 雨水补给的河流的主要水情特点是，河水的涨落与流域上雨量大小和分布密切相关；河流径流的年内分配很不均匀，年际变化很大	夏秋季	随降水量变化而变化	东部季风区
冰川、积雪融水补给	冰川、积雪融水补给是指大气降水以固态形式降落到地表后不立即补给河道，在气候变暖、气温升高时，冰川和积雪融化补给河道的过程 由冰雪融水补给的河流的水文情势主要取决于流域内冰川、积雪的储量及分布，也取决于流域内气温的变化。干旱年份冰雪消融多，多雨年份冰雪消融少，河流丰、枯水年径流得到良好调节，因此年际变化较小	春季、夏季	随温度变化而变化	北部地区
湖泊和沼泽水的补给	有些河流发源于湖泊和沼泽。有些湖泊一方面接纳若干河流来水，另一方面又注入更大的河流。中国鄱阳湖接纳赣江、信江、修水和抚河等水系来水，后注入长江。湖泊和沼泽对河流径流有明显的调节作用，因此由湖泊和沼泽补给的河流具有水量变化缓慢、变化幅度较小的特点	全年	取决于与河水的相对水位	长江中下游地区
地下水补给	地下水同样来自大气降水补给，但与雨水对河川补给的最大差异在于它是经过地下水的调节作用后再对河川径流的补给，这样就使河川径流的水情和季节分配发生了重要变化 地下水有潜水和承压水。潜水埋藏较浅，与降水关系密切，承压水水量丰富，变化缓慢。河流下切越深，切穿含水层越多，获得的地下水补给也越多。以地下水补给为主的河流水量的年内分配和年际变化都十分均匀	全年	取决于流域的水文地质条件和河流下切的深度	普遍

二、地表水资源的要素

决定区域水资源状态的要素是降水、径流和蒸发。三者之间的数量变化关系制约着区域水资源数量的多寡和可利用量。合理利用三者之间的定量关系，对流域的水资源合理开发具有重要的指导作用。

1. 降水

降水决定着不同区域和时间条件下地表水资源的丰富程度和空间分布状态，制约着水资源的可利用程度与数量。我国的降水主要表现为时空分布的极端不均匀性。降水量的年际变化程度常用年降水量的极值比 K_a 或年降水量的变差系数 C_v 值来表示。

(1)年降水量的极值比 K_a。年降水量的极值比 K_a 可表示为：

$$K_a=\frac{x_{max}}{x_{min}}$$

式中　x_{max}——年降雨量最大值；

x_{min}——年降雨量最小值。

K_a 值越大，降水量年际变化越大；K_a 值越小，说明降水量年际变化越小，降水量年际之间均匀。

(2)年降水量变差系数 C_v。数理统计中用均方差与均值之比作为衡量系列数据相对离散程度的参数，称为变差系数 C_v。变差系数为一无量纲的数。

$$C_v=\frac{\sigma}{\overline{x}}$$

式中　σ——均方差表达式为：

$$\sigma=\sqrt{\frac{\sum_{i-1}^{n}(x_i-\overline{x})}{n-1}}$$

式中　x_i——为观测序列值($i=1,2,3,\cdots,n$)；

n——样本个数；

$\overline{x}$——均值表达式为：

$$\overline{x}=\frac{x_1+x_2+\cdots+x_n}{n}$$

年降水量变差系数 C_v 值越大，表示年降水量的年际变化越大；反之就越小。

2. 径流

河流径流是指流域上的降水，除去损失以后，经由地面和地下途径汇入河网，形成流域出口断面的水流。径流随时间的变化过程，称为径流过程。

径流按其空间的存在位置，可分为地表径流和地下径流。地表径流是指降水除消耗外的水量沿地表运动的水流。若按其形成水源的条件，还可再分为降雨径流、雪融水径流以及冰融水径流等。地下径流是指降水后下渗到地表以下的一部分水量在地下运动的水流。水流中夹带的泥沙则称为固体径流。

表示径流的特征值主要有流量(Q_t)、径流总量(W_t)、径流模数(M)、径流深度(R_t)、径流系数(α)。

(1)径流总量(W_t)。径流总量指在一定的时段内通过河流过水断面的总水量，单位为 m^3。t 时段内的平均流量为$\overline{Q}_t$，则 t 时段的径流总量为：

$$W_t=\overline{Q}_t \cdot t$$

(2)径流深度(R_t)。径流深度是设想将径流总量平铺在整个流域面积上所得的水深，单位为 mm。其计算公式为：

$$R_t=\frac{W_t}{1\,000\,F}=\frac{\overline{Q}_t}{1\,000\,F} \cdot t$$

式中　t——时间，s；

W_t——径流总量，m^3；

$\overline{Q}_t$——平均流量，m^3/s；

F——流域面积，km^2；

R_t——t 时段的径流深度，mm。

(3)径流模数(M)。径流模数为单位流域面积上产生的流量，单位为 $m^3/(s \cdot km^2)$。

$$M=\frac{Q_t}{F}$$

(4)径流系数(α)。径流系数为某时段内的径流深度与同一时段内降水量之比,以小数或百分比计,其计算公式为:

$$\alpha=\frac{R}{P}$$

式中 R——某时段内的径流深度,mm;

P——同一时段内的降水量,mm。

3. 蒸发

蒸发主要包括水面蒸发和陆面蒸发,见表4-2。

表4-2 蒸发主要影响因素

蒸发形式	影响因素
水面蒸发	反映当地的大气蒸发能力,与当地降水量的大小关系不大,主要影响因素是气温、湿度、日照、辐射、风速等。因此在地域分布上,一般冷湿地区水面蒸发量小,干燥、气温高的地区水面蒸发量大,高山区水面蒸发量小,平原区水面蒸发量大
陆面蒸发	陆面蒸发量主要是指某一地区或流域内河流、湖泊、塘坝、沼泽等水体蒸发、土壤蒸发以及植物蒸腾量的总和,即陆地实际蒸发量。陆面蒸发量受蒸发能力和降水条件两大因素的制约

三、地表水资源的特点

地表水资源主要分为河流、湖泊、水库、冰川和海洋五类。

1. 河流

我国的河流按其径流的循环形式,可分为注入海洋的外流河和不与海洋沟通的内流河两大区域。外流区域约占全国总面积的63.8%,内流区域约占36.2%。

我国河流按流域水系划分为黑龙江流域片、辽河流域片、黄河流域片、海滦河流域片、淮河流域片、长江流域片、珠江流域片、浙闽台流域片、西南诸河片、内陆诸河片。我国河流的特点如下所述:

(1)数量众多。我国由于地形复杂,降水总量大,河流数量相当多,且源远流长。据统计,流域面积在100 km^{2}以上的河流有50 000多条,流域面积在 1 000 km^2 以上的河流有 1 580 多条，大于 10 000 km^2 的有 79 条。如此众多的河流，丰富的径流资源，为灌溉、航运、发电、城市供水等提供了有利条件。

(2)水量充沛，季节变化明显。我国年平均降水总量为6 亿多 m^3，相当于平均雨深 630 mm，约有 44%可形成径流。如果把全年的河川径流总量平铺在全国的土地上，径流深度可达 271 mm。我国河流水量虽然丰沛，但季节分配很不均匀，其总的变化格局是夏季径流占优势，冬季最少。

(3)径流地区差异很大，空间分布和各地区利用不平衡。我国虽然河流众多，径流量十分丰富，但空间分布呈现出东多西少、南丰北少的不均衡性。东部湿润地区的河流，其径流量占全国总径流量的 95.55%。西部广阔的干燥和半干燥地区的河流，径流量仅占全国总径流量的 4.45%。

因受季风气候影响，占全国耕地面积 50%的华北地区和西北地区，径流量只占全国的 10%，其中淮、海、辽三河流域占全国耕地 28%，径流量仅占 4%。对水资源利用也很不平衡，如淮、海、辽三河流域利用程度达 50%～60%，长江流域利用程度为 15%，西南地区诸河不到 1%。全国平均利用率为 16%。

(4)河网密度地区差异大。东部地区河网密度一般在0.1 km/km^2 以上，其中南方地区甚至超过 0.5 km/km^2。有些地区，如长江和珠江三角洲地区，河网密度可达2 km/km^2，最大达 6 km/km^2。我国北方地区的山地和丘陵区，河网密度在0.2～0.7 km/km^2，东北地区和华北平原为 0.1 km/km^2。西北地区河网密度很小，几乎都在0.05 km/km^2 以下，其中不少地区接近于零或等于零。

2. 湖泊及水库

(1)湖泊。湖泊是陆地上洼地积水形成的、水域比较宽广、换流缓慢的水体。在地壳构造运动、冰川作用、河流冲淤等地质作用下，地表形成许多凹地，积水成湖。露天采矿场凹地积水和拦河筑坝形成的水库也属湖泊之列，称为人工湖。湖泊因其换流异常缓慢而不同于河流，又因与大洋不发生直接联系而不同于海。在流域自然地理条件影响下，湖泊的湖盆、湖水和水中物质相互作用，相互制约，使湖泊不断演变。

我国湖泊分布，大致以大兴安岭—阴山—贺兰山—祁连山—昆仑山—冈底斯山一线为界。此线东南为外流湖区，以淡水湖为主，湖泊大多直接或间接与海洋相通，成为河流水系的组成部分，属吞吐型湖泊。此线西北为内陆湖区，以咸水湖或盐湖为主，湖泊位于封闭或半封闭的内陆盆地之中，与海洋隔绝。

根据湖泊地理分布的特点，我国可划分为5个主要湖区，即青藏高原湖区、蒙新高原湖区、东北平原与山地湖区、云贵高原湖区等。

(2)水库。水库是指在山沟或河流的狭口处建造拦河坝形成的人工湖泊。按其构造可分为湖泊式水库和河床式水库两种。湖泊式水库是指被淹没的河谷具有湖泊的形态特征，即面积较宽广，水深较大，库中水流和泥沙运动接近于湖泊的状态，具有湖泊的水文特征；河床式水库是指淹没的河谷较狭窄，库身狭长弯曲，水深较浅，水库内水流泥沙运动接近于天然河流状态，具有河流的水文特征。湖泊、水库的储水量，与湖面、库区的降水量，入湖(入库)的地面、地下径流量等有关，也与湖面、库区的蒸发量，出湖(出库)的地面和地下径流量等有关。水库建成后，可起防洪、蓄水、灌溉、供水、发电、养鱼等作用。有时天然湖泊也称为水库(天然水库)。

湖泊及水库水的水体较大，水量较充沛。但其流动性较小，贮存时间较长，由于长期沉淀，悬浮物含量少，水的浑浊度一般较低，含盐量因水不断蒸发浓缩，往往比江河水高，自净能力小，易受污染。湖泊、水库的水位变化，主要是由水量变化而引起，年内呈周期性变化。以雨水为补给的湖泊，一般最高水位出现在夏秋季节，最低水位出现在冬末春初。干旱地区的湖泊、水库，在融雪及雨季期间，水位骤涨，然后因蒸发损失引起水位下降，甚至使湖泊、水库蒸发到完全干涸。

湖泊、水库是由河流、地下水、降雨时的地面径流作为补给水，因此，其水质与补给水来源的水质有密切关系，因而各个湖泊、水库的水质，其化学成分是不同的。就是同一湖泊(或水库)，不同位置的化学成分也不完全一样，含盐量也不一样，同时各主要离子间没有一定的比例关系，这是与海水水质区别之处；湖水水质化学变化通常具有生物作用，这是与河水、地下水的水质的不同之处。湖泊、水库中的浮游生物较多，多分布在水体上层10m深度以内的水域中，如蓝藻分布在水的最上层，硅藻多分布在较深处。浮游生物的种类和数量，近岸处比湖中心多，浅水处比深水处多，无水草处比有水草处多等。

3. 冰川

我国是世界上中低纬度山丘冰川分布最广的国家之一，冰川分布在西北、西南地区，其范围南起云南的玉龙雪山，北抵新疆的阿尔泰山，西起帕米尔高原，东至青海的阿尼玛卿山，分布在西藏、新疆、青海、甘肃、四川和云南等省（自治区）的高山上。据初步估算，我国冰川水资源约占全国河川径流量的2%。

4. 海洋

我国拥有的海洋国土面积为299.7万平方公里，包括内水、领海及专属经济区和大陆架。

四、地表水水质

1. 河流水水质

我国幅员辽阔，大小河流纵横交错，自然地理条件相差悬殊，因而，各地区江河水的浊度也相差很大。甚至同一条河流，不同河段、不同季节都相差悬殊。

我国是世界上高浊度水河流众多的国家之一。西北及华北地区流经黄土高原的黄河水系、海河水系及长江中上游等，河水含沙量很大。凡土质、植被和气候条件较好地区，如华东、东北和西南地区大部分河流，浊度均较低，一年中大部分时间内河水较清，只是雨季河水浊度较高。我国西北及内蒙古高原的大部分河流，河水硬度较高；黄河流域、华北平原及东北辽河流域次之；松黑流域和东南沿海地区，河水硬度较低。我国西北黄土高原及华北平原大部分地区，河水含盐量较高，秦岭以及黄河以南次之；东北松黑流域及东南沿海地区最低。

江、河水最大的缺点是易受工业废水、生活污水及其他各种人为污染，因而水的色、嗅、味变化较大，有毒或有害物质易进入水体。水温变化大，夏季常不能满足工业冷却用水要求。

2. 湖泊及水库水水质

湖泊及水库水由于其流动性小，贮存时间长，经过长期自然沉淀，浊度较低。只有在风浪时以及暴雨季节，由于湖底沉积物或泥沙泛起，才产生浑浊现象。湖水一般含藻类较多，使水产生色、嗅、味。同时，水生物死亡残骸沉积湖底，使底泥中淤积了大量腐殖质，一经风浪泛起，致使水质恶化。湖水不断得到补给又不断蒸发浓缩，含盐量因此比河水高。干旱地区内陆湖因换水条件差，蒸发量大，含盐量往往很高。

3. 海水水质

海水含盐量最高，而且所含各种盐类或离子的质量比例基本不变，这是与其他天然水源不同的一个显著特点。海水一般须经淡化处理才可作为居民生活用水。

第二节　地表水取水工程

一、地表水源的选择

为了保证取水工程建成后有充足的水量，必须先对水源进行详细勘察和可靠性综合评价，避免造成工程失误。对河流水资源，应确定可利用的水资源量，避免与工农业用水及环境用水发生矛盾；兴建水库作为水源时，应对水库的汇水面积进行勘察，确定水库的蓄水量。

水源的选择应注意以下事项。

(1)水源的选用应通过技术经济比较后综合考虑。必须在掌握水源基本特征的基础上，综合考虑以下几个方面因素：

1)水体功能区划规定的取水地段。

2)可取水量充沛可靠。

3)原水水质符合国家有关现行标准。

4)与农业、水利综合利用。

5)取水、输水、净水设施安全经济和维护方便,并具有施工条件。

(2)用地表水作为城市供水水源时,其设计枯水流量的保证率,应根据城市规模和工业大用水户的重要性选定,一般可采用90%~97%。镇供水水源的设计枯水量保证率,可根据具体情况适当降低。用地表水作为工业企业供水水源时,其设计枯水流量的保证率,应视工业企业性质及用水特点,按各有关部门的规定执行。

如果一个地区和城市具有地表和地下两种水源,可以对不同的用户,根据其需水要求,分别采用地下水和地表水作为各自的水源;也可以对各种用户的水源采用两种水源交替使用。

(3)确定水源、取水地点和取水量等,应取得水资源管理、卫生防疫、航运等有关部门的书面同意。对生活饮用水源卫生防护应符合有关现行标准、规范的规定,并应积极取得环保等有关部门的支持配合。

二、地表取水的影响因素

江河的径流变化、泥沙运动、河床演变、漂浮物和冰冻情况等特征,以及这些特征与取水构筑物的关系,将直接关系到取水构筑物合理的设计、施工和运行管理。因此,决定地表取水的影响因素也与此有关。

1. 江河的径流特征

取水河段的水位、流量、流速等径流特征值是确定取水构筑物位置、构筑物形式及结构尺寸的主要依据。在设计取水构筑物时,应注意收集与其相关的下列资料。

(1)河流历年的最小流量和最低水位。

(2)河流历年的最大流量和最高水位。

(3)河流历年的月平均流量、月平均水位及年平均流量和年平均水位。

(4)河流历年春秋两季流冰期的最大、最小流量和最高、最低水位;其他情况下,如潮汐、形成冰坝冰塞时的最高水位及相应流量;上述相应情况下河流的最大、最小和平均流速及其在河流中的分布情况。

取水构筑物设计的最高水位应按百年一遇频率确定。设计枯水位的保证率，应根据水源情况和供水重要性选定，一般可选取90%～99%。用地表水作为城市供水水源时，其设计枯水流量的保证率，应根据城市规模和工业用水大户的重要性选定，一般可取90%～97%，用地表水作为工业企业供水水源时，其设计枯水流量的保证率，应按各有关部门的规定执行。

2. 泥沙运动与河床演变

河流泥沙是指组成河床的以及在河流中运动的泥沙，所有在河流中静止和运动的粗细泥沙、大小石砾都称为河流泥沙。根据泥沙在水中的运动状态，分为床沙、推移质及悬移质三类。

(1)床沙是组成河床表面的静止泥沙。

(2)推移质是指在水流作用下，沿河底滚动、沿动或跳跃前进的泥沙。

(3)悬移质是指悬浮于水中，随水流前进的泥沙。

河床演变一般表现为纵向变形、横向变形、单向变形及复归性变形。冲淤作用导致流程方向上河床高程的变化称纵向变形，与水流垂直的水平方向的变形，则称横向变形。在相当长时期内河床单一地朝某一方向发展的为单向变形，河床周期性往复发展的为复归性变形。此外，还有一些局部变形。

3. 江河中泥沙、漂浮物

江河中的泥沙和漂浮物对取水工程的安全和水质有很大影响。因此，在设计取水构筑物时，必须了解江河的最高、最低和平均含沙量、泥沙颗粒的组成及分布规律、漂浮物的种类、数量和分布，以便采取有效的防沙、防草措施。

4. 江河中的冰冻

我国北方地区大多数河流在冬季均有冰冻现象，河流冰冻过程对取水构筑物的正常运行有很大的影响。冬季流冰期，悬浮在水中的冰晶及初冰，极易附着在取水口的格栅上，增加水头损失，甚至堵塞取水口，故需考虑防冰措施。河流在封冻期能形成较厚的冰盖层，由于温度的变化，冰盖膨胀产生的巨大压力，易使取水构筑物遭到破坏。冰盖的厚度在河段中的分布并不均匀，此外冰盖层会随河水下降而塌陷，设计取水构筑物时，应视具体情况确定取水口的位置。因此，为了正确地考察取水工程设施情况，需收集以下冰情资料。

(1)每年春季流冰期出现和持续的时间，流冰在河流中的分布运动情况，最大冰层面积、厚度及运动情况。

(2)每年河流的封冻时间、冰层厚度及其在河段上的分布规律。

(3)每年冬季流冰期出现和持续时间，水内冰、底冰的组成、大小、黏结性、上浮速度及其在河流中的分布，流冰期气温及河水温度变化情况。

(4)其他特殊情况。

三、地表取水位置的选择

地表取水位置的选择是否恰当，直接影响取水的水质、水量、安全可靠性及工程的投资、施工、管理等。因此，地表取水构筑物位置的选择尤其重要，应根据下列基本要求，通过技术经济比较确定。

(1)取水点应设在具有稳定河床、靠近主流和有足够水深的地段。取水河段的形态特征和岸形条件是选择取水口位置的重要因素。取水口位置应选在比较稳定、含沙量不太高的河段，并能适应河床的演变。

1)顺直河段。取水点宜设在主流靠近岸边、河床稳定、水深较大、流速较快的地段，通常也就是河流较窄处。在取水口处的水深一般要求不小于2.5～3.0 m。

2)弯曲河段。弯曲河段的凹岸在横向环流的作用下，岸陡水深，泥沙不易淤积，水质较好，且主流靠近河岸，因此凹岸是较好的取水地段。但取水点应避开凹岸主流的顶冲点(即主流最初靠近凹岸的部位)，一般可设在顶冲点下游 15～20 m、冰水分层的河段。因为凹岸容易受冲刷，所以需要一定的护岸工程。为了减少护岸工程量，也可以将取水口设在凹岸顶冲点的上游处。

3)游荡型河段。在游荡型河段设置取水构筑物应结合河床、地形、地质特点,将取水口布置在主流线密集的河段上;必要时需改变取水构筑物的形式或进行河道整治以保证取水河段的稳定性。

4)有边滩、沙洲的河段。不宜将取水点设在可移动的边滩、沙洲的下游附近,以免被泥沙堵塞。一般应将取水点设在上游距沙洲 500 m 以上处。

5)在有支流入口的河段上。在有支流入口的河段上易产生大量的泥沙沉积。取水构筑物应离开支流出口处上下游有足够的距离,上游应不小于 50 m,下游应不小于 400 m。

(2)取水点应尽量设在水质较好的地段。为了取得较好的水质,取水点的选择应注意以下内容。

1)河流污染的主要原因有生活污水和生产废水的排放,因此,供生活用水的取水构筑物应设在城市和工业企业的上游,距离污水排放口上游 150 m 以上或下游 1 000 m 以上,并应建立卫生防护地带。如岸边有污水排放,水质不好,则应伸入江心水质较好处取水。

2)取水点应避开河流中的回流区和死水区,以减少水中泥沙、漂浮物进入和堵塞取水口。

3)在沿海地区受潮汐影响的河流上设置取水构筑物时,应考虑海水对河水水质的影响。

4)农药的污染、有害废料堆场等都可能污染水源,选择取水构筑物时亦应予以考虑。

(3)具有良好的地质、地形及施工条件。取水构筑物应设在地质构造稳定、承载力高的地基上。在断层、流沙层滑坡、风化严重的岩层、岩溶发育地段、地震区不稳定的陡坡或山脚下不宜设置取水构筑物。在有宽广河漫滩的地方也不宜设置取水构筑物,以免进水管过长。

从施工条件角度,取水构筑物的设置不仅要求交通运输方便,还要有足够的施工场地,土石方量、水下工程量要少,以节约资金、缩短工期。

(4)取水点应尽量靠近主要用水区。取水点的位置应全面考虑整个给水系统的合理布置，尽可能与工农业布局和城市规划相适应，并在保证安全取水的前提下，尽可能靠近主要用水地区，以缩短输水管线的长度，减少输水的基建投资和运行费用。

(5)取水点应避开人工构筑物和天然障碍物的影响。河流上常见的人工构筑物有桥梁、丁坝、码头、拦河闸坝等。天然障碍物有突出河岸的陡崖和石嘴等。它们的存在通常改变河道的水流状态，引起河流变化，并可能使河床产生沉积、冲刷和变形，或者形成死水区。因此选择取水口位置必须加以注意。

(6)取水点应避免受泥沙、漂浮物、冰凌、冰絮、支流和咸潮等影响。在冰冻地区，取水口应设在不受冰凌直接冲击的河段，并应使冰凌能顺畅地顺流而下。冰冻严重时，取水口应选在急流、冰穴、冰洞及支流入口的上游河段。有流冰的河道，应避免将取水口设在流冰易于堆积的浅滩、沙洲、回流区和桥孔的上游附近。在流冰较多的河流中取水，取水口宜设在冰水分层的河段，从冰层下取水。

当冰水分层的河段取水量大，河水含沙量高，主河道游荡，冰情严重时，可设置两个取水口。

此外，选择取水地点时，应注意河流的综合利用，如航运、灌溉、排灌等。同时，还应了解在取水点的上下游附近近期内拟建的各种水工构筑物(堤坝、丁坝及码头等)和整治河道的规划以及对取水构筑物可能产生的影响。

四、地表取水构筑物的分类

取水构筑物有多种分类方法，按水源分，有一般河流、湖泊、水库、山区浅水河流、海水取水构筑物；按取水构筑物的构造形式分，则有固定式(岸边式、河床式、斗槽式)和移动式(浮船式、缆车式)两种类型；山区河流则分为带低坝的取水构筑物和底栏栅式取水构筑物，如图 4-1 所示。

1. 固定式取水构筑物

固定式取水构筑物由取水设施和泵房组成，具有取水可靠、维护

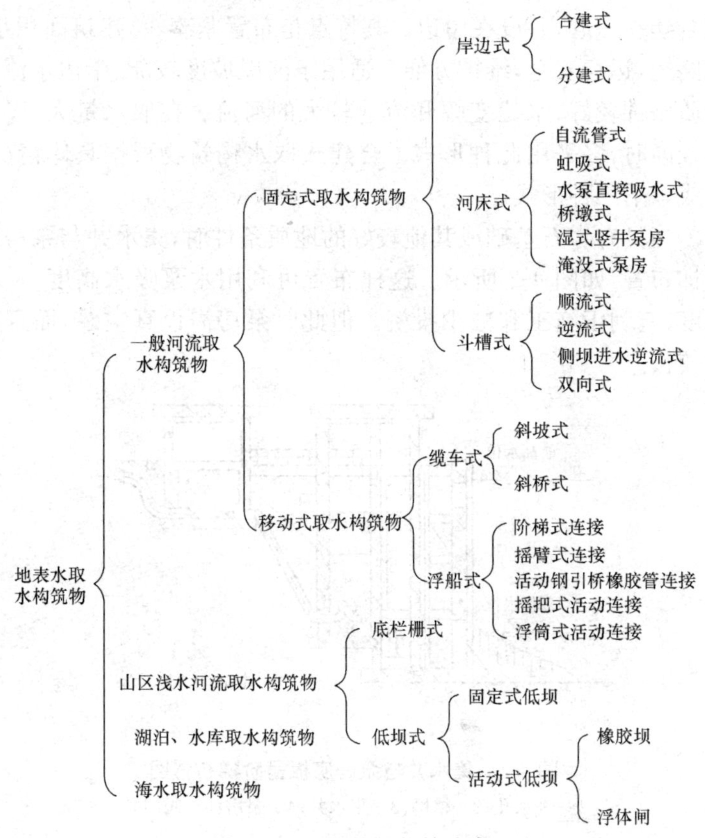

图 4-1　取水构筑物的分类

管理较简单、适用范围广等优点，但水下工程量较大、施工期较长、投资较大。设计时应考虑远期发展的需要，土建工程一般按远期设计，一次建成，水泵机组设备等可分期安装。固定式取水构筑物主要分为岸边式、河床式及斗槽式三种。

(1)岸边式取水构筑物。建在岸边，直接从江河岸边取水的构筑物，称为岸边式取水构筑物。其特点是便于分层设置进水孔，在洪、枯水期都能取得较好的水质和便于清理格栅。按照集水井和泵房的相对位置，岸边式取水构筑物可分为合建式和分建式两类。

1)合建式岸边取水构筑物。合建式岸边取水构筑物将集水井和泵房合建在一起,并设在岸边。其特点是布置紧凑,总建筑面积小,吸水管路短,运行安全,维护方便。适用于河岸坡度较陡、岸边水流较深且地质条件较好、水位变幅和流速较大的河流。在取水量大、安全性要求较高时,多采用此种形式。合建式取水构筑物根据具体情况,可布置成以下三种形式。

①当具有岩石基础或其他较好的地质条件时,集水井与泵房底板呈阶梯布置,如图 4-2 所示。这样布置可利用水泵吸水高度,减小泵房深度,有利于施工和减少投资。但此时泵房需设真空泵,而且启动时间较长。

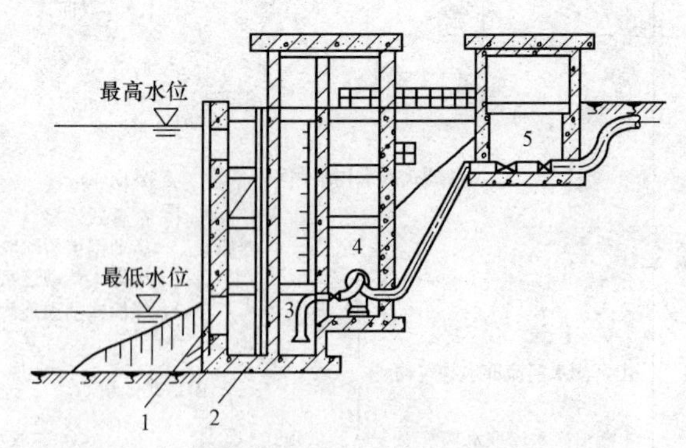

图 4-2 集水井与泵房底板呈阶梯布置图

1—进水孔;2—格网;3—集水井;4—泵房;5—阀门井

②在地基条件较差或安全性要求较高、取水量较大时,为避免产生不均匀沉降,水泵可自灌式启动,应将集水井与泵房底板布置在同一高程上,如图 4-3 所示。但由于泵房较深,造价较大,且通风防潮条件较差,操作管理不便。

③为了缩小泵房面积,降低基建投资,在河道水位较低、泵房深度较大时,可采用立式泵(或轴流泵)取水,如图 4-4 所示。这种布置可将电气设备置于泵房的上层,操作方便,通风条件好,但检修条件差。

2)分建式岸边取水构筑物。当河岸处地质条件较差,以及集水井与泵房不宜合建或建造合建式取水构筑物对河道断面及航道影响较

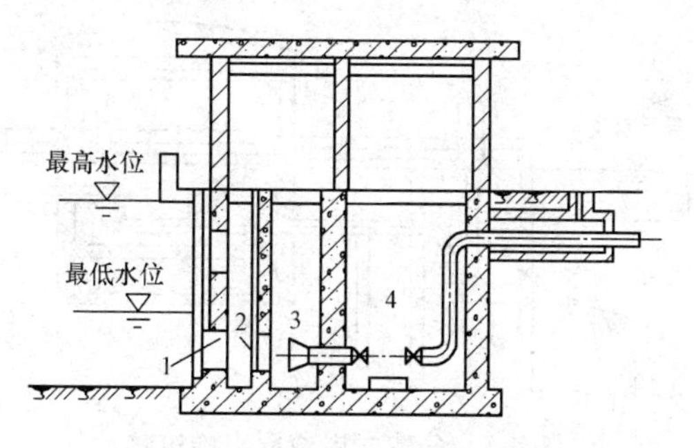

图 4-3 集水井与泵房底板布置在同一高程

1—进水孔；2—格网；3—集水井；4—泵房

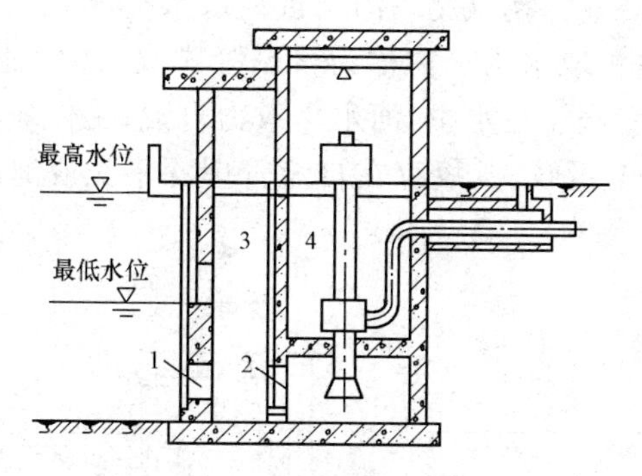

图 4-4 立式泵(或轴流泵)取水

1—进水孔；2—格网；3—集水井；4—泵房

大时，宜采用分建式岸边取水构筑物，如图 4-5 所示。由于将集水井和泵房分开建造，泵房可离开岸边建于地质条件较好处，但不宜过远。其特点是土建结构简单，易于施工；但吸水管较长，增加了水头损失，维护管理不太方便，运行安全性较差。

(2)河床式取水构筑物的形式。从河心取水的构筑物称为河床式取水构筑物。河床式取水构筑物的集水井和泵房可以合建，也可以分建。无论是合建或分建的河床式取水构筑物，按照进水管的形式及取水泵房的结构和特点，又可分为自流管式、湿井式、虹吸管式、直接吸水式、桥墩式等。

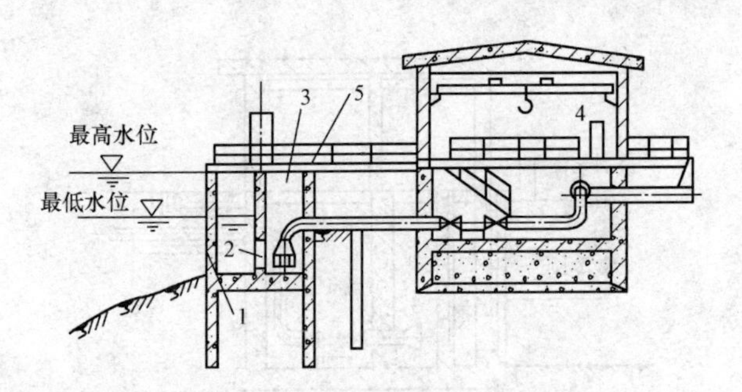

图 4-5　分建式岸边取水构筑物

1—进水孔；2—格网；3—集水井；4—泵房；5—引桥

1)自流管式取水构筑物。河水进入取水头部后经自流管靠重力流入集水井，这种取水构筑物称为自流管式取水构筑物，如图 4-6 所示。由于自流管淹没在水中，河水靠重力自流，工作较为可靠。但敷设自流管的土方量较大，故宜在自流管埋深不大或河岸可以开挖时采用。

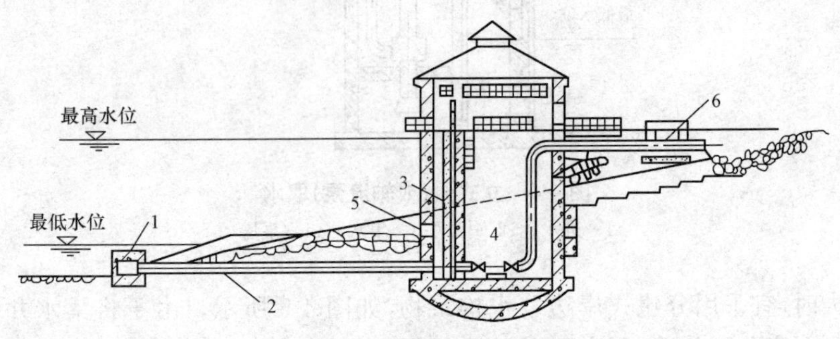

图 4-6　自流式取水构筑物

1—取水头部；2—自流管；3—集水间；4—泵房；5—进水孔；6—阀门井

为避免在水位变幅较大、洪水期历时较长、水中含沙量较高的河流取水时，集水井中沉积大量的泥沙，不易清除，影响取水水质，可在集水井进水间前壁上开设高位进水孔。在非洪水期，利用自流管取得河心水质较好的水，而在洪水期则利用高位进水孔取得上层含沙量较少的水。这种形式比单用自流管进水安全、可靠。也可以通过设置高位自流管实现分层取水，但在河流含沙量分布较均匀时，分层取水意义不大。

2)湿井式取水构筑物。湿井式取水泵房的下部为集水井，上部(洪水位以上)为电动机操作室，采用防沙深井泵取水，如图 4-7 所示。适用于水位变幅大于 10m，尤其是骤涨骤落(水位变幅大于 2m/h)、水流流速较大的情况。

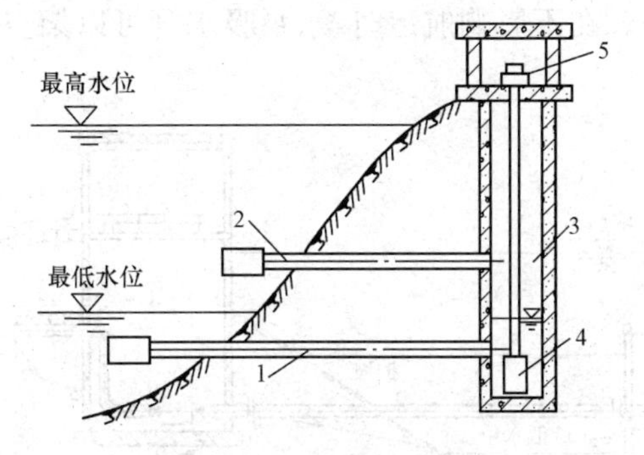

图 4-7　湿井式取水泵房

1—低位自流管；2—高位自流管；3—集水井；4—深井泵；5—水泵电动机

3)虹吸管式取水构筑物。河水进入取水头部后经虹吸管流入集水井的取水构筑物称为虹吸管式取水构筑物，如图 4-8 所示。在河滩宽阔、河岸高、自流管埋深很深或河岸为坚硬岩石以及管道需穿越防洪堤时，宜采用虹吸管式取水构筑物。

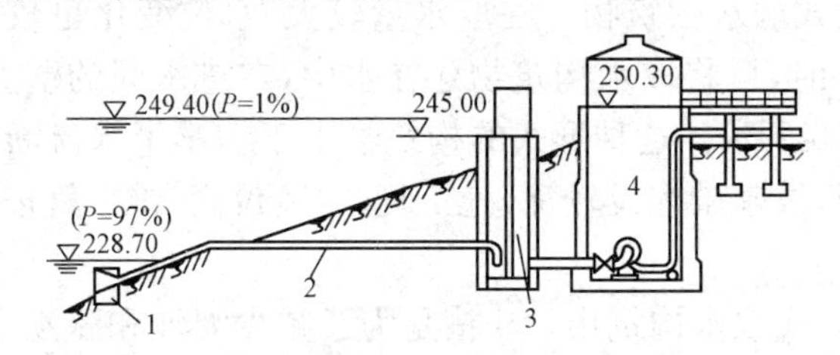

图 4-8　虹吸管式取水构筑物

1—取水头部；2—虹吸管；3—集水井；4—泵房

虹吸高度最大可达 7m，其优点是减少水下施工工作量和土石方量，缩短工期，节约投资。但对管材及施工质量要求较高。另外，由于需要设一套真空管路系统和设备，当虹吸管管径较大、管路较长时，启动时间长，运行不方便。

4）直接吸水式取水构筑物。直接吸水式是指在水位变化不大，取水量较小时，可不设置集水井，利用水泵吸水管直接伸入河中取水，如图 4-9 所示。其优点是结构简单、施工方便、造价较低等，中小型取水工程采用较多。在不影响航运时，水泵吸水管可以架空敷设在桩架或支墩上。

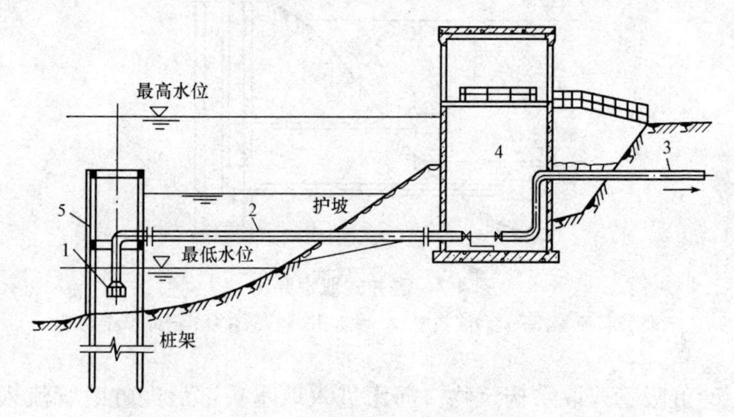

图 4-9　直接吸水式取水构筑物

1—取水头；2—吸水管；3—出水管；4—泵房；5—栅条

5）桥墩式取水构筑物。在取水量较大，水位变化也较大，河床地质条件较好时，可将取水构筑物建在水中，在进水间的壁上设置进水孔，如图 4-10 所示。这种形式的构筑物由于缩小了水流断面，造成附近河床冲刷，故基础埋设较深，施工复杂，造价高，维护管理不便，且影响航运。

（3）斗槽式取水构筑物。斗槽是为了减少泥沙和冰凌进入取水口而在河流岸边开挖（用堤坝围）成的进水槽。在岸边式或河床式取水构筑物之前设置的“斗槽”进水，称为斗槽式取水构筑物。斗槽式取水构筑物适合在河流含沙量大，冰絮较严重，取水量较大，地形条件合适时采用。按照水流进入斗槽的流向，可分为顺流式、逆流式和双流式。

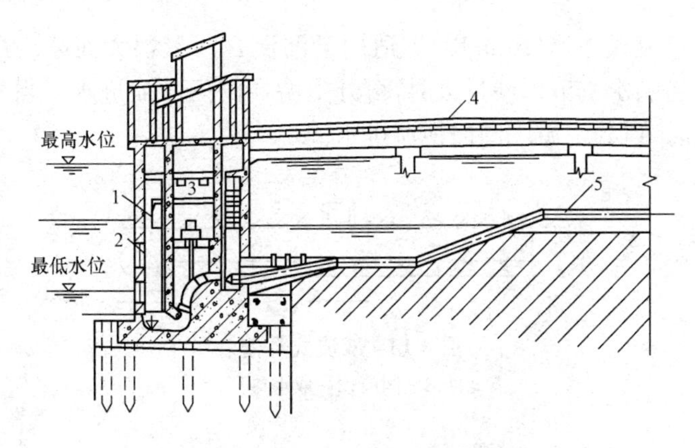

图 4-10　桥墩式取水构筑物

1—集水间;2—进水孔;3—泵房;4—引桥;5—出水管

1)顺流式斗槽(图 4-11)。斗槽中水流方向与河水流向基本一致,适用于含泥沙甚多,而冰凌不严重的河流。

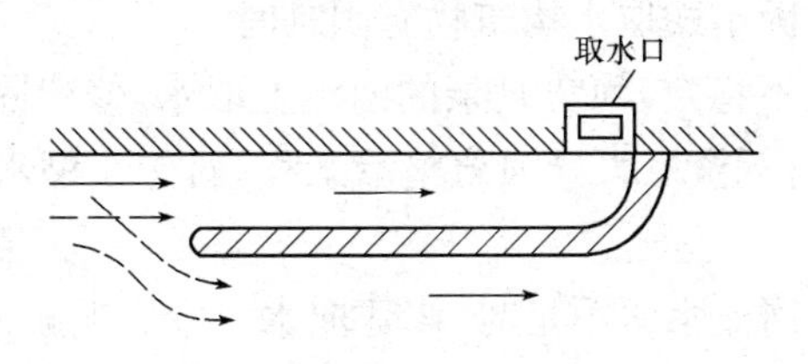

图 4-11　顺流式斗槽

2)逆流式斗槽(图 4-12)。斗槽中水流方向与河水流向基本相反。逆流式斗槽适用于冰凌严重,而泥沙较少的河流。

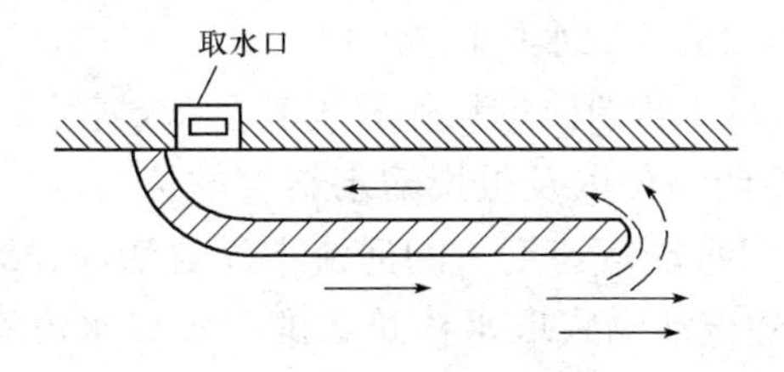

图 4-12　逆流式斗槽

3)双流式斗槽(图 4-13)。适用于河流含沙量很大而冰凌严重时采用。当洪水季节含沙量大时,可开上游端闸门顺流进水。当冬季冰凌严重时,可开下游端闸门逆流进水。

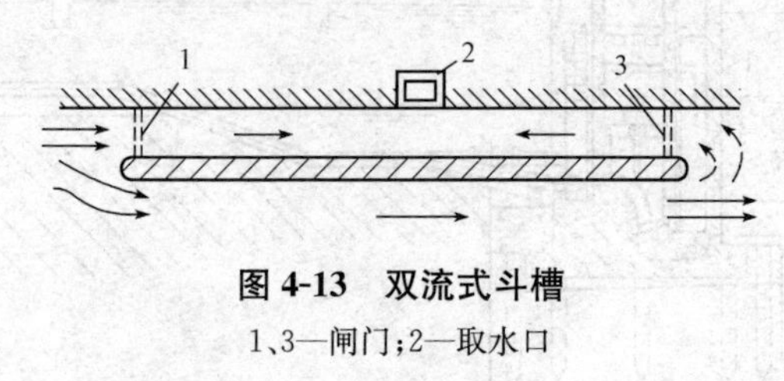

图 4-13　双流式斗槽

1、3—闸门;2—取水口

2. 移动式取水构筑物

移动式取水构筑物主要有缆车式和浮船式两种,具有水下工程量小、施工方便、工程投资少、适应性强、灵活性大等优点,能适应水位的变化。以下几种情况可采取移动式取水构筑物。

(1)当修建固定式取水构筑物有困难时。

(2)在水流不稳定,河势复杂的河流上取水,修建固定式取水构筑物往往需要进行耗资巨大的河道整治工程,对中小型水厂建设常带来困难。

(3)当某些河流水深不足时,修建取水口会影响航运。

(4)有时修建固定式取水口水下工程量大,施工困难,投资较高,而当地施工条件及资金不允许。

此外,当河水水位变幅较大而取水量较小;供水要求紧迫;要求施工周期短;水文资料不全、河岸不稳定或建设临时性的供水水源时也都可以考虑采用活动式取水构筑物。

由于活动式取水构筑物的操作管理较复杂,需经常随河水水位的变化将缆车或浮船移位以及更换输水斜管的接头,供水安全性差,特别在水流湍急、河水涨落速度大的河流上设置活动式取水构筑物,尤需慎重。因此,建设活动式取水构筑物的河流应水流不急,且水位涨落速度小于 2.0m/h。建设活动式取水构筑物要求河床比较稳定,岸坡有适宜的倾角,河流漂浮物少、无冰凌,且取水构筑物不易受漂木、浮筏、船只撞击，河段顺直，靠近主流。

(1)缆车式取水构筑物。缆车式取水构筑物由泵车、坡道或斜桥、输水管和牵引设备等部分组成，如图 4-14 所示。其优点是：当河水涨落时，泵车由牵引设备带动，沿坡道上的轨道上下移动，受风浪影响较小。

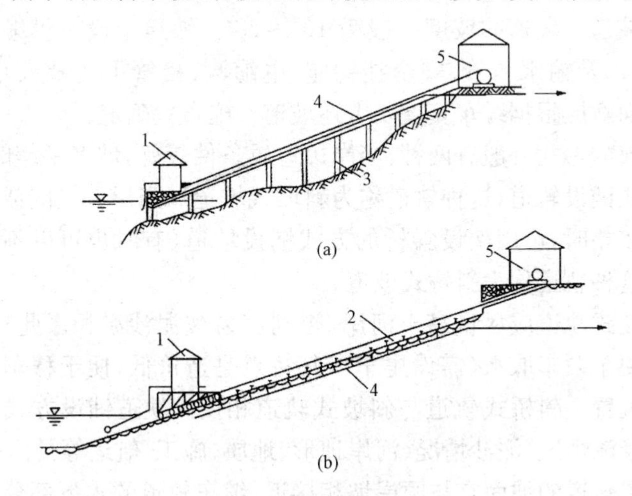

图 4-14 缆车式取水构筑物

1—泵车；2—坡道；3—斜桥；4—输水斜管；5—卷扬机房

缆车式取水构筑物适用于河流水位变幅为 10～35 m、涨落速度小于 2 m/h 的情况，其位置宜选择在河岸岸坡稳定、地质条件好的地段，如果河岸太陡，所需牵引设备过大，移车较困难；如果河岸太缓，则吸水管架太长，容易发生事故。

1)缆车。缆车是用于安装水泵机组的车辆。缆车的上部为钢木混合的车厢，用来布置水泵机组，下部为型钢组成的空间桁架结构的车架。每部缆车上可设 2 台或 3 台水泵，一用一备或两用一备，每台泵均有单独吸水管。选用的水泵要求吸水高度不小于 4 m，且 $Q-H$ 特性曲线较陡。也可以根据水位更换叶轮，以适应水位的变化。缆车上水泵机组的布置除满足布置紧凑、操作检修方便外，还应特别注意缆车的稳定和振动问题。

根据水泵类型、泵轴旋转方向及缆车构造可将水泵机组布置成各种形式。一般可分为水平布置、垂直布置及阶梯形布置三种。水泵平行布置，适用于中、小型缆车，桁架受力好，运转时振动小。垂直布置，适用于大、中型缆车，布置较紧凑，缆车接近正方形；阶梯形布置，缆车重心降低，可以增加稳定性。

2)坡道。坡道的坡度一般为10°～28°。坡道上设有供缆车升降的轨道，以及输水斜管、安全挂钩座、电缆沟、接管平台及人行道等。坡道的面宽应根据缆车宽度及上述坡道设施布置确定。

坡道的形式一般有两种：当岸边地质条件较好，坡度平缓时，可用开挖方式铺设轨道，这种轨道称为斜坡式坡道。当岸坡较陡或河岸地质条件较差时，可用架设斜桥的方式铺设坡道（有时也可以不垂直于河岸），这种轨道称为斜桥式坡道。

斜坡式轨道应尽量高于河岸，否则容易被泥沙淤积。此外，这种轨道不便于泵车取水（需设尾车），其特点是造价低，便于移车和转换接头的位置。斜桥式轨道与斜坡式轨道相反。轨道铺设方式的选择取决于径流情况、泥沙情况、河岸地形、地质、施工、航运等具体条件。

缆车轨道的坡面宜与原岸坡相接近，缆车轨道的水下部分应避免挖槽，当坡面有泥沙淤积时，应考虑冲沙设施。

斜桥式坡道基础可做成整体式、框式挡土墙和钢筋混凝土框格式，坡道顶面应高出地面0.5 m左右，以免积泥。其可采用钢筋混凝土多跨连续梁结构。在坡道基础上敷设钢轨，当吸水管直径小于300 mm时，轨距采用1.5～2.5 m，吸水管直径为300～500 mm时，轨距采用2.8～4.0 m。缆车轨道上端标高应为最高水位、浪高、吸水喇叭口到缆车层高度之和再加1.5 m安全高度；下端标高应为最低水位减去保证吸水的1.5 m安全高度。

3)输水管。正常情况下，一部泵车只设一条输水斜管，沿斜坡或斜桥敷设。当管径较大、接头连接不便时，可改用输水能力相同的两条小管。输水斜管一般采用铸铁管，当管径大于500 mm时，宜采用焊接钢管。

斜管上每隔一定距离设置一个正三通或斜三通叉管，以便与水泵压水管相连。叉管的高差主要取决于水泵吸水高度和水位涨落速度。

小型泵车常采用 0.6～1.0 m,大型泵车为 2.0 m,当水位涨落较快时,叉管高差一般不小于 2 m,采用曲臂式连接时,高差可为 2～4 m,叉管的布置宜先在每年持续时间最长的低水位处放置一根,然后根据水位的涨落速度向上、向下布置。最高和最低的叉管位置均应高于最高和最低水位时的泵车底板。当采用两部缆车、两根输水管时,叉管布置应错开。

在水泵压水管与叉管的连接处需设置活动接头,有以下几种。

①橡皮软管柔性接头。如图 4-15(a)所示,管径一般小于 300 mm,其特点是构造简单、拆装方便、灵活性大,可弥补制造、安装误差,缆车振动对接头影响小。但承受压力低,使用年限较短,一般只能用 2～3 年。

②球形万向接头。如图 4-15(b)所示,用铸钢或铸铁制成,管径一般不大于 600 mm。其特点是组合方便、转动灵活,最大转角为 11°～22°,但制造复杂,拆装麻烦。

③套筒活动接头。如图 4-15(c)所示,由 1～3 个旋转套筒组成,使之可在 1～3 个方向旋转,以满足拆换接头、对准螺栓孔眼的需要。其特点是各种管径都能使用,拆装方便,寿命较长。

④曲臂式活动接头。如图 4-15(d)所示,曲臂式活动接头由 3 个竖向套筒及两根联络短管组成。其特点是在联络短管中间点设托轮,可沿已定的弯曲轨道移动,因而可在较大幅度内移车,当坡道坡度较小或水位涨落速度较大时,可大大减少换接头的次数。不足之处,曲臂式活动接头需要较大的回转面积,因此增加了缆车的面积和重量。

4)牵引设备及安全装置。缆车取水多采用电动滚筒式卷扬机作为牵引设备,每部缆车设一台卷扬机。卷扬机房设在最高水位以上,正对缆车轨道。

为了保证泵车运行安全,缆车应设安全可靠的制动装置。卷扬机上应有电磁和手动制动器。缆车上广泛采用钢杆安全挂钩和钢丝绳套挂钩等安全装置。

(2)浮船式取水构筑物。浮船式取水构筑物主要由船体、水泵机组及水泵压水管与岸上输水管之间的连接管等组成,浮船式取水构筑物具有投资少、建设快、易于施工(无复杂的水下工程)、有较大的适应性和灵活性、能经常取得含沙量少的表层水等优点,但船体受风浪影

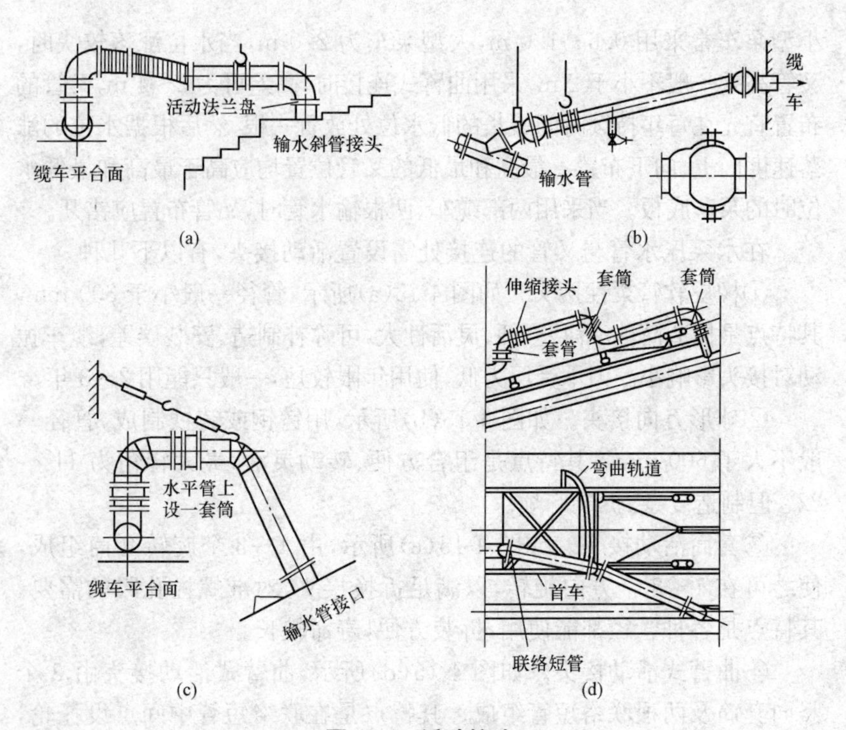

图 4-15　活动接头

(a)橡皮软管柔性接头;(b)球形万向接头

(c)套筒活动接头;(d)曲臂式活动接头

响大,操作管理不便,安全性差。

1)浮船取水位置的布置。

①河岸有适宜的坡度。岸坡过于平缓,不仅联络管增长,而且移船不方便,容易搁浅。采用摇臂式连接时,岸坡宜陡些。

②设在水流平缓风浪小的地方,以利于浮船的锚固和减轻颠簸。在水流湍急的河流上,浮船位置应避开急流和大回流区,并与航道保持一定距离。

③尽量避开河漫滩和浅滩地段。

2)浮船与水泵的布置。

浮船的数目根据供水规模、供水安全程度等因素确定。当允许间断供水或有足够容量的调节水池时或者采用摇臂式连接的，可设置一只浮船，否则不宜少于两只。

浮船一般制成平底囤船形式，平面为矩形，断面为梯形或矩形。浮船尺寸应根据设备及管路布置、操作及检修要求、浮船的稳定性等因素决定。目前一般船宽多为 5～6m，船长与船宽之比为 2∶1～3∶1，吃水深 1.2～1.5 m，船体深 1.2～1.5 m，船首、船尾长 2～3 m。

浮船上的水泵布置，除满足布置紧凑、操作检修方便外，应特别注意浮船的平衡与稳定。当每只浮船上水泵台数不超过 3 台时，水泵机组在平面上常成纵向排列，也可成横向排列。

水泵竖向布置一般有上承式和下承式两种。上承式的水泵机组安装在甲板上，设备安装和操作方便。船体结构简单，通风条件好，可适用于各种船体，故常采用。但船的重心较高，稳定性差，振动较大。下承式的水泵机组安装在船底骨架上，其优缺点与上承式相反，吸水管槽穿过船舷，仅适用于钢板船。

水泵选择时宜选择 $Q—H$ 曲线较陡的水泵，其最高效率点选在取水历时最长的取水水位，并保证在最低水位也能满足所需水量和扬程。在水位涨落幅度大的地区可使用两种叶轮，以提高运行效率。水泵吸水管管径小于 300 mm 时用底阀，管径较大时真空泵引水。吸水喇叭一般可采用圆形拦污格栅罩，并考虑定时冲洗。喇叭口的淹没深度应考虑风浪的影响。距河底的高度不小于吸水管直径的 1.5 倍，吸水管向水泵的上升坡度宜为 1%。

3)联络管。由于浮船随河水涨落而升降，随风浪而摇摆，因此，船上的水泵压水管与岸边的输水管之间应采用转动灵活的联络管连接，常用的连接方式有阶梯式和摇臂式。

①阶梯式连接又可分为柔性联络管连接和刚性联络管连接两种，图 4-16(a)所示为柔性联络管连接，采用两端带有法兰接口的橡胶软管作联络管，管长一般为 6～8 m。橡胶软管使用灵活，接口方便，但承压一般不大于 490 kPa，使用寿命较短，管径较小(一般为 350 mm 以下)，故适宜在水压和水量不大时采用。如果输水量大，可设数根联络管。图 4-16(b)所示为刚性联络管连接，采用两端各有一个球形万向

接头的焊接钢管作为联络管，管径一般在 350 mm 以下，管长一般为 8～12 m，钢管承压高，使用期限长，故采用较多。

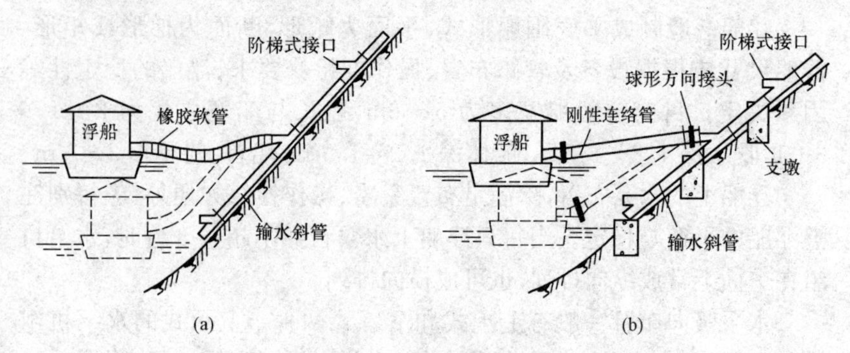

图 4-16　阶梯式连接

(a)柔性联络管；(b)刚性联络管

为了更好地适应浮船在各个方向上的运动，可使用球形万向接头(图 4-17)，其特点是转动灵活，使用方便，便于联系和防护，转角一般采用 11°～15°，但制造较复杂。这种方式适合于水位变幅不大或不频繁的河流，否则操作管理麻烦。当岸坡平缓时，可在输水管斜管接头处设一水平管段，保持联络管有足够的作用范围。

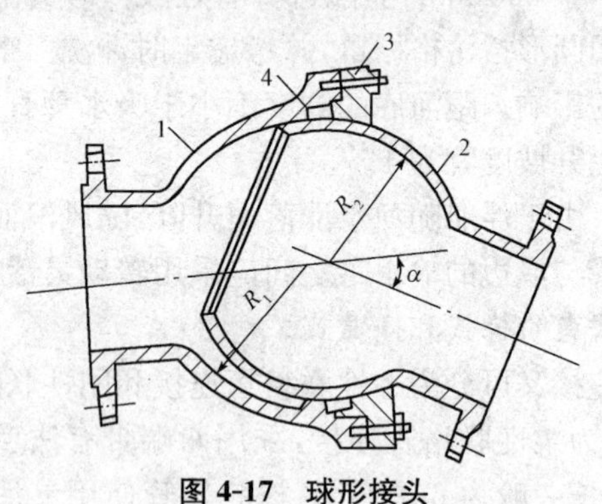

图 4-17　球形接头

1—外壳；2—球心；3—压盖；4—油麻填料

②摇臂式连接采用两端带有活动接头的焊接钢管作为联络管，采用的活动接头可以为球形接头、套筒接头和铠装法兰橡胶管接头，因

此，摇臂联络管有球形接头摇臂管、套筒接头摇臂管、钢桁架摇臂管三种形式，由于球形接头摇臂管不能适应大的江河水位涨落幅度，因此，实际应用较广泛的是套筒接头摇臂管和钢桁架摇臂管。

套筒接头摇臂管可分为单摇臂联络管和双摇臂联络管两种连接方式，如图 4-18 所示。单摇臂联络管由于联络管偏心，致使两端套筒接头受到较大的扭力，接头易因填料磨损而漏水，从而降低接头转动

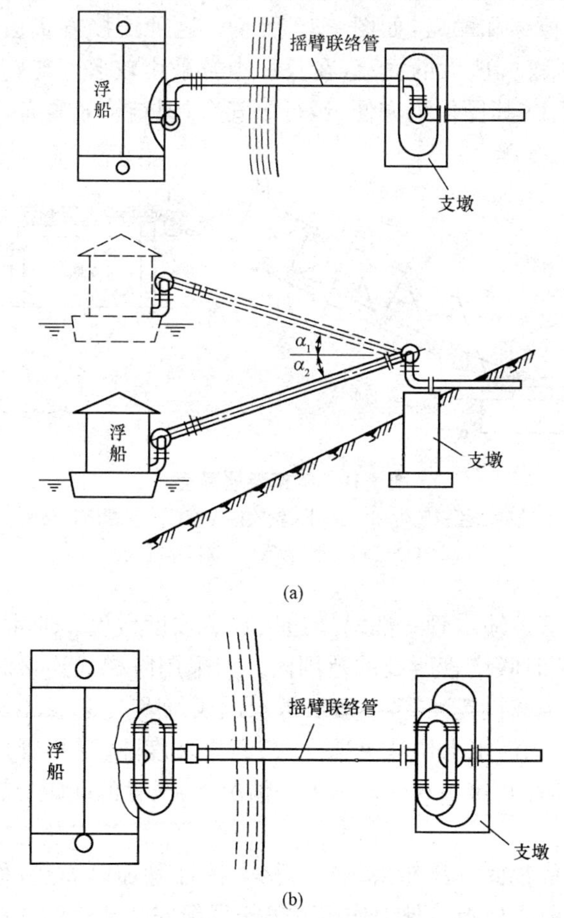

图 4-18　套筒接头摇臂管

(a)单摇臂联络管连接；(b)双摇臂联络管连接

的灵活性与严密性，故只适宜在水压较低、水量较小时采用。双摇臂联络管接头处受力较均匀，增加了接头转动的灵活性与严密性，故能适应较高的水压和较大的水量。

钢桁架摇臂管是刚性联络管两端用铠装法兰橡胶管连接，钢桁架一端固定在中高水位的支墩或框架上，另一端固定于浮船上的支座上，两端设滚轮支座，由于支座上有轨道和一定的调节距离，所以，能适应浮船的位移和颠簸，如图 4-19 所示。这种连接方式适用于江面宽阔、水位涨落幅度大的河流，在长江中游采用较多。与套筒接头摇臂式连接相比，其操作更方便，运行更安全；但结构较复杂，且对航运有一定影响。

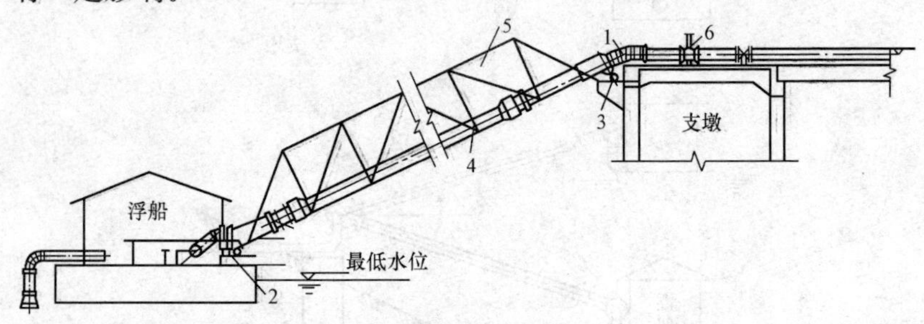

图 4-19　钢桁架摇臂管

1—铠装法兰橡胶管；2—船端滚轮铰接支座；3—岸端滚轮支座
4—联络管；5—钢桁架；6—双口排气阀

4）输水管。输水管一般沿岸边按自然坡度敷设。通常应设在最高、最低水位时联络管所及的范围内。当采用阶梯式连接时，输水管上每隔一定距离设置叉管，一般从常水位线每隔 1.5～2.0 m，分别向上、下布置。当河水水位涨落速度快、河岸坡度陡、联络管短、拆换接头需要较长时间、接头有效转角大等情况下，叉管的间距应较大；反之则较小。

5）浮船的锚固。浮船采用锚、缆索、撑杆等加以固定，称为锚固。锚固可使浮船在风浪等外力作用下仍能平衡安全地停泊在取水位置，进行正常生产；同时，可以借助锚固设备较方便地移动浮船的位置。浮船的锚固方式主要有：近岸锚泊、远岸锚泊、多船锚泊等。

锚固方式应根据浮船停靠位置的具体条件决定。用系缆索和撑杆将船固定在岸边，如图 4-20(a)所示，适宜在岸坡较陡、江面较窄、航运频繁、浮船靠近岸边时采用。如图 4-20(b)所示，采用船首尾抛锚与岸边系留相结合的形式，锚固更为可靠，同时还便于浮船移动，适用于岸坡较陡，河面较宽，航运较少的河段。如图 4-20(c)所示，在水流急、风浪大、浮船离岸较远时，除首尾抛锚外，尚应增设角锚。

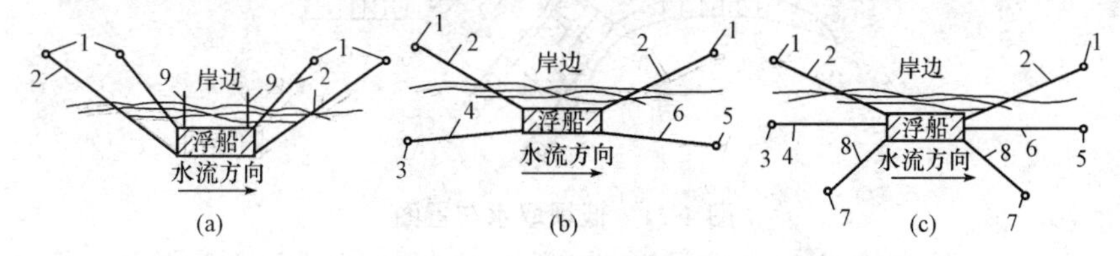

图 4-20　浮船锚固

(a)岸边系留加撑木；(b)船首尾抛锚与岸边系留结合

(c)船首尾抛锚，增设外开锚，并与岸边系留结合

1—岸上固定系缆桩；2—系留缆索；3—首锚；4—首锚链

5—尾锚；6—尾锚链；7—角锚；8—角锚链；9—支撑杆

3. 山区浅水河流取水构筑物

适用于山区浅水河流的取水构筑物形式有：低坝取水、底栏栅取水、渗渠取水以及开渠引水等。本书仅对低坝式和底栏栅式取水构筑物做简单的介绍。

(1)低坝式取水构筑物。当山区河流枯水期流量特别小，取水量为枯水期流量的 30%～50%或取水深度不足时，可在河流上修筑低坝以抬高水位和拦截足够的水量。低坝位置应选择在稳定河段上。坝的设置不应影响原河床的稳定性。取水口宜布置在坝前河床凹岸处。当无天然稳定的凹岸时，可通过修建弧型引水渠造成类似的水流条件。低坝式取水构筑物有固定式低坝和活动式低坝两种形式。

1)固定式低坝。固定式低坝取水构筑物由拦河低坝、冲沙闸、进水闸或取水泵房等部分组成，其布置如图 4-21 所示。

固定式低坝用混凝土或浆砌块石做成溢流坝形式，坝高应满足取水深度的要求，通常为 1～2 m。溢流坝同时也应满足泄洪要求，因

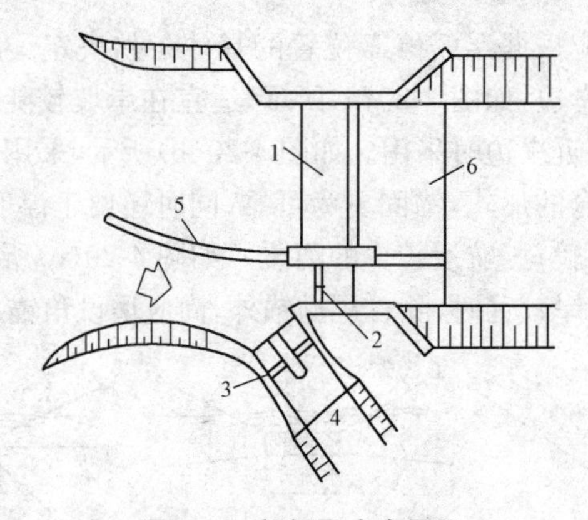

图 4-21　低坝取水布置图

1—溢流坝(低坝);2—冲砂闸;3—进水闸;4—引水明渠;5—导流堤;6—护坦

此,坝顶应有足够的泄水宽度。低坝的长度应根据河道比降、洪水流量、河床地质以及河道平面形态等因素,综合研究确定。

由于筑低坝抬高了上游水位,使水流速度变小,坝前常发生泥沙淤积,威胁取水安全。因此,在靠近取水口进水闸处设置冲沙闸,并根据河道情况,修建导流整治设施。其作用是利用上下游的水位差,将坝上游沉积的泥沙排至下游,以保证取水构筑物附近不淤积。冲沙闸布置在坝端与进水闸相邻,使含沙量较少的表层水从正面进入进水闸,含泥沙较多的底层水从侧面由冲沙闸排至下游,从而取得水质较好的水。

为了防止河床受冲刷,保证坝基安全稳定,一般在溢流坝、冲沙闸下游一定范围内需用混凝土或块石铺砌护坦,护坦上设消力墩、齿槛等消能设施;筑坝时应清除河床中的砂卵石,使坝身直接落在不透水的基岩上,以防止水流从上游坝下向下游渗透。如果砂卵石太厚难以清除,则需在坝上游的河床内用黏土或混凝土做防渗铺盖。黏土铺盖上面需设置 30～50 cm 厚的砌石层加以保护。

低坝式取水构筑物的进水闸和冲沙闸的流量可按宽顶堰计算。

2)活动式低坝。活动式低坝是新型的水工构筑物,枯水期能挡水和抬高上游的水位,洪水期可以开启,减少上游淹没的面积,并能冲走坝前沉积的泥沙，因此采用较多；但维护管理较复杂。近些年来，广泛采用的新型活动坝有橡胶坝、浮体闸等。

①橡胶坝。橡胶坝用表面塑以橡胶的合成纤维（锦纶、维纶等）制成袋形或片状，锚固在闸底板和闸墙上。土建部分包括闸底板、闸墙、上下游护坡、上游防渗铺盖、下游防冲刷护坦及消能设施等。

橡胶坝制成封闭的袋形结构，用以挡水，称其为袋形橡胶坝，如图4-22所示。袋内充以一定压力的水或气体，以保证一定的形状，承受上游的水压。当需要泄水时，放出一部分水或气体，使坝袋塌落。

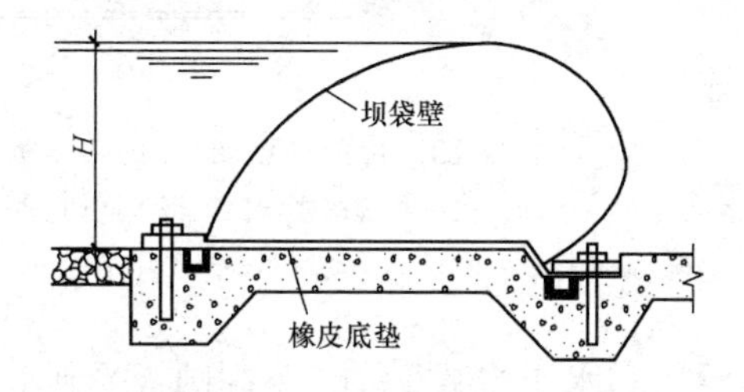

图 4-22　袋形橡胶坝断面

制成片状的橡胶坝称为片形橡胶坝，又称橡胶片闸。坝的下端锚固于底板上，上端锚固于活动横梁上。活动横梁由支柱及导向杆支承[图4-23(a)]，也可以由卷扬机或手动绞车通过钢丝绳固定其位置[图4-23(b)]。当活动横梁将橡胶片拉起到最高位置时起挡水作用，活动横梁在其他位置时则可泄水。

橡胶坝坝体重量轻，施工安装方便，工期短，投资省，止水效果好，操作灵活简便，可根据需要随时调节坝高，抗震性能好。但其坚固性及耐久性差，易损坏，寿命短。

浮体闸由一块可以转动的主闸板、上下两块可以折叠的副闸板组成，闸板间及闸板与闸底板、闸墙间用铰连起来，再用橡胶等止水设施封闭，形成一个可以折叠的封闭体，如图4-24所示。当闸腔内充水时，浮力和水平推力对后铰产生的升闸力矩远大于闸板的自重和其他外力对后铰产生的阻碍升闸的力矩，因此主闸板便绕后铰旋转上升，并带动副闸板同时上升，起挡水作用。当闸腔内水排出，腔内水位下

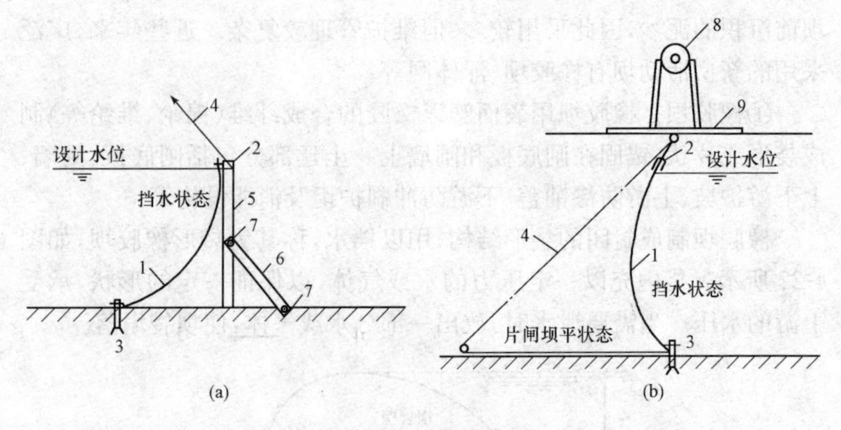

图 4-23　片形橡胶坝

1—胶布片；2—活动横梁；3—锚固螺栓；4—钢丝绳；5—立柱
6—导向杆；7—轴；8—手动绞车；9—工作平台

降，主闸板所受浮力和水压力减少，上、下副闸板受到上游水压力的作用而绕中铰折叠，带动主闸板同时塌落，便可泄水。当闸体卧伏在河床上时，可恢复上下游的航运和放木筏等交通。当调节闸腔内水位的高低时，可以将活动闸板稳定在某个需要的中间位置，从而使河水有计划地经闸顶排泄一定的流量，以达到调节用水的目的。

②浮体闸。浮体闸不需要启闭机等设施，只需一套充排水系统，投资少、管理方便，使用年限比橡胶坝长，适用于推移质较少的山区河流取水。

(2)底栏栅式取水构筑物。

1)底栏栅式取水构筑物的构造。在河床较窄、水深较浅、河床纵坡降较大(一般要求坡降在 1/20～1/50)、大粒径推移质较多、取水百分比较大的山区河流取水，宜采用底栏栅式取水构筑物。这种构筑物通过坝顶带栏栅的引水廊道取水，由拦河低坝、底栏栅、引水廊道、沉砂池、取水泵房等部分组成，其布置如图 4-25 所示。底栏栅取水在新疆、山西、陕西、云南、贵州、四川及湖南等地使用较多，取水流量已达 35 m^3/s。据统计，用于灌溉和电力系统已达 70 余座，其中新疆已建近 50 座。

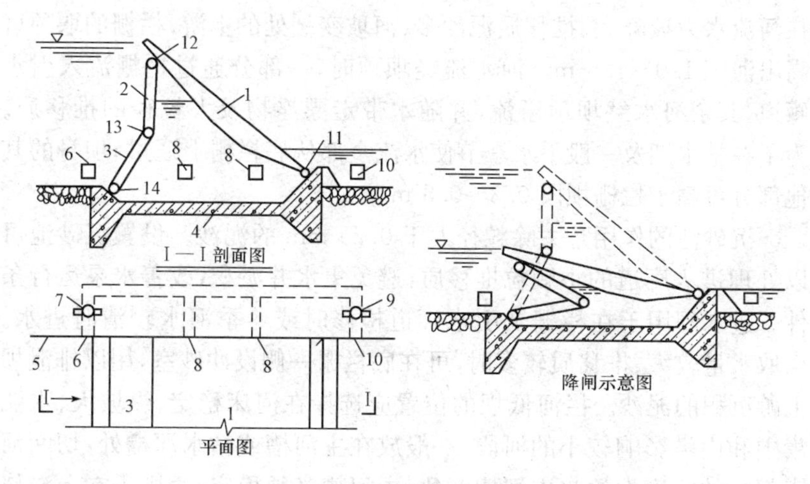

图 4-24　浮体闸布置图

1—主闸板；2—上副闸板；3—下副闸板；4—闸板底；5—闸墙；6—进水口；7—进水闸门
8—闸腔进出水口；9—放水闸门；10—放水口；11—后铰；12—顶铰；13—中铰；14—前铰

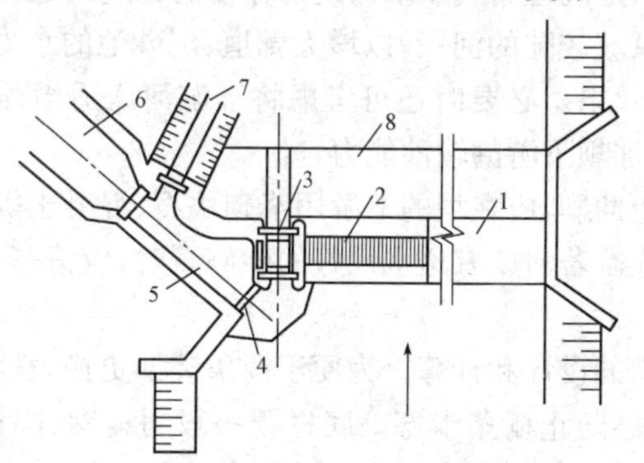

图 4-25　底栏栅式取水构筑物布置图

1—溢流坝；2—底栏栅；3—冲砂室；4—进水闸
5—第二冲砂室；6—沉砂池；7—排砂渠；8—防洪护坝

拦河低坝的作用是抬高水位，坝与水流方向垂直，坝身一般用混凝土或浆砌块石筑成。在拦河低坝的一段筑有引水廊道，廊道顶盖有栏栅。栏栅用于拦截水流中大颗粒推移质及树枝、冰凌等漂浮物，引水廊道则汇集流进栏栅的水并引至岸边引水渠或沉砂池。栏栅堰顶一般高于河床 0.5 m，如需抬高水位，可建 1.2～2.5 m 高的壅水坝。

在河流水力坡降大、推移质泥沙多、河坡变缓处的上游，栏栅的堰顶可高出河床 1.0～1.5 m。河水流经坝顶时，一部分通过栏栅流入引水廊道，其余河水经坝顶溢流，并随水带走漂浮物及大粒径的推移质。为了在枯水期及一般平水季节使水流全部从底栏栅上通过，坝身的其他部分可高于栏栅坝段 0.3～0.5 m。

沉砂池的作用是去除粒径大于 0.25 mm 的泥沙。设置沉砂池可以处理进入廊道的小颗粒推移质，避免集水井淤积，改善水泵运行条件。进水闸用于在栏栅及引水廊道检修时或冬季河水较清时进水。当取水量较大、推移质较多时，可在底栏栅一侧设冲砂室，用以排泄坝上游沉积的泥沙。拦河低坝的位置应选择在河床稳定、纵坡大、水流集中和山洪影响较小的河段，一般放在主河槽或枯水河槽处，切断河床部分的宽度大致与主河槽一致，主河槽必须稳定，否则需在上游修建导流整治构筑物。

坝后淤积是底栏栅式取水构筑物存在的普遍问题，故坝址应尽可能选在河床纵坡较陡的河段，以增大廊道、沉砂池的水力排沙能力，加强排沙、冲沙效果。必要时还可考虑将下游河床适当缩窄，使水流集中下泄，以增加坝下游的输沙能力。

为了防止冲刷，应在坝的下游用浆砌块石、混凝土等砌筑陡坡、护坦及消能设施。若河床有透水性好的砂卵石时，应清基或进行防渗的“铺盖”处理。

2)底栏栅的设计和计算。为便于栅条装卸更换，宜将栏栅分块组装，并采取措施防止栅条卡塞。底栏栅一般用扁钢、圆钢、铸铁、型钢等制成，栅条横断面以梯形为好，不易堵塞和卡石，其进水侧宽度为 15～20 mm，背水侧宽度为 10～15 mm，栅条厚度为 40～50 mm。栅条净距应根据河流泥沙粒径和数量、廊道排沙能力、取水比的大小等因素确定，一般为 10～15 mm。底栏栅纵向、横向都要有足够的强度和刚度，在有大滚石的地区，可设上下两层栏栅，上层多采用工字钢或铁轨，间距较大，用以承受大滚石等推移质。为减轻大块石对底栏栅表面的撞击，避免底栏栅坝面上沉积泥沙，底栏栅表面沿上下游方向应敷设 0.1°～0.2°的坡度，坡向下游。此时，由于水流以倾斜方向流入廊道，在惯性作用下形成横向环流，与纵向主流相互作用形成螺旋水流，可以增大廊道的输沙能力。

①栏栅进水量计算。栏栅的进水量按引水廊道呈无压状态考虑，可用孔口自由出流公式计算。

a. 集取河流部分水量时

$$Q=4.43K_1\mu K_2 bL\sqrt{h}$$

式中 Q——设计取水量，即栏栅进水量，m^3/s；

K_1——堵塞系数，0.35～1.0；

μ——栏栅孔口流量系数，当栅条表面坡度 i 为 0.1～0.2 时，$\mu=\mu_0-0.15i$；

μ_0——$i=1$ 时的流量系数，当栅条厚度与净距之比大于 4 时，$\mu_0=0.60\sim0.65$，小于 4 时，$\mu_0=0.48\sim0.50$；

K_2——栏栅面积减小系数；

$$K_2=\frac{t}{t+s}$$

t——栅条净距，mm；

s——栅条宽度，mm；

b——栏栅水平投影宽度，一般采用 0.6～2.0 m；

L——栏栅长度，通常等于引水廊道长度，m；

h——栏栅上的平均水深，m；

$$h=0.8\,\frac{h_{kp1}-h_{kp2}}{2}$$

h_{kp1}，h_{kp2}——栏栅前、后的临界水深，m；

$$h_{kp1}=0.47\sqrt[3]{q_1^2}$$

$$h_{kp2}=0.47\sqrt[3]{q_2^2}$$

式中 q_1，q_2——栏栅上、下游单位长度的流量，$m^3/(s\cdot m)$。

b. 集取河流全部水量时

$$q=2.66K_1(\mu K_2 b)^{\frac{3}{2}}$$

式中 q——单位长度栏栅的流量，$m^3/(s\cdot m)$；

其余符号意义同前。

栏栅顶流量进入廊道的情况如图 4-26 所示。

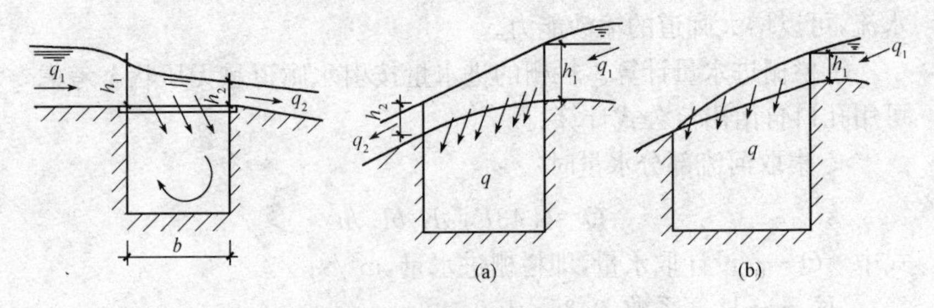

图 4-26　栏栅顶流量进入廊道情况

(a)部分流入；(b)全部流入

②栏栅宽度计算。水流沿栏栅进入廊道时，由于受水流惯性作用的影响，栏栅宽度 b 不能全部起作用，仅有部分宽度进水，如图 4-27 所示。故栏栅坡度越大，有效工作宽度越小，因而进水量减少也越多。考虑上述因素，栏栅有效宽度计算公式如下：

$$b_x = b + c - (\tan\alpha - \tan\beta) 2h_{\text{kp1}} \cos^2\beta$$

式中　c——垂直坐标轴与廊道壁的水平间距，m；

α——栏栅与水平轴 x 轴间的夹角，(°)；

β——栏栅前河床与水平轴 x 轴间的夹角，(°)。

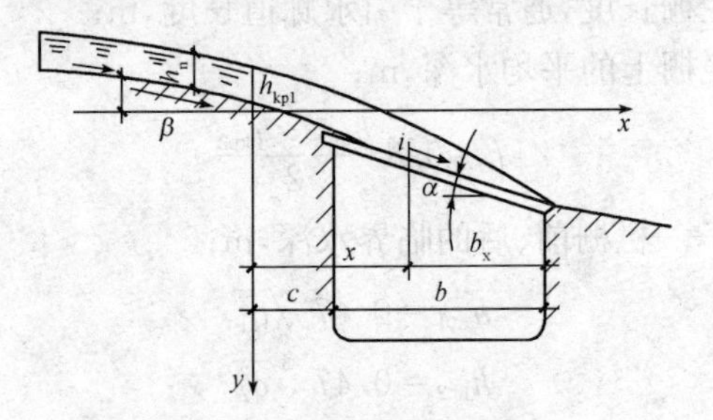

图 4-27　栏栅有效宽度计算图

(3)山区浅水河流的特性。

1)山区浅水河流多属河流的上游段，河床坡降大、河狭流急。河床多为粗颗粒的卵石、砾石或基岩，稳定性较好。

2)河流径流量变化及水位变幅很大。雨后水位猛涨、流量猛增，但历时很短。枯水期的径流量和水位均较小，甚至出现多股细流和局部地表断流现象。洪、枯水期径流量之比常达数十倍、数百倍甚至更大。

3)河水的水质变化十分剧烈。枯水期和一般平水季节水质清澈见底，含泥沙量较小。降雨时，流域内大量地表风化物质被冲入河流，使河水水质骤然变浑浊，含沙量大、漂浮物多，底层水流中含有大量推移质，有时可携带直径 1 m 以上的大滚石，很容易破坏河中的构筑物。

4. 湖泊和水库取水构筑物

湖泊和水库的取水条件较河流有较大的差别，故取水构筑物的形式与构造也有所变化。在我国，随着水资源需求量的增长，地面径流的调蓄、水库供水的规模与范围正日益扩大。

(1)湖泊和水库的水文和水质特征。

湖泊换水周期长短不一，换水周期短的湖泊的水可以充分利用，对于换水周期大于 3 年的湖泊，一经取水利用，就不容易得到补充。

湖泊水位的变化与出入湖泊的径流量，湖面降水量及蒸发量等要素密切相关。湖泊水位的年内变化，主要受到出入湖泊河流水量的控制。以雨水补给的湖泊，最高水位出现的时间大多在多雨的夏秋季节，最低水位常出现在少雨的冬末春初。干旱地区的湖泊、水库，在融雪期和雨季，水位陡涨，然后由于蒸发使水位下降，甚至完全干涸。我国内陆湖泊，常以雨水和冰雪融水补给为主，形成春汛和夏汛两次高水位，年内变幅小。

湖泊的吞吐流、风生流或混合流的流速都不大。在一些直接通江的大型湖泊，吞吐流量是其基本而稳定的湖流形式，同时存在风生流。

我国湖泊的冰情，除南方和云贵地区湖泊水温常年在 0 ℃以上、不出现冰情外，其他地方湖泊均有不同程度的冰情出现。

(2)湖泊、水库的水质分布规律。

1)湖泊的水质平面分布。同一湖泊内，不同湖区的含盐量及离子含量可能不同，湖中有堤时差异更明显一些。在富营养化湖泊中，愈靠近污染源或河堤，湖水的富营养化程度就愈高；离湖岸愈近，受地表径流的污染越大，水质越差。

2)湖泊、水库的水质垂直分布。水深在 3 m 以下的浅水湖泊，当上、下层水温接近或起风时，由于湖水对流混合的原因，上、下层的水质比较接近。在水库或深水湖泊中，上、下层水的温度和密度经常出现差异。有的水库，中层的浊度最高，也有的下层最高。

3)湖泊、水库的水质时间分布。对于富营养化的湖泊、水库，水温较高、光照较好时，藻类大量繁殖；水温低时藻类数量显著减少。大多数富营养化湖泊在夏秋季节的白天，由于藻类的光合作用的原因，水中的 CO_2 浓度降低，pH 值和溶解氧浓度显著升高。夏秋季节，有些湖泊、水库的水有明显臭气。

4)湖泊、水库的生物分布。浮游植物：大部分分布在 20 m 以内的水中，如蓝、绿藻分布在最上层，硅藻多分布于深层。浮游植物的种类和数量，沿岸地带比湖心区多，浅水区比深水区多，无水草区比有水草区多。

漂浮植物：大都分布在湖泊岸边浅水部位。

水底生物：沿岸带的水底生物主要为挺水植物和浮叶植物，如芦苇、蒲草、浮莲、菱、荇菜、芡等，也生长沉水植物。水底动物则有昆虫的幼虫、螺、蚌等软体动物。随着与湖岸距离的增大，沉水植物为菹草、小茨藻、聚草和苦草等，水底动物逐渐减少。

根据上述湖泊、水库的几个水质分布特点，湖泊、水库取水构筑物的设计，应当正确选择取水头部的位置和取水深度。

(3)湖泊、水库的取水口位置和深度的选择。

1)取水口位置。湖泊、水库是稀释能力和自净能力都很低的水体。湖泊取水口位置应远离入湖污水口和天然湖岸，尽量抽取湖心区或宽阔水域的水。富营养化湖泊的取水口位置应根据污染发展、底泥淤积和水质变化的预测结果进行确定，离湖岸距离一般宜设计得长一些。

湖泊、水库取水口应尽量选在深水区，并远离河水入湖的河口区，以防取水头部泥沙淤积。因为河水入湖后流速突然减小，河水中夹带的泥沙会迅速在湖、库内沉淀下来，而且河水中含有污染物质，首先受污染的是河口区。水库坝址附近的水一般比较深，靠近坝址处可设置取水口。

湖泊、水库取水口应避免设在芦苇丛生区及其附近。芦苇区范围有螺、蚌等软体动物，螺的吸着力强，被吸入水泵、管道以后，就会在水泵、水管内生长繁殖，造成堵塞。为防止软体动物堵塞，可间歇预加氯。

当需要在湖中建立取水构筑物时，与湖岸之间的栈桥，应做栈桥墩式。因为夏季刮风时，桥墩不会截留漂浮生物，不会导致取水口生物腐烂、发臭。

在容易出现湖靛（即大量藻类聚集浮于水面）的高藻湖泊中，取水口位置不应设在藻类繁殖季节主导风向下风侧的湖湾、湖泊凹岸区。该下风侧的取水口不应修建圈围式的导流堤，以免湖靛进入堤内大量聚集、腐烂、发臭，导致进厂原水无法处理，出厂水质严重恶化。

2）取水深度选择。由于水库或深水湖泊存在水质分层现象，其取水构筑物应考虑设立多层取水孔。分层取水可以避开藻类多、pH 值高，或者铁、锰、浊度等浓度高的水层，可以取得水质较好、水温较为合适的水，在湖、库结冰期间还可以避开冰层吸取下层的水。如大连市九座水库取水构筑物都为分层取水塔，各塔设 3～5 层取水孔。再如抚顺市的大伙房水库取水塔已由原来底部取水改为四层取水。分层取水可以降低矾耗、氯耗，改善水质。

位于湖泊或水库边的取水构筑物最低层进水孔下缘距水体底部的高度，应根据水体底部泥沙沉积和变迁情况等因素确定，但一般不宜小于 1.0 m，当水深较浅、水质较清，且取水量不大时，其高度可减至 0.5 m。当高度仍不符合要求时，可把取水头处及其周围的湖、库底高程降低并加以铺砌，以加大下缘距湖、库底的高度。

（4）湖泊、水库的设计注意事项。

绝大多数的湖泊、水库是人类综合利用的水利资源。因此，当采用湖泊、水库作为给水水源时，应与有关部门做好协调工作，尽量不与农田灌溉争水，不与水力发电争水。根据协调结果和实测水文资料，确定取水构筑物规模。取水口的位置不要影响航运，尽量不设在渔业作业区附近。取水口应按要求设置卫生防护带。

设置饮用取水构筑物的湖泊，其水质应符合《生活饮用水卫生标准》(GB 5749—2006)的水源水质要求，水的溶解性总固体应不大于1 000 mg/L。

在湖泊、水库取水，应收集历年水下地形图，分析淤积可能性、冲刷变化规律。

在水库取水，应有水位容积曲线、兴利水位、死水位、最高水位以及洪峰的水位过程曲线。应研究水坝泄沙有效距离，用以确定取水口位置。

当水库中被淹没的河谷较窄，库身狭长、弯曲，深度较小时，则具有河流的形态和水文特征，其取水形式可参考江河取水构筑物有关设计内容。

水库取水构筑物的防洪标准，应与水库大坝等主要构筑物的防洪标准相同，采用设计和校核两级标准。

湖泊、水库的岸边式取水泵房，进口地坪的设计标高，应为设计最高水位加浪高再加 0.5 m，并应设防止浪爬高的措施。湖泊、水库水面的波浪较大，对岸边侵袭力较强。

湖泊、水库的取水构筑物淹没进水孔上缘在设计最低水位下的深度，应考虑风浪影响。

(5)湖泊、水库取水构筑物形式。

根据湖泊类型：小型、大而深、大而浅及其他情况，可分别采用河床式、岸边式或湖心式取水构筑物。

小湖泊的取水条件与蓄水库相似，故小湖泊中的取水构筑物，当取水量较小时多用河床式，取水量大时可用岸边式。由于湖水比较平静，河床式取水构筑物的取水头部多为喇叭管或箱式。

1)水库、深水湖泊的分层取水。如前所述，在水库、深水湖泊中，上、下层水质经常出现差异。为适应水质垂直分布和水位变化以便取得较好的水，取水构筑物宜设置几层不同高度取水孔。

对大而深的湖泊，其水面较不稳定，波动较大，岸坡常受波浪冲击，岸边水质浑浊，此外在北方冰冻情况较严重，因此宜自湖泊深处取水。由此，取水构筑物多为河床式，取水头部也多用喇叭管。为适应湖底地形变化，自流管应用柔性活动接头，靠近湖岸处的管段应埋于一定深度，以防冲刷。

2)浅水湖泊的取水形式。我国浅水湖泊比较多，其中有些湖泊的水深很小。如洪泽湖平均水深为 1.3 m，太湖平均水深为 2.0 m，巢湖平均水深为 2.3 m。有些湖泊的湖滩宽度在 500 m 以上，枯水期水深仅 0.7～1.2 m。对于此类水浅或滩宽的湖泊，通常把取水头部设在离湖岸较远的深水区，用自流管或虹吸管把湖水引至岸边取水泵房的吸水井内。自流管流速不宜小于 0.6 m/s。虹吸管的长度以不大于 600 m 为宜。吸水井与取水泵房可分建也可合建。如湖滩过于宽阔，也可挖明渠从湖中水深处引水至岸边。用明渠引水时，应有防淤清淤和拦截漂浮物的措施。

对大而浅(10～20 m)的湖泊，一方面水面波动剧烈，岸坡受波浪冲击，近岸水质不良；另一方面又无水质较好的深层湖水，因此宜自湖心取水。由此，除可用一般河床式取水构筑物(淹没式取水头部)外，尚可考虑采用岛式取水构筑物——非淹没式或墩式取水头部。

3)其他取水形式。某些水库没有明显的水质垂直分层和水位变化不很大的情况下，有的取水构筑物的取水口为单一进水孔。另外，还有隧洞式取水和引水明渠取水。

隧洞式取水构筑物可采用水下岩塞爆破法施工。这就是在选定的取水隧洞的下游一端，先行挖掘修建引水隧洞，在接近湖底或库底的地方预留一定厚度的岩石，即岩塞，最后采用水下爆破的办法，一次炸掉预留岩塞，从而形成取水口。隧洞式取水一般适用于取水量大、水深大于 10 m 的大中型水库。图 4-28 所示为隧洞式取水岩塞爆破法示意图。

以上为湖泊、水库常用的取水构筑物类型，具体选择时应根据水文特征和地形、地貌、气象、地质、施工等条件进行技术比较后确定。

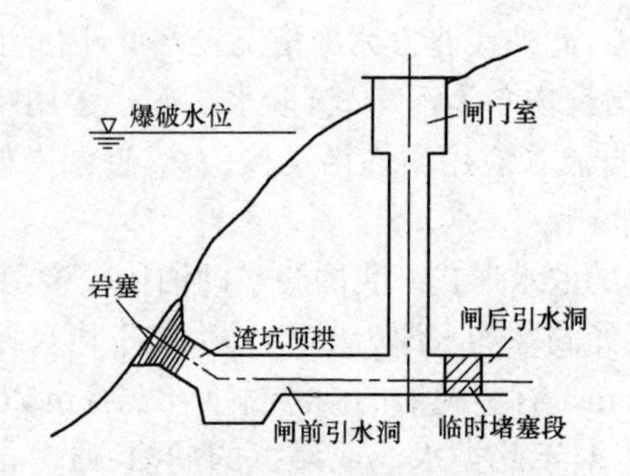

图 4-28　隧洞式取水岩塞爆破法示意图

5. 海水取水构筑物

随着沿海地区工业的发展，用水量日益增加，沿海地区的工厂（如电厂、化工厂）等已逐渐广泛利用海水作为工业冷却用水。因此，需要了解海水取水的特点、取水方式和存在的问题。

(1)海水取水的特点。

1)海水含盐量及腐蚀。海水含有较高的盐分，一般为 3.5%，腐蚀性强、硬度高，如不经处理，一般只宜作为工业冷却用水。海水中的盐分主要是氯化钠，其次是氯化镁和少量的硫酸镁、硫酸钙等，其浓度与海域、河流的汇入、季节和海流等情况有关，因此，在不同的时间和地点，均有所不同。

海水对碳钢的腐蚀率较高，对铸铁的腐蚀则较小。因此，海水管道宜采用铸铁管和非金属管。

防止海水对碳钢腐蚀的措施有：①水泵叶轮、阀门丝杆和密封圈等采用耐腐蚀材料，如青铜、镍铜、钛合金钢等制作；②海水管道内外壁涂防腐涂料，如酚醛清漆、富锌漆、环氧沥青漆等；③采取阴极保护。

为了防止海水对混凝土的腐蚀，宜用强度等级较高的抗硫酸盐水泥或普通水泥混凝土表面上涂防腐涂料。

2)海生物的影响与防治。海水中的生物，如海红（紫贻贝）、牡蛎、海蛭、海藻等大量繁殖，造成取水头部格网和管道阻塞，不易清除，对取水安全有很大威胁。特别是海红极易大量黏附在管壁上，使管径缩小，降低输水能力。青岛、大连等地取用海水的管内壁上海红每年堆积厚度可达 5～10 cm。

防治和消除海生生物的方法有加氯法、加碱法、加热法、机械刮除法、密封窒息、含毒涂料、电极保护等，其中以加氯法采用最多，效果较好，水中余氯量保持在 0.5 mg/L 左右，即可抑制海生物的繁殖。

3)潮汐和波浪。潮汐平均每隔 12 h25 min 出现一次高潮，在高潮之后 6 h12 min 出现一次低潮。我国沿海大潮高度各地不同，渤海一般在 2～3 m，长江口到台湾海峡一带在 3 m 以上，南海一带在 2 m 左右。

海水的波浪由风力引起。风力大、历时长，则会形成巨浪，产生很大的冲击力和破坏力。取水构筑物宜设在避风的位置，并对潮汐和风浪造成的水位波动及冲击力有足够的考虑。

4)泥沙淤积。海滨地区，特别是淤泥质海滩，漂沙随潮汐运动而流动，可能造成取水口及引水管渠严重淤塞，因此，取水口应避开漂沙的地方，最好设在岩石海岸、海湾或防波堤内。

(2)海水取水构筑物主要形式。

1)引水管渠取水。当海滩比较平缓时，用自流管或引水渠取水。图 4-29 所示为自流管式海水取水构筑物，它为上海某热电厂和某化工厂提供生产冷却用水，日供水量为 125×10^6 t，自流管为两根直径 3.5 m 的钢筋混凝土管，每根长 1 600 m。每条引水管前端设有 6 个立管式进水口，进口处装有塑料格栅进水头。

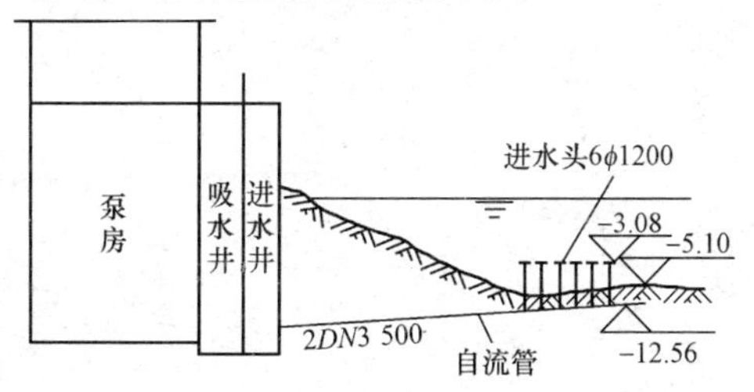

图 4-29　自流式海水取水构筑物

2)岸边式取水。在深水海岸,当岸边地质条件较好、风浪较小、泥沙较少时,可以建造岸边式取水构筑物,从岸边取水,或采用水泵吸水管直接伸入海岸边取水。

3)潮汐式取水。如图 4-30 所示,在海边围堤修建蓄水池,在靠海岸的池壁上设置若干潮门。涨潮时,海水推开潮门,进入蓄水池。退潮时,潮门自动关闭,泵站从蓄水池取水。

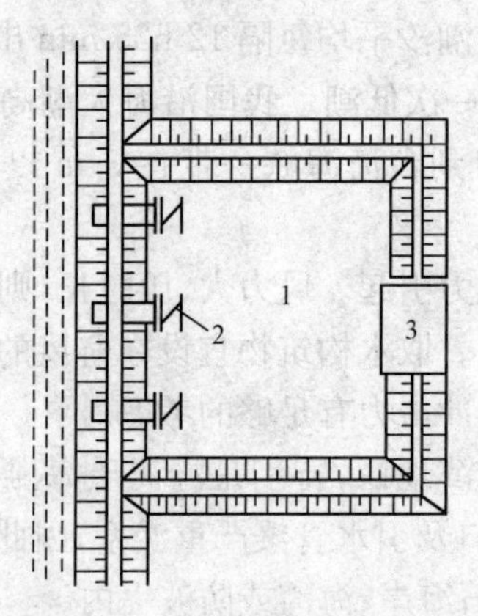

图 4-30　潮汐式取水构筑物

第五章　小城镇地下水资源与取水

第一节　概　　述

一、地下水资源形成

地下水是指埋藏在土壤、岩石的孔隙、裂隙和溶隙中各种不同形式的水。在我国,水资源已成为城市建设规划、工农业生产布局及国土整治规划的制约条件之一。而地下水资源是我国水资源的重要组成部分。

自然界岩石中空隙的发育状况和空间分布状态十分复杂。松散岩石空隙固然以孔隙为主,但某些黏土干缩后可产生裂隙,对地下水的储存与运动的作用超过其原有的孔隙。固结程度不高的沉积岩,往往既有孔隙,又有裂隙。而对于可溶岩,由于溶蚀不均一,有的部分发育成溶洞,而有的部分则为溶隙,有些则可保留原生的孔隙和裂隙。在实际工作中要注意有关资料的收集与分析,注意观察,确切掌握岩石空隙的发育与空间分布规律。

(1)孔隙度(n):包括孔隙在内某一体积岩石中孔隙体积(V_n)与岩石总体积(V)之比。表达式如下:

$$n=\frac{V_n}{V}\times 100\%$$

影响孔隙度(n)大小的因素见表5-1。

表5-1　影响孔隙度的因素

序号	影响因素	内　　容
1	岩石的密实程度	岩石越松散孔隙度越大。然而松散与密实只是表面现象,其实质是组成岩石颗粒的排列方式不同

续表

序号	影响因素	内　　容
2	颗粒的均匀性	颗粒大小越不均一，其孔隙度就越小
3	颗粒的形状	一般松散岩石颗粒的浑圆度越好，孔隙度越小
4	颗粒的胶结程度	当松散岩石被泥质或其他物质胶结时，其孔隙度就大大降低

(2)裂隙率(K_T)：指岩石裂隙的体积(V_T)与岩石总体积(V)之比，用百分数表示。表达式如下：

$$K_T = \frac{V_T}{V} \times 100\%$$

(3)溶隙率(K)：指可溶岩石的空隙体积(V_K)与可溶岩石总体积(V)之比。表达式如下：

$$K_K = \frac{V_K}{V} \times 100\%$$

自然界中，松散岩石、坚硬岩石和可溶岩中的空隙网络具有不同的特点。松散岩石中的孔隙分布于颗粒之间，连通良好，分布均匀，在不同方向上，孔隙通道的大小和多少均很接近。赋存于其中的地下水分布与流动均比较均匀；坚硬岩石的裂隙宽窄不等，长度有限的线状裂隙，往往具有一定的方向性。只有当不同方向的裂隙相互穿插，相互切割，相互连通时，才在某一范围内构成彼此连通的裂隙网络。裂隙的连通性远比孔隙差。因此，储存在裂隙基岩中的地下水相互联系较差，分布和流动往往是不均匀的；可溶岩石的溶隙是一部分原有裂隙与原生孔缝溶蚀扩大而成的，空隙大小悬殊，分布也有不均匀。因此，赋存于可溶岩石中的地下水分布与流动极不均匀。

二、水的存在形式

岩石空隙中水的主要形式为结合水(吸着水、薄膜水)、重力水、毛细水、固态水和气态水。岩石空隙中的水构成自然界地下水资源的主体。

1. 结合水

松散岩石颗粒表面和坚硬岩石空隙壁面，因分子引力及静电引力作用而具表面能，可以吸附水分子，在颗粒表面形成很薄的水膜。当表面能大于水分子自身重力时，岩石空隙中的这部分水就不能在自身重力影响下运动，称为结合水。

结合水主要存在于松散岩石中，影响松散岩石的水理性质（空隙大小和数量不同的岩石与水相互作用，表现出的容纳、保持、给水和透水性质）和物理力学性质，使岩石的给水能力减弱，但也赋予松散岩石一定的抗剪强度。

2. 重力水

当薄膜水厚度不断增大，固体表面引力不断减弱，以至于不能支持水的重量时，液态水就会在重力作用下向下自由运动，在空隙中形成重力水。

3. 毛细水

地下水面以上岩石细小空隙中具有毛细管现象，形成一定上升高度的毛细水带。毛细水不受固体表面静电引力的作用，而受表面张力和重力的作用，称为半自由水。当两力作用达到平衡时，便保持一定高度滞留在毛细管孔隙或小裂隙中，在地下水面以上形成毛细水带。由地下水面支撑的毛细水带，称为支持毛细水。其毛细管水面可以随着地下水面的升降和补给、蒸发作用而发生变化，但其毛细管上升高度是不变的，只能进行垂直运动，可以传递静水压力。

三、地下水的循环

地下水循环是指地下水的补给、径流和排泄过程。地下水补给—径流—排泄的方向主要有垂直方向循环和水平方向循环两种。

（1）垂直方向循环。垂直方向循环即大气降水、地表水渗入地下，形成地下水，地下水又通过包气带蒸发向大气排泄，如潜水的补给与排泄。

（2）水平方向循环。水平方向循环是指含水层上游得到补给形成地下水，在含水层中长时间长距离地径流，而在下游的排泄区排出地表，如承压水的补给与排泄。

实际上，在陆地的大多数情况下，二者兼有之，只不过不同地区以某种方向的运动为主而已。

地下水的补给方式一般有天然补给和人工补给两种形式:天然补给量包括大气降水的渗入、地表水的渗入、地下水上游的侧向渗入;人工补给包括农田灌溉水的渗入、人工回灌地下水等。

地下水的排泄方式有天然排泄和人工采水排泄两种。天然的地下水排泄方式有地下水潜水蒸发、泉水排出、地下水流向河渠、地下水向下游径流流出等;人工排泄方式主要是打井挖渠开采地下水。当过量开采地下水,使地下水排泄量远大于补给量时,地下水平衡就会遭到破坏,造成地下水长期下降。只有合理开发地下水,当开采量等于地下水总补给量与总排泄量差值时,才能保证地下水的动态平衡,使地下水处于良性循环状态。

自然界中的水存在于大气层(大气圈)、地表(水圈)及地壳(岩石圈),分别称为大气水、地表水和地下水。三者是互相联系的一个整体,并且在一定的条件下互相转化。地下水的循环可以促使地表水与地下水的相互转化。天然状态下,在枯水季节,河流水位低于地下水位,河道成为地下水排泄通道,地下水转化成地表水;在洪水期,河流水位高于地下水位,河道中的地表水渗入地下补给地下水。在大的区域内,河流上游是地下水补给河水,而下游则是河水补给地下水。平原区浅层地下水,通过蒸发进入大气,又以降水的形式形成地表水,并渗入地下形成地下水。

四、地下水资源分布

我国地下水分布区域性差异显著。就区域水文地质条件而言,中部的秦岭山脉是我国地下水不同分布规律的南北界线。北方地区(15个省、区)总面积约占全国面积的60%,地下水资源量约占全国地下水资源总量的30%,但地下水开采资源约占全国地下水开采资源量的49%。

南北分布不同的地下水类型,在东西方向上也有明显的变化。

(1)我国南部和北部即昆仑山—秦岭—淮河一线以北大型盆地,是松散沉积物孔隙水的主要分布区。在西部各内陆盆地中,由于盆地四周高山区年降水量大、终年积雪融化，使得盆地边缘山前地带巨厚的砂砾石层蓄水与径流条件良好，成为良好的地下水补给源；而盆地中部多为沙丘所覆盖，气候干旱，极为缺水；盆地东部分布着辽阔的黄淮海平原、松辽平原及长江三角洲平原为目前我国地下水资源开发利用程度较深的地区。该地区沉积层巨厚、地下水蕴藏丰富、富水程度相对均匀。在东部和西部之间的黄河中游地区分布着黄土高原黄土孔隙水。

(2)基岩裂隙水分布面积较广。在我国北方地区侵入岩裂隙水分布面积大，南方地区除在东南沿海丘陵地区分布外，其余呈零星分布。从东西方向上看，东部沿海及大、小兴安岭等广大地区，表层风化裂隙的风化壳厚度一般为 10～30 m，因此地下水主要贮存于浅部，其富水程度较弱，仅风化程度较强，构造破碎剧烈的地带蕴藏有丰富的地下水。在我国西北干旱地区的高山地带，山区降水量大，对基岩裂隙水的渗入补给量较大，这对山区供水和盆地周边山前地带地下水的补给具有重要意义。

(3)在阿尔泰山和大兴安岭北端的南纬度地区有多年冻土分布，并随着我国西部地区地势由东向西逐步增高，西部青藏高原出现世界罕见的中低纬度高原多年冻土区地下水。

五、地下水的分类

自然界的地下水因其成因、贮存范围、埋藏条件、运动状态、水力特征、化学成分等的不同，而具有各自不同的特点。按地下水的形成和其他条件，可以从不同角度对地下水进行分类。

1. 上层滞水

上层滞水实际上是在地表以下包气带中留存于某些不透水透镜体上的地下水。其特点是：量小且直接决定于不透水透镜体的分布面积；靠近地表，直接靠大气降水补给，故季节性变化大，水量极不稳定，水质差，易污染。这种地下水通常只能做小型、临时水源。如图 5-1 所示。

2. 潜水

地表以下第一隔水层（不透水层）之上的地下水称为潜水，如

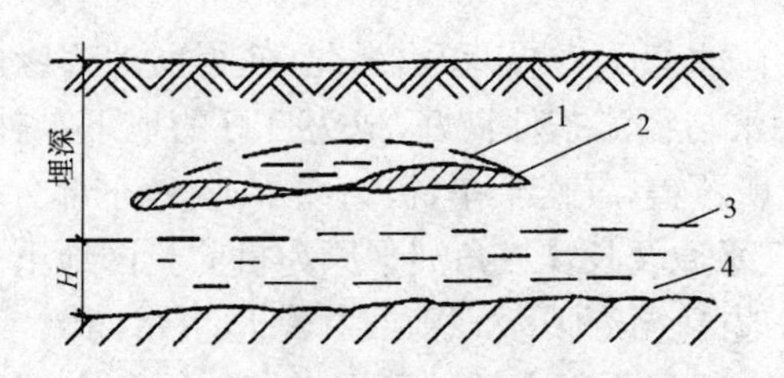

图 5-1 上层滞水形成条件示意图

1—上层滞水；2—不透水透镜体；3—地下水位；4—地下水

图 5-2所示。其特点是靠近地表，分布与补给区基本一致，主要靠大气降水补给，水量变化大且较不稳定；同地表水的联系较密切；水质易受污染。

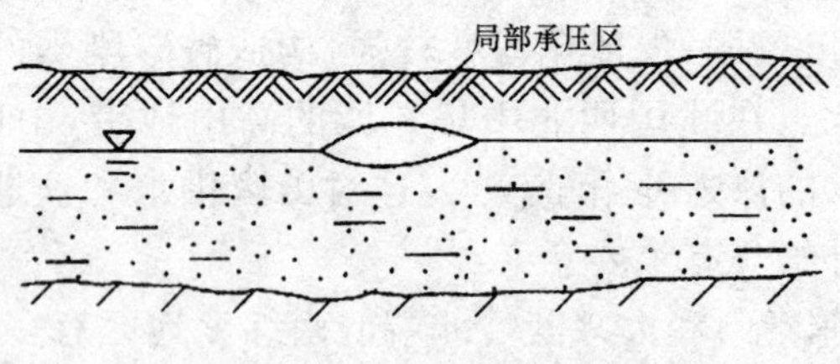

图 5-2 潜水形成条件示意图

3. 承压水(自流水)

埋藏于两个不透水层之间含水层中的地下水称为层间水。按含水层的水力状况，层间水有承压(图 5-3)和不承压之分。当承压层间水的水头高于地表时即为“自流水”，不过习惯上常不管承压水头的大小，均称为承压水(从计算角度)，或者不加严格区分。

承压水含水层通常规模较大，资源具有多年调节性，但不如潜水那样容易补充恢复。承压含水构造主要有自流盆地和自流斜地两类。含有一个或多个承压含水层的构造盆地称自流盆地。自流盆地有三个组成部分：补给区、承压区和排泄区。补给区在盆地边缘位置较高的地区。由于上面没有隔水层，水不具有承压性质，实际上这里的地下水是潜水。位置较低的边缘为排泄区，这里往往有泉水出露。承压含水层之上有隔水层覆盖的区段为承压区。斜含水层在下端因构造

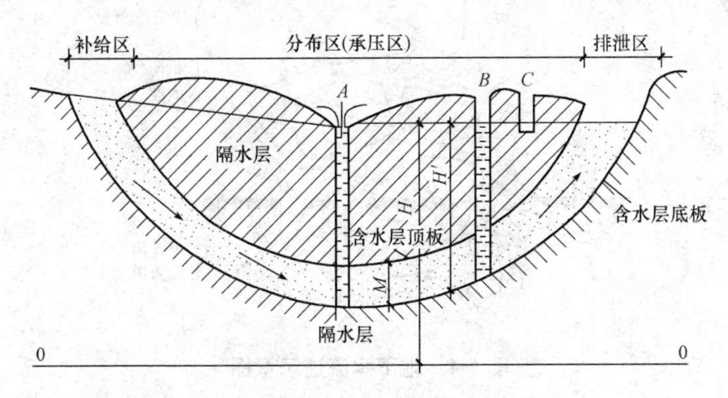

图 5-3 承压水示意图

变动或岩性变化而使水流受阻,便构成自流斜地。包含水层充满于两个隔水层之间的含水层中的地下水。典型的承压含水层可分为补给区、承压区及排泄区三部分。

(1)补给区含水层裸露,具有自由水面,实际上分布着潜水,可接受外界补给。

(2)承压区含水层所处的位置高程较小,充满着承受压力的水。当井或钻孔揭穿隔水顶板时,井孔中的水上涌到含水层顶面以上一定高度才停止下来。静止水面的高程即承压含水层的测压水位。测压水位高出含水层顶面的距离为承压水的压力水头。在一定的地形、地质条件下,测压水位高出地面,井孔喷发自流水,成为自流井。

(3)排泄区承压水通过上升泉和向浅部含水层越流等方式排泄。

六、地下水的运动特点及基本规律

地下水是储存并运动于岩石颗粒间像串珠管状的孔隙和岩石内纵横交错的裂隙之中,由于这些空隙的形状、大小和连通程度等的变化,因而,地下水的流动通道是十分曲折而复杂,如图 5-4 所示。

地下水运动的基本规律又称渗透的基本定律,这里只引用定律的基本内容。

(1)线性渗透定律。线性渗透定律反映了地下水层流运动时的基本规律,是法国水力学家达西建立的,称为达西定律,即:

图 5-4　地下水流通示意图

$$Q=K\cdot\frac{H_1-H_2}{L}\cdot A_w$$

式中　Q——渗流量，即单位时间的内渗过砂体的地下水量，m^3/d；

H_1-H_2——在渗流途径 L 长度上，上下游过水断面上的水头损失，m；

L——渗流途径长度，m；

A_w——渗流的过水断面面积，m^2；

K——渗透系数，反映各种岩石透水性能的参数，m/d。

上式又可表示为：

$$v=K\cdot J$$

式中　v——渗透速度，m/d；

J——水力坡度，单位渗流途径上的水头损失，无量纲。

渗透系数 K 是指当水力坡度为 1 时的地下水流速。渗透系数不仅决定于岩石的性质（如空隙的大小和多少），而且和水的物理性质（如密度和黏滞性）有关。但在一般情况下，地下水的温度变化不大，故往往假设其密度和黏度是常数，所以，渗透系数 K 值只看成与岩石的性质有关，如果岩石的孔隙性好（孔隙大、孔隙多），透水性就好，渗透系数值也大。

达西公式并不是对所有的地下水层流域都适用，只有当雷诺数小于 1～10 时地下水运动形式才适用达西公式，即：

$$R_e=\frac{u\cdot d}{\gamma}<1\sim10$$

式中　u——地下水实际流速，m/d；

d——孔隙的直径，m；

γ——地下水的运动黏滞系数，m^2/d。

(2)非线性渗透定律。当地下水在岩石的大孔隙、大裂隙、大溶洞中及取水构筑物附近流动时，不仅雷诺数大于10，而且常常呈紊流状态。紊流运动的规律是水流的渗透速度与水力坡度的平方根成正比，这称为哲才公式。表达式为：

$$v=K\cdot\sqrt{J}\text{或}Q=K\cdot A_w\cdot\sqrt{J}$$

式中符号意义同前。

有时水流运动形式介于层流和紊流之间，则称为混合流运动，可用斯姆莱公式表示：

$$v=K\cdot J^{\frac{1}{m}}$$

式中，m 值的变化范围为1～2。当 $m=1$ 时，即为达西公式；当 $m=2$ 时，即为哲才公式。

第二节　地下水取水工程

一、地下水水源地的选择

1. 集中式供水水源地的选择

集中式供水水源地在选择时，既要充分考虑能否满足长期持续稳定开采的需水要求，也要考虑水源地的地质环境和利用条件。

(1)水源地的水文地质条件。水源地应选在含水层透水性强、厚度大、层数多、分布面积广的地段上，如冲洪积扇中、上游的砂砾石带和轴部；河流的冲积阶地和高漫滩；冲积平原的古河床；裂隙或岩溶发育、厚度较大的层状或似层状基岩含水层；规模较大的含水断裂构造及其他脉状基岩含水带。

在此基础上，进一步考虑其补给条件。取水地段应有良好的汇水条件以增加其补给量。可以最大限度拦截、汇集区域地下径流，或接近地下水的集中补给、排泄区。如区域性阻水界面的迎水一侧；基岩蓄水构造的背斜倾没端、浅埋向斜的核部；松散岩层分布区的沿河岸边地段；岩溶地区和地下水主径流带、毗邻排泄区上游的汇水地段等。

(2)水源地的地质环境。新建水源地应远离原有的取水点或排水点，减少相互干扰。为保证地下水的水质，水源地应选在远离城市或工矿排污区的上游；远离已污染(或天然水质不良)的地表水体或含水层的地段；避开易于使水井淤塞、涌砂或水质长期混浊的沉砂层和岩溶充填带；在滨海地区，应考虑海水入侵对水质的不良影响；为减少垂向污水入渗的可能性，最好选在含水层上部有稳定隔水层分布的地段。

此外，水源地应选在不易引发地面沉降、塌陷、地裂等有害地质作用的地段。

(3)水源地的经济、安全性和扩建前景。在满足水量、水质要求的前提下，为节省建设投资，水源地应靠近用户、少占耕地；为降低取水成本，应选在地下水浅埋或自流地段；河谷水源地要考虑水井的淹没问题；人工开挖的大口井取水工程，要考虑井壁的稳固性。当有多个水源地方案可供比较时，未来扩大开采的前景条件，也是必须考虑的因素之一。

2. 小型分散式水源地的选择

集中式供水水源地的选择原则也适用于基岩山区裂隙水小型水源地。但在基岩山区，由于地下水分布极不均匀，水井布置主要取决于强含水裂隙带及强岩溶发育带的分布位置；此外，布井地段的地下水水位埋深及上游有无较大的汇水补给面积，也是必须考虑的条件。

选择水源时须全面考虑统筹安排。正确处理给水工程同有关部门，如工业、农业、水力发电、航运、环境保护等方面的关系，以求合理地综合开发利用水资源。还应密切结合工业总体布局、城市近远期规划要求并考虑取水工程本身和其他各种具体条件，如水文地质、地形、人防卫生、施工、运行管理等有很大的实际意义。

二、地下取水的影响因素

要了解地下取水的影响因素，首先要了解地下水流的特征，在一定的水文地质条件下，汇集于某一排泄区的全部水流，自成一个相对独立的地下水流系统，又称地下水流动系。处于同一水流系统的地下水，往往具有相同的补给来源，相互之间存在密切的水力联系，形成相对统一的整体；而属于不同地下水流系统的地下水，则指向不同的排泄区，相互之间没有或只有极微弱的水力联系。此外，与地表水系相比较，地下水流系统具有如下的特征。

1. 空间上的立体性

地表上的江河水系基本上呈平面状态展布；而地下水流系统往往自地表面起可直指地下几百上千米深处，形成空间立体分布，并自上而下呈现多层次的结构，这是地下水流系统与地表水系的明显区别之一。

2. 流线组合的复杂性和不稳定性

地表上的江河水系，一般均由一条主流和若干等级的支流组合而成有规律的河网系统。而地下水流系统则是由众多的流线组合而成复杂的动态系统，在系统内部不仅难以区别主流和支流，而且具有多变性和不稳定性。这种不稳定性，可以表现为受气候和补给条件的影响呈现周期性变化；亦可因为开采和人为排泄，促使地下水流系统发生剧烈变化，甚至在不同水流系统之间造成地下水劫夺现象。

3. 流动方向上的下降与上升的并存性

在重力作用下，地表江河水流总是自高处流向低处；然而地下水流方向在补给区表现为下降，但在排泄区往往表现为上升，有的甚至形成喷泉。

除上述特点外，地下水流系统涉及的区域范围一般比较小，不可能像地表江河那样组合成面积广，可达几十万甚至上百万平方公里的大流域系统。根据托思的研究，在一块面积不大的地区，由于受局部复合地形的控制，可形成多级地下水流系统，不同等级的水流系统，它们的补给区和排泄区在地面上交替分布。

三、地下取水位置的选择

地下水取水位置一般应设置在地下水域处。地下水域就是地下水流系统的集水区域。地下水域与地表水的流域亦存在明显区别，地表水的流动主要受地形控制，其流域范围以地形分水岭为界，主要表现为平面形态；而地下水域则要受岩性地质构造控制，并以地下的隔水边界及水流系统之间的分水界面为界，往往涉及很大深度，表现为立体的集水空间。

通常，每一个地下水域在地表上均存在相应的补给区与排泄区，其中补给区由于地表水不断地渗入地下，地面常呈现干旱缺水状态；而在排泄区则由于地下水的流出，增加了地面上的水量，因而呈现相对湿润的状态。如果地下水在排泄区以泉的形式排泄，则可称这个地下水域为泉域。

四、地下取水构筑物的分类

由于地下水类型、埋藏深度、含水层性质等各不相同，开采和汲取地下水的方法和取水构筑物形式也各不相同。取水构筑物有管井、大口井、辐射井、复合井及渗渠等类型。

(一)管井

1. 管井的形式与构造

管井又称机井，是地下水构筑物中应用最广的一种，管井由井室、井壁管、过滤器及沉淀管等组成，其构造如图 5-5 所示，其井壁和含水层中进水部分为管状结构。

管井用于开采深层地下水，深度多在 200 m 以内，但最大深度也可超过 1 000 m。适用于各种岩性、埋深、厚度和多层次的含水层。但细粉砂地层中易堵塞、漏砂；含铁的地下水中，易发生化学沉积。按其过滤器是否贯穿整个含水层，分为完整井(图 5-6)和非完整井(图 5-7)。

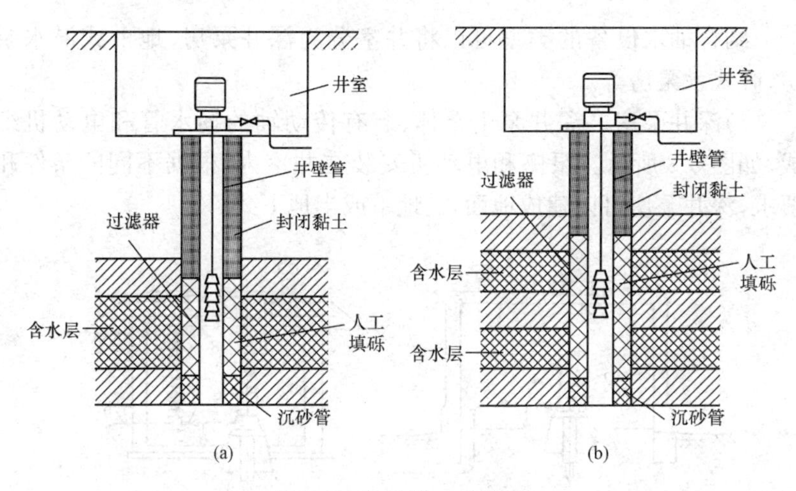

图 5-5 管井的一般构造

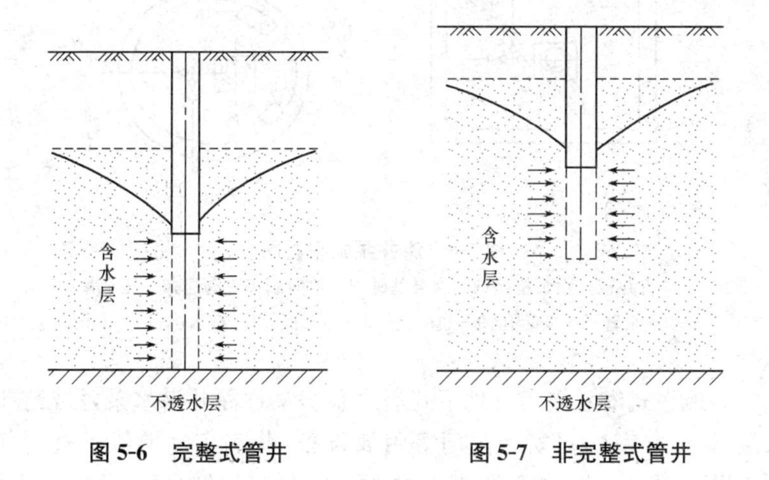

图 5-6 完整式管井

图 5-7 非完整式管井

(1)井室。井室位于最上部,用来保护井口免受污染,放置设备,进行维护管理。因此,需有一定的采光、采暖、通风、防水及防潮设施。

井室形式的决定因素有抽水设备(主要因素)、气候、水源地卫生条件。自流井或虹吸方式取水的管井,无须在井口设置抽水设备,井室多设于地面下,其结构类似于一般给水阀门井。

结合抽水设备的类型可以将井室分为深井泵房、地下式潜水泵房、卧式水泵房等。

1)深井泵房。深井泵由泵体、装有传动轴的扬水管和电动机组成,如图 5-8 所示。泵座和电动机安装在井室内,根据不同的条件和要求,深井泵房可以建成地面式、地下或半地下式。

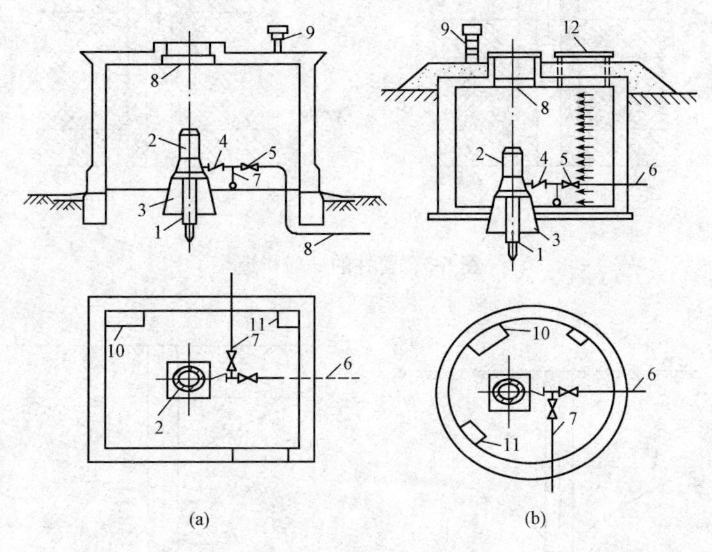

图 5-8 深井泵站布置图

1—管井;2—水泵机组;3—水泵基础;4—单向阀;5—阀门;6—压水管
7—排水管;8—安装孔;9—通风孔;10—控制柜;11—排水坑;12—人孔

2)地下式潜水泵房。地下式潜水泵房又称深井潜水泵,浸没在动水位以下,井室内只安装闸门等附属设备,井室实际类似于阀门井。由于潜水泵具有结构简单、使用方便、重量轻、运转平稳、无噪声等优点,在小流量管井中被广泛采用。

3)卧式水泵房。采用卧式水泵房的管井,其井室可以与泵房分建或合建。分建的井室类似阀门井,合建井室则与深井泵房相似。由于卧式水泵受其扬程的限制,常用于地下水动水位较高的情况,而且其井室大多设于地下。

4)其他类型的井室。对地下水位很高的管井，若可采用自流井或虹吸方式取水时，由于无须在井口设抽水装置，井室大多做成地下式，其结构与一般阀门井相似。

装备空压机的管井，井室与泵站分建。井室设有气水分离器。出水通常直接流入清水池，故井室与一般深井泵站大体相同。

(2)井管。井管也称井壁管，要求有足够的强度，不弯曲、光滑圆整，便于安装水泵和井的清洗维修。

由于长期埋置地下，需有较强的抗蚀性。井管可用钢、铸铁、钢筋混凝土、石棉水泥、塑料等材料制成。钢管一段不受井深限制，铸铁和钢筋混凝土管的应用深度一般不能大于 150～200 m。井管的直径应按水泵类型、吸水管外形尺寸等确定，其内径一般应大于水泵下部最大外径 100 mm。井管的构造分异径井管和同径井管两类，视施工方法、地层岩石和稳定程度而言。异径井管适用于深度大、岩性结构复杂(如上部为松散沉积物，下部为基岩)、井壁岩石不稳定的地层。同径井管适用于井浅、岩性构造简单的地层。

井壁管的构造与施工方法、地层岩石稳定程度有关，一般有两种情况：

1)分段钻进时井壁管的构造。分段钻进法，如图 5-9(a)所示。开始时钻进到 h_1 的深度，孔径为 d_1，之后下入井壁管管段 1，这一段管也称导向管或井口管，用以保持井的垂直钻进和防止井口坍塌。然后将孔径缩至 d_2，继续钻进到 h_2 深度，下入管段 2。接着再将孔径减小到 d_3 继续钻进到含水层底板，下入管段 3，放入过滤器。最后，将管段 3 拔起使过滤器露出，并在井内切短管段 3。同样，也将管段 2 在井内切短。井壁管最后的构造如图 5-9(b)所示。两井壁管段应重叠3～5 m，用水泥封填其环形空间，有时井壁管 2 也可以不切断，如图 5-9(c)所示。每段井壁管的长度由钻机能力和地层情况决定，一般为几十米至百米，有时可达几百米。相邻两段井壁管口径相差约 50 mm。因此，此类井壁管的构造适用于深度很大的管井。

2)不分段钻进时井壁管的构造[图 5-9(d)]。在井深不大的情况下，不进行分段钻进，而采用一次钻进的方法，称泥浆护壁钻进法；当

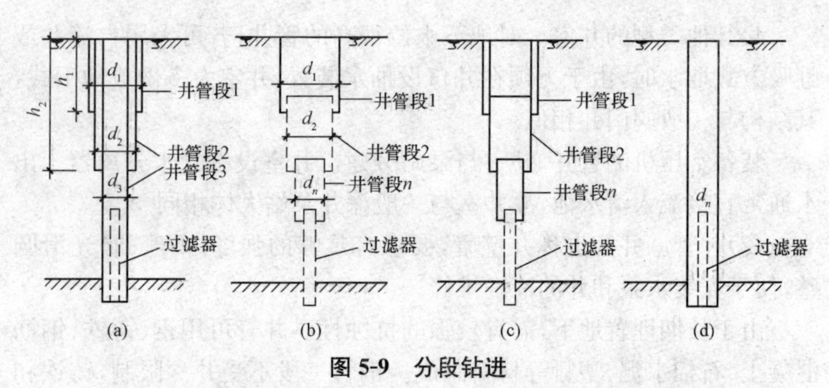

图 5-9　分段钻进

(a)、(b)、(c)分段钻进时井壁管的构造；(d)不分段钻进时同径井管构造

井孔地层较稳定时，在钻进中一般利用泥浆或清水对井壁施加静压力，使井孔保持稳定，称清水护壁钻进法。在钻到设计深度后，取出钻杆钻头，将井管一次下入井孔内，然后在过滤器与井孔之间填砾石，并用黏土封闭。当井孔地层不稳定时，则随钻进同时下套管，以防井孔坍塌。当钻到设计深度后，将井管一次下入套管内，并填砾。最后拔出套管，并封闭。此为套管护壁钻进法。

(3)过滤器。过滤器由过滤骨架和过滤层组成。骨架起支撑作用，在井壁稳定的基岩井中，也可直接用做过滤器。过滤层起过滤作用。

过滤器的作用是保持水井取得最大出水量，延长使用年限。如选择不当，常造成水井大量涌砂，或因地下水的腐蚀结垢作用而淤塞，有时大量涌砂还会导致地面塌陷，所以过滤器是管井构造中的核心。对此，要求过滤器具有较大的孔隙度和一定的直径，足够的强度和抗腐蚀性，并且成本低廉，能保持含水层的稳定性。

过滤器分为钢筋骨架过滤器、圆孔过滤器、条孔过滤器、缠丝过滤器、包网过滤器和填砾过滤器，如图 5-10 所示。

1)钢筋骨架过滤器(图 5-11)。钢筋骨架过滤器每节长 3～4 m，由位于两端的短管、直径为 16 mm 的竖向钢筋和支撑环(间距为 250～300 mm)焊接而成。此种过滤器一般仅用于不稳定的裂隙岩、沙岩或砾岩含水层，主要是作为其他形式过滤器的骨架，如缠丝过滤器、包网过滤器的骨

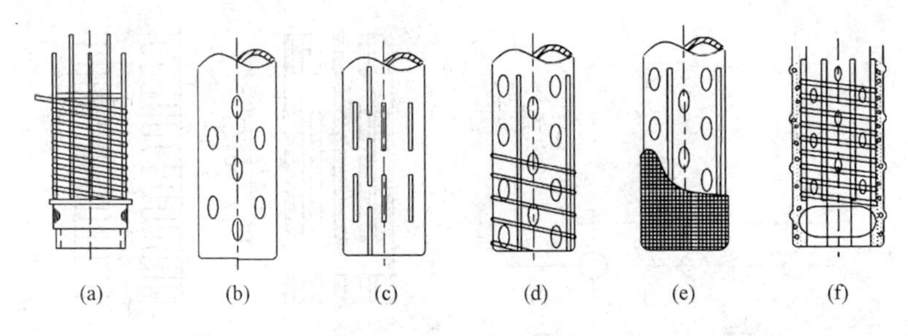

图 5-10　过滤器类型

(a)钢筋骨架;(b)圆孔;(c)条孔;(d)缠丝;(e)包网;(f)填砾

架。钢筋骨架过滤器用料省、易加工、孔隙率大,但其抗压强度、抗腐蚀能力差,不宜用于深度大于 200 m 的管井和侵蚀性较强的含水层。

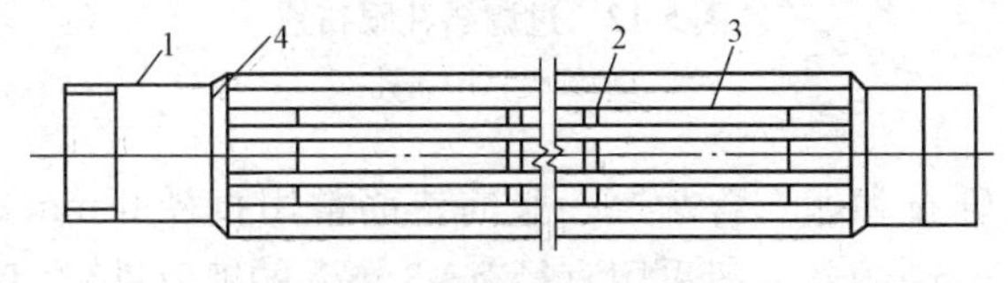

图 5-11　钢筋骨架过滤器

1—短管;2—支撑环;3—钢筋;4—加固环

2)圆孔、条孔过滤器。圆孔、条孔过滤器可由金属或非金属管材加工制成,如钢、铸铁、钢筋混凝土及塑料等过滤器。

圆孔、条孔过滤器可用于砾石、卵石、砂岩、砾岩和裂隙含水层。实际上单独圆孔、条孔过滤器应用较少,而较多地用作其他过滤器的支撑骨架。

过滤器孔眼布置如图 5-12 所示。过滤器孔眼的直径或宽度与和其接触的含水层粒径有关。适宜的孔眼尺寸能使洗井时含水层内细小颗粒通过其孔眼被冲走,而留在过滤器周围的粗颗粒形成透水性良好的天然反滤层。这种反滤层对保持含水层的渗透稳定性、提高过滤器的透水性、改善管井的工作性能(如扩大实际进水面积、减小水头损失),提高管井单位出水量、延长使用年限都有很大作用。

3)缠丝过滤器(图 5-13)。缠丝过滤器是以圆孔、条孔过滤器或以钢筋骨架过滤器为支撑骨架并在外面缠丝构成。缠丝过滤器适

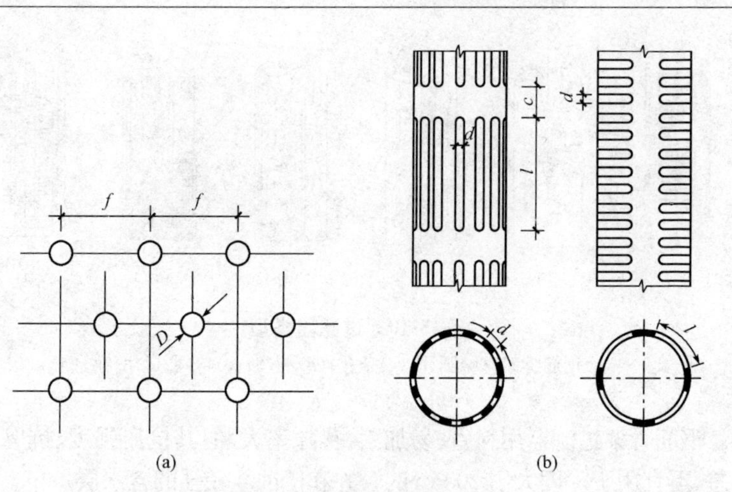

图 5-12　过滤器孔眼布置

(a)圆孔；(b)条孔

用于粗砂、砾石和卵石含水层。竖向垫筋常用直径 6 mm 的钢筋，间距 40～50 mm，缠丝一般采用直径 2～3 mm 的镀锌铁丝，其间距可根据含水层颗粒组成。

在腐蚀性较强的地下水中宜用不锈钢等抗腐蚀性较好的金属丝。生产实践中还曾试用尼龙丝、增强塑料丝等强度较高、抗蚀性强的非金属丝代替金属丝，取得较好的效果。

4)包网过滤器(图 5-14)。包网过滤器由支撑骨架和滤网构成。滤网一般由直径为 0.2～1.0 mm 的铜丝编成。过滤器的微小铜丝网眼，很容易因为电化学侵蚀而堵塞，因此，也有用不锈钢丝网或尼龙网代替黄铜丝网的。

包网过滤器与缠丝过滤器相同，适用于粗砂、砾石、卵石等含水层，但由于包网过滤器阻力大，易被细砂堵塞，易腐蚀，因而，已逐渐被缠丝过滤器取代。

5)填砾过滤器。以上述各种过滤器为骨架，围填以与含水层颗粒组成有一定级配关系的砾石层，统称为填砾过滤器。工程中应用较广泛的是在缠丝过滤器外围填砾石组成的缠丝填砾过滤器。填砾过滤器适用于各类砂质含水层和砾石、卵石含水层。

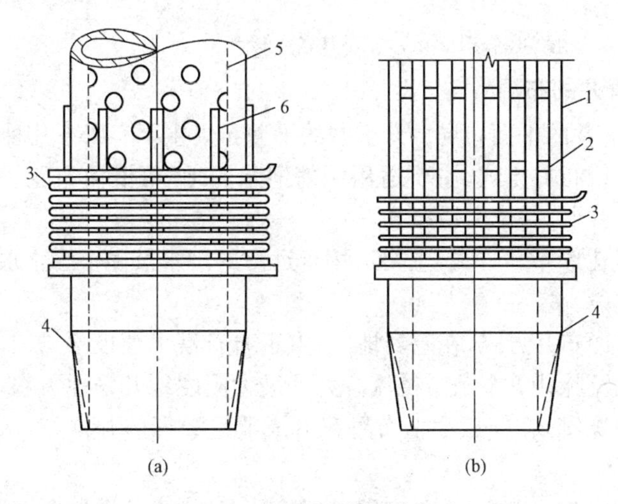

图 5-13　缠丝过滤器的类型

(a)钢管骨架缠丝过滤器;(b)钢筋骨架缠丝过滤器

1—钢筋;2—支撑环;3—缠丝;4—连接管;5—钢管;6—垫筋

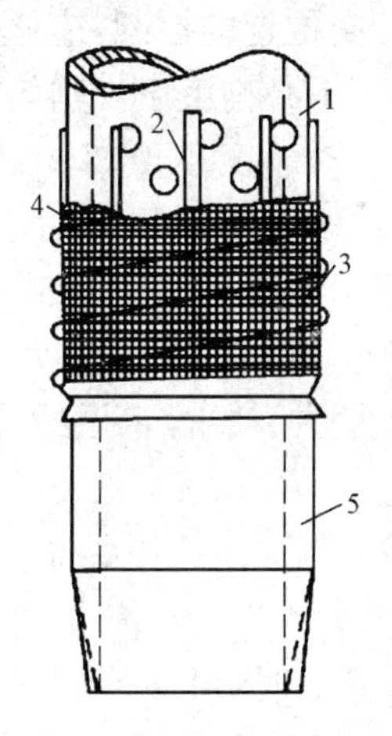

图 5-14　包网过滤器的构成示意图

1—钢管;2—垫筋;3—缠丝;4—滤网;5—连接管

(4)沉淀管。沉淀管接在过滤器的下面,用以沉淀进入井内的细小砂粒和自地下水中析出的沉淀物,其长度根据井深和含水层含砂可能性而定，一般为 2～10 m，可按井深确定。

2. 管井的布局

(1)水井的平面布局。开采井的平面布局主要有以下几种类型。

1)直线布井方式，主要适用于傍河水源地，可沿河布置一排或两排的直线井群，井位交错布置。

2)梅花形布井方式，主要适用于远河的潜水及多个含水层的地下水开采地段。

3)扇形布井方式，在基岩地区，由于岩石富水性极不均匀，地下水多是网状及脉状等窄条带径流。为了最大限度地开采地下水，常根据径流带的宽窄，在横截面上布置三五成群呈扇形的井群，对水源地进行开采。

4)平均布井方式，主要应用了面状分布、均质的松散含水层，井与井之间通常采用等距排列的平均布井方法。

在岩层导、储水性能分布极不均匀的基岩裂隙水分布区，水井的平面布局主要受富水带分布位置的控制，应该把水井布置在补给条件最好的强含水裂隙带上，而不必拘束于规则的布置形式。

(2)水井的垂向布局。对厚度小于 30 m 的疏松含水层和大多数基岩含水层，一般用完整井取水最合理，不存在垂向布局问题。

对巨厚的多层含水层组而言，若采用水井立体布局的分层取水方式，不仅有利于充分开采地下水资源，并在目前上层含水层普遍因污染水质恶化的情况下，可保护下层含水层的优质地下水免遭污染，利于实行分层供水、量质而用。

对厚度很大的单层含水层，由于水井抽水对含水层的影响深度有限，滤水管的有效长度一般仅 30 m，因此当岩石颗粒较粗(中砂以上)，透水性强、补给条件又好时，可谨慎地采用非完整井组的分段取水方式，井组一般由 2～3 口井组成，呈直线或三角形布置，井间水平距离5～110 m，相邻滤水管垂向间距一般为 10～20 m，可视岩石颗粒粗细而定。

对补给条件较差的水源地，采用分段取水需慎重，否则会加大含水层的水位降，加剧区域地下水位的下降速度，引发环境地质问题。

(3)水井的井数和井距。井数主要取决于允许开采量(或设计总需水量)、井间距和单井出水量的大小。

井间距取决于井间干扰强度,一般要求井间水量减少系数不超过20%～25%。

集中式供水水井的数量和井间距的确定,一般首先根据水源地的水文地质条件、井群的平面布局形式、需水量大小及允许水位降等已给定的条件,拟定数个不同开采方案;然后选用适宜的公式,计算每一个布局方案的水井总出水量及其水位降深。最后通过技术经济比较,选取出水量和水位降均满足设计要求、井数少、井间干扰强度符合要求、建设投资和开采成本最低的方案。

3. 管井出水量计算

出水量计算是在查明地下水资源的基础上,结合开采方案和允许开采量评价进行的,用以确定井的类型、结构、井数、井距、井群布局,以及供水设备的选择。

出水量计算的方法,有理论公式和经验公式。理论公式是建立在理想化模型基础上的解析公式,精度较差,一般用于初步设计;经验公式是以相似性现场抽水试验为依据,可用作施工图的编制。出水量计算的内容,有管井和干扰井群两类。

理论公式有稳定井流和非稳定井流两大类。

(1)完整井稳定井流出水量计算(图 5-15)。

若以势函数($\varphi_R-\varphi_{rw}$)表示稳定井流公式中内外边界的水头,其一般式可表示为:

$$\varphi_R-\varphi_{rw}=\frac{Q}{2\pi}\ln\frac{R}{r_w}$$

式中　Q——井的出水量,m^3/d;

R——影响半径,m;

r_w——井的半径,m;

φ_R——外边界 R 处的势函数;潜水,$\varphi_R=\frac{1}{2}KH_0^2$;承压水,$\varphi_R=KMH_0$;

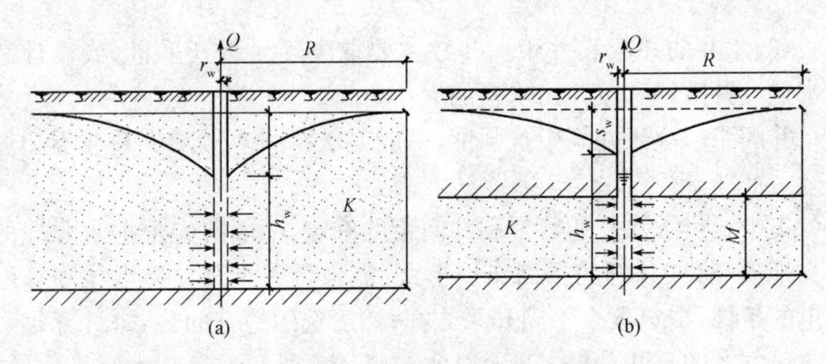

图 5-15　管井出水量计算简图

(a)稳定流潜水含水层完整井计算简图；(b)稳定流承压含水层完整井计算简图

φ_{rw}——内边界(井壁)r_w 处的势函数；潜水，$\varphi_{rw}=\frac{1}{2}Kh_w^2$；承压水，$\varphi_{rw}=KMh_w$；

K——含水层的渗透系数，m/d；

M——承压水含水层厚度，m；

H_0——含水层的天然水位，m；

h_w——r_w 处含水层的动水位，m。

若参数 K、$M(H_0)$、h_w 已确定时，稳定井流计算可以解决的实际问题如下：

1)在给定允许水位降 $s_w=(H_0-h_w)$ 的条件下，计算水井的出水量。

$$Q=2\pi(\varphi_R-\varphi_{rw})/\ln\frac{R}{r_w}$$

2)选择水井的出水量，预测水井的水位降深 s_w。以承压水含水层为例，计算公式如下：

$$s_w=H_0-h_w=\frac{Q}{2\pi KM}\ln\frac{R}{r_w}$$

3)稳定井流公式由于不含时间变量 t，主要用于稳定或调节平衡开采动态水源工程的管井出水量计算。

(2)完整井非稳定井流出水量计算(图 5-16)。

若以水头函数 $U_{(r,t)}$ 表示非稳定井流公式任一点任一时刻的水

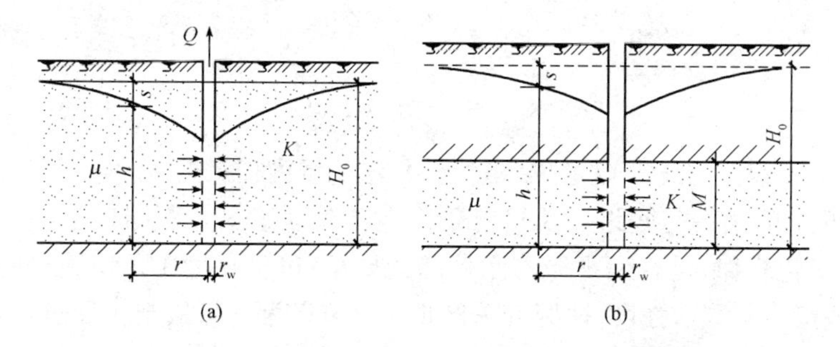

图 5-16　完整井非稳定井流出水量计算简图

(a)非稳定流潜水含水层完整井计算简图；(b)非稳定流承压含水层完整井计算简图

头，其一般式可表示为：

$$U_{(r,t)}=\frac{Q}{4\pi K}w(u)$$

式中　$U_{(r,t)}$——渗流场内 t 时刻距水井任意点 r 处的水头函数；潜水，$U=\frac{1}{2}(H_0^2-h^2)$；承压水，$U=M(H_0-h)$；计算出水量时 $r=r_w$；

$w(u)$——井函数；$u=\frac{\mu r^2}{4Tt}$（潜水含水层）；$u=\frac{\mu^* r^2}{4Tt}$（承压含水层）；

μ——潜水为重力给水度；承压水为弹性给水度，以 μ^* 表示；

T——含水层导水系数，m^2/d；

t——时间，d；

其他符号意义同前。

当 T、μ 等参数已确定时，非稳定井流理论刻画了水井出水量 Q、水位降 s 及时间 t 三变量之间的函数关系。只需给出其中两个变量的规律，即可对另一变量的变化规律做出预测。对此，分别以 s、Q、t 三变量的表达式，来探讨它在工程实际中的意义。为便于讨论，均以承压水为例。

1)给定 Q、t 求 s。

$$s_{(r,t)}=\frac{Q}{4\pi T}w\left(\frac{\mu^2 r^2}{4Tt}\right)$$

表示在定流量 Q 的取水过程中,渗流场内任意点 r 的水位降 s 是时间 t 的函数。据此可以预测非稳定开采动态水井不同期限内的水位变化规律,是否满足允许水位降的要求;也可在地质环境脆弱的地区,按不同取水强度,研究开采区地下水降落漏斗形成与扩展过程,预测地质环境的变化。

2)给定 s、t 求 Q。

$$Q=4\pi Ts/w\left(\frac{\mu^* r^2}{4Tt}\right)$$

表示定降深 s 取水时,出水量 Q 是时间 t 的函数。据此可预测在允许水位降条件下,水井出水量衰减变化情况,并可根据非稳定开采动态水井的服务年限,选择合理的开采量。

4. 管井施工

管井施工建造一般包括凿井、井管安装、填砾、管外封闭、洗井等过程,最后进行抽水试验。

(1)凿井。凿井的方法主要有冲击钻进和回转钻进。

1)冲击钻进主要依靠钻头对地层的冲击作用钻凿井孔。其效率低、速度慢,但机具设备简单、轻便。

2)回转钻进依靠钻头旋转对地层的加削、挤压、研磨破碎作用来钻凿井孔。根据泥浆流动方向或钻头类型,又可分为一般回转(正循环)钻进、反循环钻进和岩心回转钻进。正、反循环回转钻进的共同特点是:泥浆循环护壁去屑,适用于各种岩层。不同的是:正循环钻进[图 5-17(a)]是用吸泥泵将泥浆由沉淀池沿钻杆腹腔从钻头压入工作面上,在与岩屑混合后沿井壁和钻杆的环状空间上升至地面泥浆池内;反循环[图 5-17(b)]则反之,泥浆由沉淀池沿井壁和钻杆的环状间隙流入井底,泥浆的回流依靠吸泥泵的真空作用,从钻头吸入沿钻杆腹腔上升流入沉淀池去屑。因此,反循环的钻进深度有限,一般在 100 m 左右。

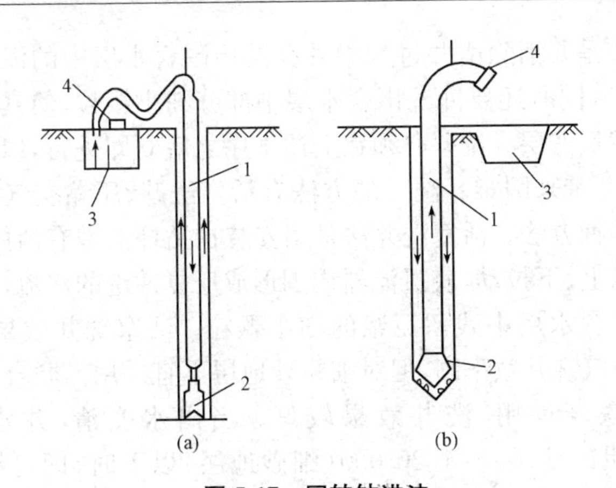

图 5-17　回转钻进法

(a)正循环钻进法;(b)反循环钻进法

1—钻杆;2—钻头;3—沉淀池;4—吸泥泵

3)岩心回转钻进是用岩心钻头,只将沿井壁的岩石粉碎,保留中间部分,因此效率较高,并能将岩心取到地面,供考察地层构造用。岩心回转法适用于钻凿坚硬岩层。

凿井方法的选择对降低管井造价、加快凿井进度、保证管井质量都有很大影响。在实际工作中,应结合具体情况,选择适宜的凿井方法。

(2)井管安装、填砾、管外封闭。井管安装、填砾和管外封闭应在井孔凿成后及时进行,尤其是非套管施工的井孔,以防井孔坍塌。井管安装必须保证质量,如井管偏斜和弯曲都将影响填砾质量和抽水设备的安装及正常运行。填砾的规格和方法可能影响管井的正常运行。填砾首先要保证砾石的质量,应以坚实、圆滑砾石为主,并应按设计要求的粒径进行筛选和冲洗。填砾时,要随时测量砾面高度,防止堵塞。井管外封闭一般用黏土球,球径为 25 mm,用优质黏土制成。要求湿度(或含水率)要适宜,下沉时黏土球不化解。填砾规格和方法及不良含水层的封闭、井口封闭等质量的优劣,都可能影响管井的水量和水质。

(3)洗井和抽水试验。

1)洗井是要消除凿井过程中井孔及周围含水层中的泥浆和井壁上的泥浆壁,同时还要冲洗出含水层中部分细小颗粒,使其周围含水层形成天然反滤层。洗井必须在上述工序之后立即进行,以防泥浆壁硬化,给洗井带来困难。洗井的方法有活塞洗井、压缩空气洗井和联合洗井等多种方法。活塞洗井法是用安装在钻杆上带有活门的活塞,在井壁管内上、下拉动,使过滤器周围形成反复冲洗的水流,以破坏泥浆壁并清除含水层中残留泥浆的细小颗粒。活塞洗井效果好,较彻底。压缩空气洗井效率高,但对细粉砂地层不宜采用。联合洗井是将两种方法联合运用,洗井效果较好。当出水变清,井水含砂在1/50 000(粗砂地层)~1/20 000(细砂地层)以下时,即可结束洗井工作。

2)抽水试验是管井建造的最后阶段,目的在于测定井的出水量,了解出水量与水位降深值的关系,为选择、安装抽水设备提供依据,同时取水样进行分析,以评价井水的水质。抽水试验的最大出水量一般应达到或超过设计出水量。抽水试验的水位降次数一般为三次,每次都应保持一定的水位降值与出水量稳定延续时间。抽水过程中应在现场及时进行资料的整理分析工作,如绘制 $Q-s$ 关系曲线、水位和出水量与时间过程曲线、水位恢复曲线等,以便发现问题及时处理。

(4)管井的验收。管井竣工后,应由使用、施工和设计单位根据设计图纸及验收规范共同验收,检验井深、井径、水位、水量、水质和有关施工文件。作为饮用水水源的管井,应经当地的卫生防疫部门对水质检验合格后,方可投产使用。

管井验收时,施工单位应提交下列资料。

1)管井施工说明书;

2)管井使用说明书;

3)钻进中的岩样。

上述资料是水井管理的重要依据,使用单位必须将此作为管井的技术档案妥善保存,以便分析、研究管井运行中存在的问题。

5. 管井的使用

管井使用的合理与否，将影响其使用年限。生产实践表明，很多管井由于使用不当，出现水量衰减、漏砂，甚至早期报废。管井使用应注意下列问题。

(1)抽水设备的出水量应小于管井的出水能力。

(2)建立管井使用卡制度。

(3)严格执行必要的管井、机泵的操作规程和维修制度。

(4)管井周围应按卫生防护要求保持良好的卫生环境和进行绿化，防止污染。

管井在使用时会出现水量减少的问题，管井出水量减少的原因及恢复和增加出水量的措施如下。

(1)管井出水量减少的原因和恢复措施。在管井使用过程中，往往会有出水量减少现象。其原因有管井本身和水源两个方面。属于管井本身原因，除抽水设备故障外，大多因含水层填塞造成，一般与过滤器或填砾有关。在采取具体消除故障措施之前，应掌握有关管井构造、施工、运行资料和抽水试验、水质分析报告等，然后对造成堵塞的原因进行分析、判断，根据不同情况采取不同措施，如更换过滤器、修补封闭漏沙部位、清除过滤器表面的泥沙、洗井等。

属于水源方面的原因很多也很复杂，如长期超量开采引起区域性地下水位下降，或境内矿山涌水及新建水源地的干扰等。对此，应从区域水文地质条件分析研究入手，开展地下水水位和开采量的长期动态观测，查明地下水位下降漏斗空间分布的形态、规模及其发展规律、速度、原因。在此基础上采取相关的措施，如调整管井布局，变集中开采为分散开采；调整开采量，关停部分漏斗中心区的管井；开展矿山防治水工作，研究矿坑排水的综合利用；协调并限制新水源地的建设与开发；寻找、开发新水源；加强地下水动态的监测工作，实行水资源的联合调度和科学管理。

(2)增加管井出水量的措施。

1)真空井法：将管井全部或部分密闭，进行负压状态下的管井抽水，达到增加出水量的目的。

2)爆破法:适用于基岩井。通常将炸药和雷管封置于专用的爆破器内,吊入井中预定位置起爆,以增强基岩含水层的透水性。

3)酸处理法:适用于可溶岩地区,以扩大串通可溶岩的裂隙和溶洞,增加出水量。

(二)大口井

1. 大口井的构造

大口井因井口较大而得名,具有出水量大、使用年限长、施工方便等优点,是广泛用于开采浅层地下水的取水构筑物,多用在中小城镇、铁路、农村。

大口井直径一般在 5～8 m,最大的不宜超过 10 m。井深在 15 m 以内,农村或者小型给水系统也有采用直径小于 5 m 的大口井,城市或大型给水系统也有采用直径 8 m 以上的大口井,由于施工条件的限制,我国大口井多用于开采埋深小于 12 m,厚度在 5～20 m 的含水层。

大口井分为完整式和非完整式,如图 5-18 所示。完整式大口井贯穿整个含水层,仅从井壁进水,可用于颗粒粗、厚度为 5～8 m、埋深浅的含水层。非完整式未贯穿整个含水层,井壁、井底均可进水,具有进水范围大、集水效果好等优点,在我国多采用此种形式。

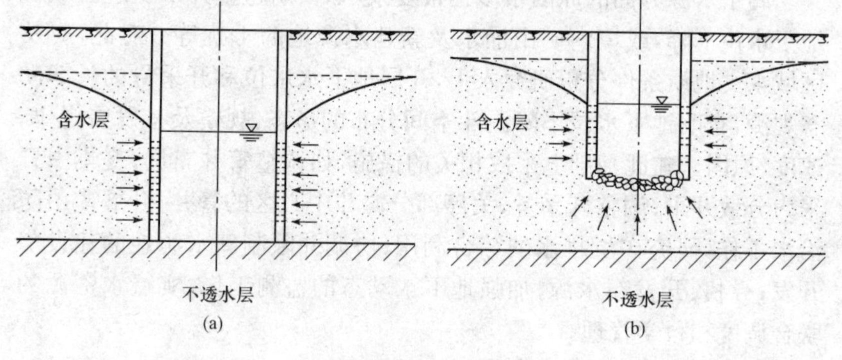

图 5-18　大口井

(a)完整式;(b)非完整式

大口井主要由井筒、井口及进水部分组成，一般构造如图 5-19 所示。

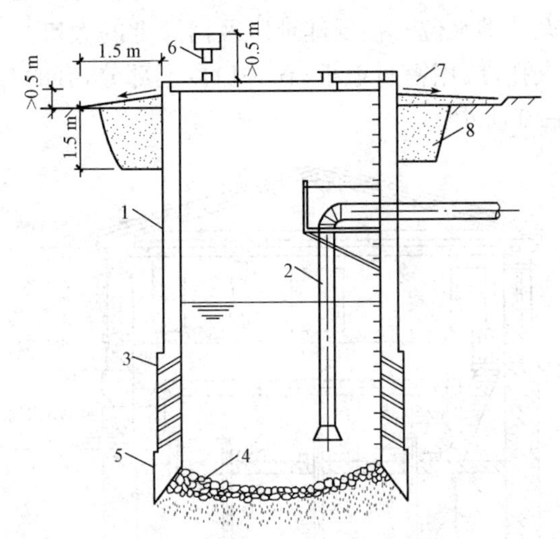

图 5-19　大口井的构造

1—井筒；2—吸水管；3—井壁透水孔；4—井底反滤层
5—刃脚；6—通风管；7—排水坡；8—黏土层

(1)井筒。井筒一般采用钢筋混凝土或就地取材采用砖石、无砂混凝土砌筑。施工时，井筒下端应用钢筋混凝土做高度为 1.2～1.5 m 的刃脚，刃脚应凸出井筒 50～100 mm。井壁进水的完整井和井壁井底同时进水的非完整井，井筒均应设进水孔。

大口井外形通常为筒形。筒形井筒易于保证垂直下沉，受力条件好，节省材料；对周围地层扰动很少，有利于进水。但筒形井筒紧贴土层，下沉摩擦力较大。深度较大的大口井常采用阶梯圆形井筒，此类井筒是变断面结构，结构合理，具有圆形井筒的优点，下沉时可减小摩擦力。

(2)井口。井口为大口井露出地表的部分。为避免从井口或沿井壁侵入地表污水而污染地下水，井口应高出地表 0.5m 以上，并在井口周边修建宽度为 1.5 m 的排水坡。如覆盖层是透水层，排水坡下面还应填以厚度不小于1.5 m的夯实黏土层。

井口有的与泵站分建，只设井盖，井盖上部设有人孔和通风管，通风管应高于设计洪水位。在低洼地区及河滩上的大口井，为防止洪水冲刷和淹没人孔，应用密封盖板；在井口以上部分，有的与泵站合建在一起，如图5-20所示。

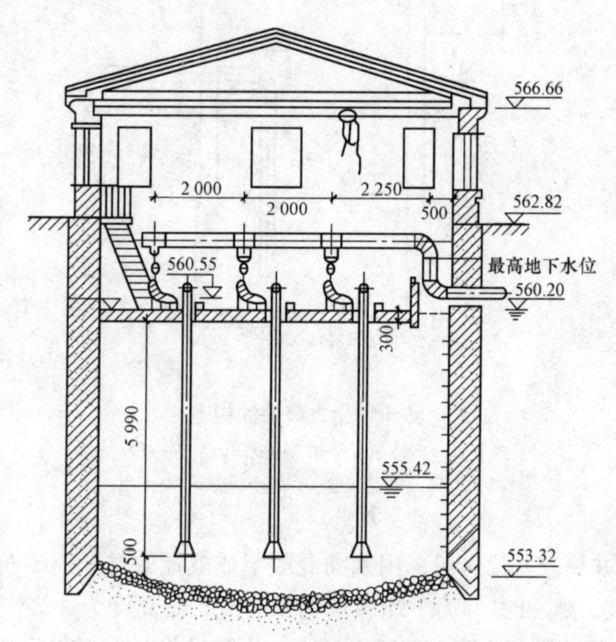

图5-20　与泵站合建的大口井

(3)进水部分。进水部分包括井壁进水孔(或透水井壁)和井底反滤层。

1)井壁进水孔：常用的进水孔有水平孔和斜孔两种，如图5-21所示。

水平孔施工较容易，采用较多，一般为100～200 mm直径的圆孔或100×150～200×250(mm^2)矩形孔，交错排列于井壁，其孔隙率约为15%。为保持含水层的渗透性，孔内装填一定级配的滤料层，孔的两侧设置格网，以防滤料漏失。水平孔不易按级配分层填加滤料，或

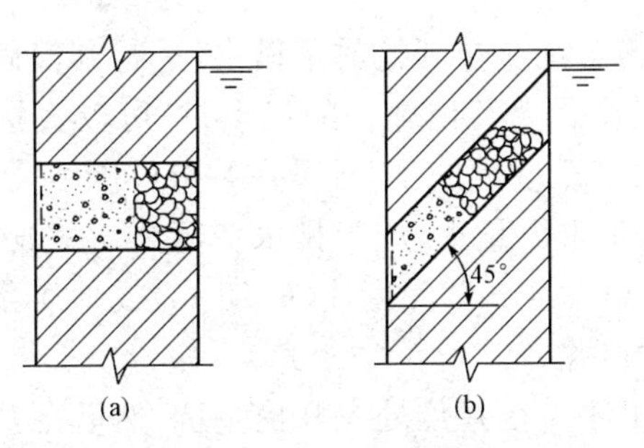

图 5-21　大口井井壁进水孔形式

(a)水平孔;(b)斜孔

用预先装好滤料的钢丝笼填入进水孔。

斜形孔多为圆形,孔倾斜度不超过 45°,孔径 100～200 mm,孔外侧设有格网。斜形孔滤料稳定,易于填装、更换,是一种较好的进水孔形式。

2)透水井壁:透水井壁由无砂混凝土制成,并有多种形式,如有以 50 mm×50 mm×20 mm 的无砂混凝土砌块构成的井壁;有以无砂混凝土整体浇制井壁。如果井壁的高度较大,还可在中间部分适当的位置设置圈梁,以加强井壁强度。

无砂混凝土大口井制作方便、结构简单、造价低,但在细粉砂地层和含铁地下水中易堵塞。

3)井底反滤层:除大颗粒岩层及裂隙含水层外,在一般含水层中部应铺设反滤层。反滤层滤料自下而上逐渐变粗,每层厚度为 200～300 mm,一般为 3～4 层。含水层为细、粉砂时,层数和厚度应适当增加。由于刃脚处渗透压力较大,易涌砂,靠刃脚处滤层厚度增加 20%～30%。

大口井能否达到应有的出水量,主要因素是井底反滤层,因孔壁进水孔易堵塞,主要依靠井底进水。如滤层铺设不均或滤料不合格都有可能导致堵塞和翻砂。

2. 大口井的施工

大口井的施工方法有大开挖法和沉井法。

(1)大开挖施工法。在开挖的基槽中,进行井筒砌筑或浇注以及铺设反滤层等工作。大开挖施工的优点是:可以直接采用当地材料(石、砖),便于井底反滤层施工,且可在井壁外围填反滤层,改善进水条件。但此法施工土方量大,施工排水费用高。一般情况,此法只适用于建造口径小($D<4$ m)、深度浅($h<9$ m)或地质条件不允许采用沉井法施工的大口井。

(2)沉井施工法。在井位处先开挖基坑,然后在基坑上浇筑带有刃脚的井筒。待井筒达到一定强度后,即可在井筒内挖土。这时井筒靠自重切土下沉。随着井内继续挖土,井筒不断下沉,直至设计标高。如果下沉至一定深度时,由于摩擦力增加而下沉困难时,可外加荷载,克服摩擦力,使井下沉。

井筒下沉时有排水与不排水两种方式。

1)排水下沉。即在下沉过程中进行施工排水,使井筒内在施工过程中保持干涸的空间,便于井内施工操作。其优点是:施工方法简单,方便;可直接观察地层变化;便于发现问题及时排除障碍,易于保持垂直下沉;能保证反滤层铺设质量。但排水费用较高。在细粉沙地层易于发生流沙现象,使一般排水方法难以奏效,必要时要采用设备较复杂的井点排水施工。

2)不排水下沉。即井筒下沉时不进行施工排水,利用机械(如抓斗、水力机械)进行水下取土。其优点是:能节省排水费用;施工安全;井内外不存在水位差,可避免流沙现象的发生。在透水性好、水量丰富或细粉沙地层,更应采用此法。但施工时不能及时发现井下问题,排除故障比较困难。必要时,还需有潜水员配合,且反滤层质量不容易保证。

由上可知,沉井法施工有很多优点,如土方量少、排水费用低;施工安全,对含水层扰动程度轻,对周围建筑物影响小,因此,在地质条件允许时,应尽量采用沉井施工法。

3. 大口井设计中应注意的问题

(1)应选在地下水补给丰富、含水层透水性良好、埋藏浅的地段。

取集河床地下水的大口井应选在稳定的河漫滩地段或一级冲积

台地上，所处河段应稳定并具有较好的水力条件，如非壅水的顺直河段，为了采集水质较好的水，不能距水抹线太近，应保持 25 m 以上距离。

(2)在考虑大口井基本尺寸时，应考虑井径对出水量的影响。

出水量与井径存在直线关系。因此，在施工允许的条件下，适当增加井径是增加水井出水量的途径之一。同样，在出水量不变的条件下，采用较大直径的大口井，也可减小水位降落值，降低取水的电耗；还能降低进水流速，延长大口井的使用寿命。

(3)因大口井井深不大，地下水位的变化对井的出水量和抽水设备的正常运行有很大影响。

对开采河床地下水的大口井，因河水位变幅大，更应注意这一情况。为此，在计算井的出水量和确定水泵安装高度时，均以枯水期最低设计水位为准，抽水试验也应在枯水期进行为宜。此外，还应注意到地下水位区域性下降的可能性，以及由此引起的影响。

(4)对布置在岸边或河漫滩依靠河水补给的大口井，应考虑含水层堵塞引起出水量的降低。目前对此问题的研究尚未开展，生产中暂采用与渗渠相同的淤塞系数。

(三)辐射井

辐射井是由集水井与若干辐射状铺设的水平或倾斜的集水管组合而成。一般不能用大口井开采的、厚度较薄的含水层或是不能采用渗渠开采的厚度薄、埋深大的含水层，均可用辐射井开采。辐射井是一种适应性较强的取水构筑物。此外，较其他取水构筑物，辐射井更适宜开发位于咸水上部的淡水透镜体。辐射井同时又是一种高效能地下水取水构筑物，进水面积大，单井产水量居各类地下水取水构筑物之首，高产辐射井日产水量在 10 万 m^3 以上。此外，辐射井还具有管理集中、占地面积小、便于卫生防护等优点。但是，辐射管施工难度较高。辐射井的产水量不仅取决于水文地质条件(如含水层透水性、补给条件)和其他自然条件，而且在很大程度上取决于辐射管的施工质量和施工技术水平。

1. 辐射井的形式

(1)按集水井本身取水与否,辐射井分为两种形式。

1)集水井底与辐射管同时进水。适用于厚度较大的含水层,一般是 5～10 m。但集水井与集水管的集水范围在高程上相近,相互干扰很大。

2)井底封闭,仅由辐射管集水,如图 5-22 所示。辐射管施工和维修均较方便,适用于较薄含水层(≤5 m)。

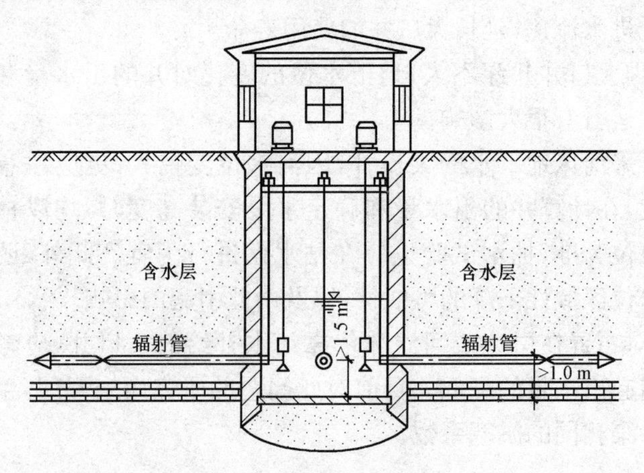

图 5-22　井底封闭的辐射井

(2)按水的补给情况,辐射井分为:

1)集取地下水的辐射井[图 5-23(a)];

2)集取河流或其他地表水体渗透水的辐射井[图 5-23(b)、(c)];

3)集取岸边地下水和河床地下水的辐射井[图 5-23(d)]。

(3)按辐射管铺设方式,辐射井分为:

1)单层辐射管的辐射井;

2)多层辐射管的辐射井。

2. 辐射井的构造

(1)集水井。集水井的作用是汇集辐射管来水、安放抽水设备以及为辐射管施工提供场所;对不封底的集水井还兼有取水井的作用。

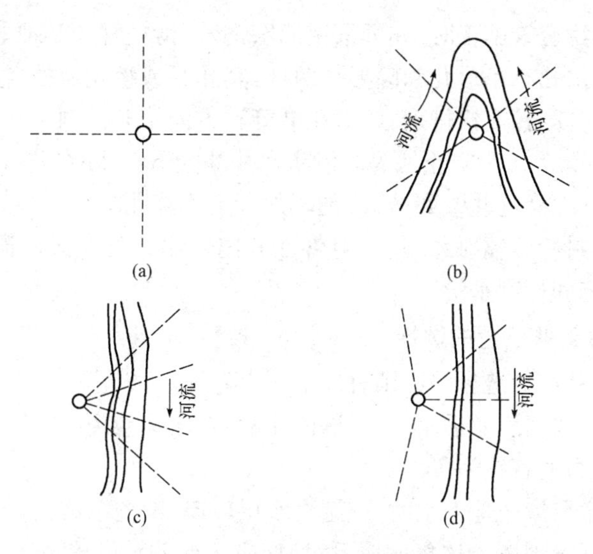

图 5-23　按补给条件分类的辐射井

据上述要求，集水井直径不应小于 3 m。集水井通常都采用圆形钢筋混凝土井筒，沉井法施工。我国多数辐射井都采用不封底的集水井，以扩大井的出水量，但不封底的集水井对辐射管施工及维护均不方便。

(2)辐射管。辐射管的配置可分为单层或多层，根据补给情况每层采用 4～8 根。为便于进水，最下层距含水层底板应不小于 1 m。最下层辐射管还应高于集水井井底 1.5 m，以利于顶管施工。为减小互相干扰，各层应有一定间距。当辐射管直径为 100～150 mm 时，层间间距采用1～3 m。

辐射管直径一般为 75～100 mm。当地层补给条件好、透水性强、施工条件许可时，宜采用大管径。辐射管长度一般为 30 m 以内。当设在无压含水层中时，迎地下水水流方向的辐射管宜长一些。辐射管具体的直径和长度，视水文地质条件和施工条件而定。

为利于集水和排砂，辐射管应有一定坡度向集水井倾斜。

辐射管一般采用厚壁钢管(壁厚 6～9 mm)，以便于直接顶管施工。当采用套管施工时，亦可采用薄壁钢管、铸铁管及其他非金属管。辐射管进水孔有条形孔和圆形孔两种，其孔径或缝宽应按含水层颗粒组成确定。圆孔交错排列、条形孔沿管轴方向错开排列。孔隙率一般为15%～20%。为防止地表水沿集水井外壁下渗，除在井口外围填黏土外，最好在靠近井壁2～3 m的辐射管上不穿孔眼。

对于封底的辐射井，其辐射管在井内之出口处应设闸阀，以便于施工、维修和控制水量。

3. 辐射井位置的选择

辐射井位置选择的原则有以下三点。

(1)集取河床渗透水时，应选河床稳定、水质较清、流速较大，有一定冲刷能力的直线河段。

(2)集取岸边地下水时，应选含水层较厚、渗透系数较大的地段。

(3)远离地表水体集取地下水时，应选地下水位较高、渗透系数较大、地下补给充沛的地段。

(四)复合井

复合井是由大口井和管井组成的分层或分段取水系统，由非完整式大口井和井底以下设有的一根至数根管井过滤器组成(图5-24)，一般过滤器长度(L)与含水层厚度(M)之比小于0.75。它适用于地下水位较高、厚度较大的含水层。复合井比大口井更能充分利用厚度较大的含水层，增加井的出水量。在水文地质条件适合的地区，比较广泛地作为城镇水泥、铁路沿线给水站及农业用井。在已建大口井中，如水文地质条件适宜，也可在大口井中打入管井过滤器改造成复合井，以增加井的出水量和改善水质。模型试验资料表明，当含水层厚度较厚或含水层透水性较差时，采用复合井水量增加较为明显。

复合井大口井部分的构造与大口井相同。增加复合井的过滤器直径，可增加管井部分的出水量，但管井部分的水量增加对大口井井底进水量的干扰程度也将增加，故过滤器直径不宜过大，一般以200～300 mm为宜。

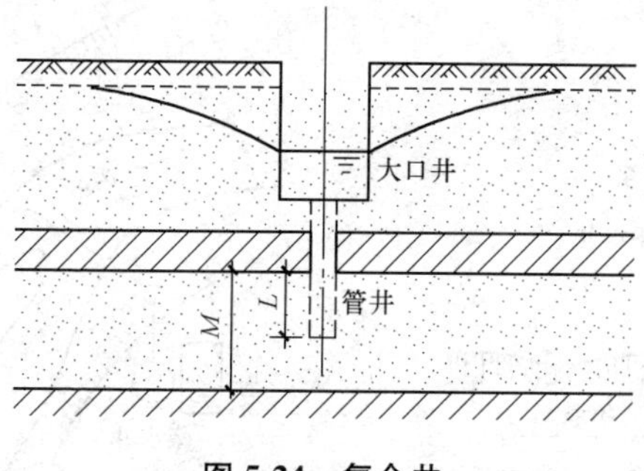

图 5-24　复合井

当含水层较厚时，以采用非完整过滤器为宜。适当增加过滤器数目可增加复合井出水量。但从模型试验资料可知，过滤器数目增至三根以上时，复合井出水量增加甚少，故是否必须采用多过滤器复合井，应通过技术经济比较确定。

（五）渗渠

渗渠是截取浅层地下水或河床渗透水的一种地下水取水构筑物，是单位取水量造价最高的地下水取水构筑物。在含水层厚度很薄，地下水调蓄能力小，采用管井和大口井均不适宜的情况下，采用以河水补给为主的渗渠，可取得较好的效果。

1. 渗渠位置的选择

渗渠位置的选择不仅要考虑水文地质条件，还要考虑河流水文条件，一般原则如下。

(1)水流较急，有一定冲刷能力的直线或凹岸非淤积河段，并尽可能靠近主流。

(2)含水层较厚，颗粒较粗，并不含泥质的地段。

(3)河水清澈，水位变化较小，河床稳定的河段。

2. 渗渠布置方式

渗渠的布置方式应根据补给情况等考虑，一般可分为平行河流、垂直河流和平行与垂直河流组合布置三种形式，前两种布置形式如图 5-25 所示。

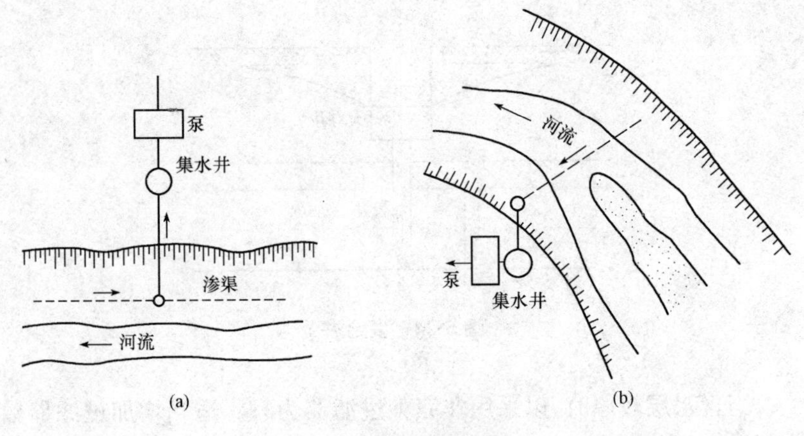

图 5-25　渗渠布置

(a)平行河流;(b)垂直河流

(1)平行于河流布置。当河床潜流水和岸边地下水均较充沛且河床稳定时,可采用平行于河流沿河漫滩布置的渗渠[图 5-25(a)],集取河床潜流水和岸边地下水。采用此方式布置的渗渠,在枯水期时可获得地下水的补给,故有可能使渗渠全年产水量均衡,并且施工和检修均较方便。

(2)垂直于河流布置。在岸边地下水补给较差,河流枯水期流量很小,河流主流摆动不定,河床冲积层较薄时,宜采用垂直于河流布置[图 5-25(b)]。

当河岸含水层地下水补给条件差,而河床下堆积物较厚且透水性较好时,可采用垂直河流布置渗渠,主要是集取河床渗透水。垂直河流布置渗渠具有出水量大的优点,但存在反滤层易堵塞,施工、检修困难等缺点。渗渠结构为河床下渗渠类型。

(3)平行和垂直组合布置。平行和垂直组合布置形式具有能充分截取潜流水和岸边地下水,产水量较稳定的优点。渗渠兼有河滩下渗渠与河床下渗渠两种结构类型。

3. 渗渠结构

渗渠由渠槽、水平集水管及集水井、检查井组成(图 5-26)。

（1）渠槽。在河滩下渗渠类型情况下，渠槽底部宽度主要根据设计滤层的层数和各滤层的厚度确定。边坡根据含水层的性质确定。对河床下渗渠，一般按大于集水管外径 1～1.5 m 确定，渠槽底部宽度宜小于 1.7 m。

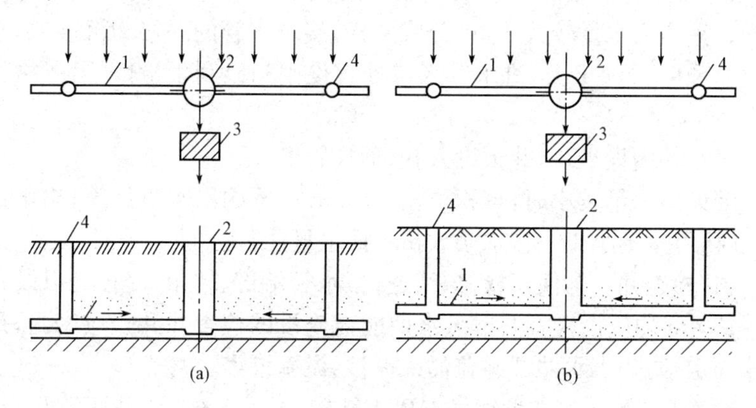

图 5-26　渗渠

（a）完整式；（b）非完整式

1—集水管；2—集水井；3—泵站；4—检查井

（2）集水管。

1）集水管材料，通常用钢筋混凝土管、混凝土管；出水量小时，可用铸铁管。

2）集水管进水孔形状多采用圆孔或条孔。圆孔直径或条孔的宽度应小于内层滤料粒径。孔眼断面形状宜做成内大外小的倒梯形。孔隙率应根据采用的管材不同，在保证集水管强度的条件下尽量加大。进水孔一般交错布置于集水管上部 1/3～1/2 圆周部分，孔眼净距按结构强度确定，一般为孔眼直径的 2～2.5 倍。

3）集水管的长度和断面尺寸。集水管的长度和断面尺寸，应根据水力计算确定。集水管的内径一般为 0.6～1.0 m，当集水管很长时，应按出水量不同改变集水管断面尺寸，每条集水管的最大长度不超过 500 m。

4）集水管基础。含水层不厚，应尽量采用完整式渗渠，将集水管

1/3 部分直接嵌入基岩内。在非完整式渗渠情况下，当采用钢筋混凝土管时，一般采用混凝土基座或枕基；采用铸铁管时，可不做基座而直接用卵石或块石卡住管的两侧。

(3)集水井。集水井一般采用钢筋混凝土结构，平面做成矩形或圆形。渗渠出水量较大时，可分成两格，接进水管的一格为沉砂室，水平流速采用 0.01 m/s，进水管入口处宜设闸门以利于检修，另一格为吸水室。

集水井内设平台，井顶设人孔、通风管等。

渗渠出水量较小时，容积可按 30 min 以下的出水量计算；出水量较大时，可按不小于一台水泵 5 min 抽水量计算。

(4)检查井。为便于检修、清通，集水管端部、转角、变径处以及每 50～150 m 均应设检查井。洪水期能被淹没的检查井井盖应密封，用螺栓固定，防止洪水冲开井盖涌入泥沙，淤塞渗渠。

检查井一般采用圆形钢筋混凝土结构，直径 1～2 m，井底设 0.5～1.0 m 深的沉砂坑。地面式检查井，井顶应高出地面 0.5 m，井应有防冲设施；地下式检查井，应安装封闭式井盖。

第六章　小城镇节水技术与管理

第一节　概　　述

一、节水的概念

我国对“节约用水”的内涵具有多种不同的解释。具有代表性的是《城市与工业节约用水理论》对“节约用水”内涵的定义：在合理的生产力布局与生产组织前提下，为最佳实现一定的社会经济目标和社会经济的可持续发展，通过采用多种措施，对有限的水资源进行合理分配与可持续利用(其中也包括节省用水量)。

“节约用水”的关键在于根据有关的水资源保护法律法规，通过广泛的宣传教育，提高全民的节水意识。引入多种节水技术与措施，采用有效的节水器具与设备，降低生产或生活过程中水资源的利用量，达到环境、生态、经济效益的一致与可持续发展的目标。

综合起来，节约用水可定义为：基于经济、社会、环境与技术发展水平，通过法律法规、管理、技术与教育手段，以及改善供水系统，减少需水量，提高用水效率，降低水的损失与浪费，合理增加水可利用量，实现水资源的有效利用，达到环境、生态、经济效益的一致与可持续发展。

二、节水的意义

(1)可减少当前和未来的用水量，维持水资源的永续利用。

(2)节约当前给水系统的运行和维护费用，减少自来水厂的建设数量或建设投资。

(3)减少污水处理厂的建设数量或延缓污水处理构筑物的扩建，使现有系统可以接纳更多用户的污水，从而减少受纳水体的污染，节约建设资金和运行费用。

(4)增强对干旱的预防能力，短期节水可以带来立竿见影的效果，而长期节水则因大大降低了水的消耗且能提高正常时期的干旱防御能力。

(5)通过用水审计及其他措施，可以调整地区间的用水差异，避免产生用水不公及其他与用水相关的社会问题，具有一定的社会意义。

(6)对野生生物、湿地和环境美化、维护河流生态平衡等方面产生环境效益。

三、节水的法律法规

自20世纪60年代后期，我国部分城市开展节水工作，建立健全节水法律法规体系，逐步将节约用水纳入法制化轨道。

1973年，国家建委发布了关于加强节约城市用水的意见。

1979年9月，第五届全国人民代表大会常务委员会第11次会议通过的《中华人民共和国环境保护法(试行)》中规定“严格管理和节约工业用水、农业用水和生活用水，合理开采地下水，防止水源枯竭和地面沉降”。

1980年，国家城市建设总局发布了“城市供水工作暂行规定”，明确供水部门在节约用水中的职责。

1981年，国务院批转了京津地区用水紧急会议纪要。

1984年，根据全国第一次城市节水会议精神，国务院颁发了“关于大力开展城市节约用水的通知”对城市节约用水的管理体制和职责做出具体规定。各省、市、自治区和许多城市均相继颁布了有关城市节约用水管理办法和城市地下水资源管理办法。

1988年7月1日实施的《中华人民共和国水法》明确规定“国家实行计划用水，厉行节约用水。各级人民政府应当加强对节约用水的管理，各单位应当采用节约用水的先进技术，降低水的消耗量，提高水的重复利用率”。

1988年，经国务院批准，建设部发布“城市节约用水管理规定”。这是我国城市建设领域内的一项重要的行政法规。

1990年7月的全国第二次城市节约用水会议，将节约用水作为基本国策。

1995 年，召开第三次全国城市节约用水会议。

1998 年，建设部颁布“中国城市节水 2010 年技术进步发展规划”。

在开展节约用水的过程中，各地采取了完善组织机构、制订节水计划、下达用水指标、重点抓工业企业节约用水等行政措施，确保水资源的合理调配和利用。把节水作为一项国策，把节水意识与社会经济可持续发展密切结合起来。推动水资源的市场化，大力提倡污水资源化，加大农业、工业和生活等方面的节水科技投入，积极完善节水理论，推广行之有效的节水技术与措施。

第二节 工业节水

一、工业用水概念

工业用水主要包括冷却用水、热力和工艺用水、洗涤用水。其中工业冷却水用量占工业用水总量的 80%左右，取水量占工业取水总量的 30%～40%。火力发电、钢铁、石油、石化、化工、造纸、纺织、有色金属、食品与发酵共八个行业取水量(含火力发电直流冷却用水)约占全国工业总取水量的 60%。

二、工业用水特征

1. 用水量大

我国城镇的工业取水量占全国总取水量的 20%，但随着城市化和工业化进程的加快，城镇工业数量的大幅增长，水资源供需将逐渐加大。

2. 大量工业废水直接排放

我国城镇工业废水排放量约占总排水量的 49%，由于绝大多数有毒有害物质随工业废水排入水体，导致部分水源被迫弃用，加剧了水资源的短缺。

3. 工业用水效率总体水平较低

我国小城镇水资源严重短缺的同时又存在严重浪费的现象，工业用水重复利用率约为52%。国内地区间、行业间、企业间的差距也较大。重复利用率最高达97%，而最低的只有2.4%，不少乡镇企业供水管道和用水设备“跑、冒、滴、漏”现象严重，地下水取水量逐年上升，浪费和漏失的水量高于取水量的15%。

4. 工业用水相对集中

我国城镇工业用水主要集中在纺织、石油化工、造纸、冶金等行业，其取水量约占工业取水量的45%。小城镇的工业节水应实行用水总量控制，而且应与水环境治理、改善和保护的要求相配合，同时，考虑乡镇企业自身的产业结构调整、技术水平升级以及产品的更新换代。

三、工业用水水量分类

按用水方式划分，工业用水的水量主要可分为用水量（总用水量）、循环水量、回用水量、重复利用水量、耗水量、排水量、取水量（或新水量）、漏失水量、补充水量等，详见表6-1。

表6-1　工业用水量分类

序号	用水量分类名称	符号	定义	备注
1	用水量	Q_t	一定期间内某用水系统所需的用水（总）水量	包括补充水量与重复利用水量
2	循环水量	Q_{cy}	一定期间内某用水系统中循环用于同一用水过程的水量	亦称循环利用水量
3	回用水量	Q_s	一定期间内被用过的水经适当处理后再用于系统内部或外部其他用水过程的水量	包括第一次使用后被循序利用的水量（串用水量）
4	重复利用水量	Q_r	同一用水系统中的循环水量与回用水量	亦称重复水量

续表

序号	用水量分类名称	符号	定义	备注
5	耗水量	Q_c	一定期间内某工业用水系统在生产过程中，由蒸发、吹散、直接进入产品、污泥等带走所消耗的水量	
6	排水量	Q_d	一定期间内某用水系统排放出系统之外的水量	包括生产与生活排水量
7	取水量	Q_f	一定期间内某用水系统利用的新鲜水量	亦称新水量
8	漏失水量	Q_l	包括漏失在内的全部未计量水量	
9	补充水量	Q_w	一定期间内用水系统取得的新水量与来自系统外的回用水量	

工业用水量是工业用水系统在一定时段内用水过程中发生的水量。同一用水系统各水量之间关系如图 6-1 所示。

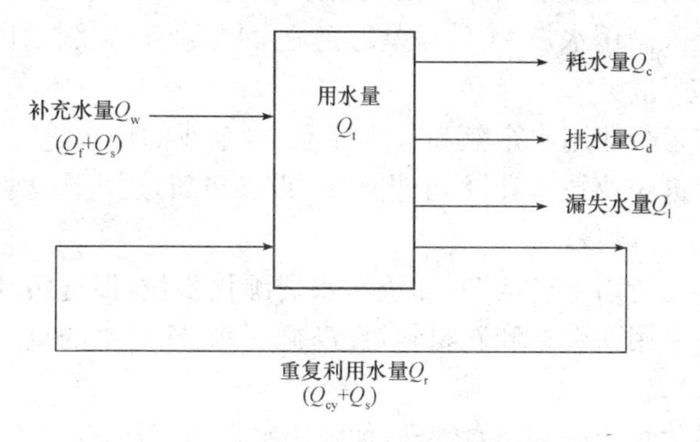

图 6-1　工业用水量关系

(1)总用水量(Q_t)等于补充水量(Q_w)与重复利用水量(Q_r)之和，补充水量包括取水量(Q_f)和系统外的回用水量(Q_s')。即：

$$Q_t = Q_w + Q_r$$

或

$$Q_t = Q_f + Q_s' + Q_r$$

其中 Q_s'系统外的回用水量从水量平衡角度考虑，总用水量也等于耗水量(Q_c)、排水量(Q_d)、漏失水量(Q_l)与重复利用水量之和。即：

$$Q_t = Q_c + Q_d + Q_l + Q_r$$

(2)重复利用水量等于同一用水系统中的循环水量(Q_{cy})与回用水量(Q_s)。即：

$$Q_r = Q_{cy} + Q_s$$

(3)取水量等于耗水量、排水量、漏失水量之和减去系统外的回用水量。即：

$$Q_f = Q_c + Q_d + Q_l - Q_s'$$

当系统无回用水时，取水量等于耗水量、排水量、漏失水量之和。即：

$$Q_f = Q_c + Q_d + Q_l$$

四、工业节水途径

(1)控制生产力布局，促进产业结构调整。鼓励用水少、效益高的企业发展，限制用水量大、效益差的企业发展，利用经济杠杆的作用提高用水效率。

(2)拟定行业用水定额和节水标准，对企业的用水进行目标管理和考核，促进企业技术升级、工艺改革、设备更新，逐步淘汰耗水大、技术落后的工艺设备。

(3)推行清洁生产战略，加快污水资源化步伐，促进污、废水的处理和回用；采用新设备和新材料，提高循环水、冷却水的重复利用率，减少取水量。

(4)强化企业内部用水管理，加强用水定额管理，改善不合理用水因素。

(5)沿海地区城镇工业逐步开发实现海水利用，沿海城镇的海水资源丰富，通过科技创新，在企业冷却用水、海水淡化和改善水环境方面拓宽海水利用领域，以缓解城镇供水不足的问题。

(6)加强城镇工业给水管网的建设，通过科学管理、加强检漏和管网巡查力度，加快更新改造的步伐以降低供水损耗。

五、工业节水方法

1. 工业用水重复利用

(1)大力发展循环用水系统、串联用水系统和回用水系统。推进企业用水网络集成技术的开发与应用，鼓励在新建、改建、扩建项目中采用水网络集成技术、优化企业用水网络系统。

(2)发展和推广蒸汽冷凝水回收再利用技术。优化企业蒸汽冷凝水回收网络。推广使用蒸汽冷凝水的回收设备和装置。

(3)发展外排废水回用和“零排放”技术。鼓励和支持企业外排废(污)水处理后回用，大力推广外排废(污)水处理后回用于循环冷却水系统的技术，鼓励企业应用废水“零排放”技术。

2. 冷却节水

(1)鼓励发展高效环保节水型冷却塔和其他冷却构筑物。优化循环冷却水系统，加快淘汰冷却效率低、用水量大的冷却池、喷水池等冷却构筑物。

(2)发展高效循环冷却水处理技术。在敞开式循环间接冷却水系统，推广浓缩倍数大于 4 的水处理运行技术；逐步淘汰浓缩倍数小于 3 的水处理运行技术；开发应用环保型水处理药剂和配方。

(3)发展高效换热技术和设备。推广物料换热节水技术，优化换热流程和换热器组合，发展新型高效换热器。

(4)发展空气冷却技术。在缺水以及气候条件适宜的地区推广空气冷却技术，鼓励研究开发运行高效、经济合理的空气冷却技术和设备。

(5)在加热炉等高温设备推广应用汽化冷却技术。应充分利用汽水分离后的汽。

3. 热力和工艺系统节水

工业生产的热力和工艺系统用水分为锅炉给水、蒸汽、热水、纯水、软化水、脱盐水、去离子水等，其用水量居工业用水量的第二位，仅次于冷却用水。

(1)推广生产工艺(装置内、装置间、工序内、工序间)的热联合技术。推广中压产汽设备的给水使用除盐水,低压产汽设备的给水使用软化水。推广使用闭式循环水汽取样装置。研究开发能够实现"零排放"的热水锅炉和蒸汽锅炉水处理技术、锅炉气力排灰渣技术和"零排放"无堵塞湿法脱硫技术。

(2)发展干式蒸馏、干式汽提、无蒸汽除氧等少用或不用蒸汽的技术。优化蒸汽自动调节系统。优化锅炉给水、工艺用水的制备工艺。鼓励采用逆流再生、双层床、清洗水回收等技术降低自用水量。研究开发锅炉给水、工艺用水制备新技术、新设备,逐步推广电去离子净水技术。

4. 洗涤节水

在工业生产过程中洗涤用水分为产品洗涤、装备清洗和环境洗涤用水。

(1)推广逆流漂洗、喷淋洗涤、汽水冲洗、气雾喷洗、高压水洗、振荡水洗、高效转盘等节水技术和设备。

(2)推广可以减少用水的各类水洗助剂和相关化学品。开发各类高效环保型清洗剂、微生物清洗剂和高效水洗机。开发研究环保型溶剂、干洗机、离子体清洗等无水洗涤技术和设备。

(3)发展装备节水清洗技术。推广可再循环再利用的清洗剂或多步合一的清洗剂及清洗技术;推广干冰清洗、微生物清洗、喷淋清洗、水汽脉冲清洗、不停车在线清洗等技术。

(4)发展环境节水洗涤技术。推广使用再生水和具有光催化或空气催化的自清洁涂膜技术。

第三节　农业节水

一、农业用水概念

农业用水量的90%用于种植业灌溉,其余用于林业、牧业、渔业以及农村饮水等。农业仍是我国第一用水大户,因此发展高效节水型农业是国家的基本战略。

二、农业用水特点

与工业用水相比,农业用水有以下特点。

(1)用水点分散、单位水量负荷小、分布范围广、保证率低。

(2)用水总量大、用水效率低。

(3)灌溉节水同所在地区的自然地理条件,特别是降水径流条件紧密相关。

(4)降水、地面水、地下水和土壤水之间的互相转化是影响农业用水(节水)的重要机制;农作物的生长规律、农业种植结构也是影响农业用水(节水)的重要因素。

(5)管理较薄弱,资金投入受限。

三、农业节水途径

1. 灌溉节水

农业节水的基本途径是实行农田灌溉节水,主要有以下几种措施。

(1)合理拟定农业种植结构。合理拟定农业种植结构,除要考虑包括水资源在内的各项自然条件外,还涉及某区域范围内对粮食、经济作物的市场要求。

(2)实施经济灌溉定额。经济灌溉定额是在保证农业总产量增产效益且用水效率高的前提下的灌溉用水定额。采用经济灌溉定额是实现农业节水的中心环节。制定经济灌溉定额,除须充分考虑不同作物生长期的需水规律外,还须考虑作物生长期间的有效降雨及前期降雨等因素的影响。灌溉定额值还同灌溉保证率有关。由此可见,制定和实施经济灌溉定额是一项复杂的工作,关系到诸多自然因素。

(3)建设节水示范村。加强用水管理,建设节水示范村。农业灌溉用水实行总量控制、定额管理,推广节水灌溉制度,平田整地开展田间工程改造,减少渠道输水损失、减少田间灌水损失。

(4)提高灌区水的利用效率。提高水的利用系数涉及灌溉方式、灌溉渠道防渗防漏等工程措施，其投资大。目前，灌溉工程的发展趋势是：既考虑节水，又考虑节能，正向低压输水管道化方向发展，即推行喷灌、滴灌技术。

喷灌与滴灌都是管道化灌溉系统的行之有效的高效节水灌溉技术。

1）喷灌是经管道输送将水通过架空喷头进行喷洒灌溉。其优点是可将水喷射到空中变成细滴均匀地散布到田间。喷灌可按农作物品种、土壤和气候状况适时适量喷洒。其每次喷洒水量少，一般不产生地面径流和深层渗漏，更不致因灌溉抬高地下水位引起土壤盐碱化。喷灌还有保持土壤结构、保水、保肥、改善田间小气候的作用，具有一定的对农作物防高温、防霜冻、防病虫害效果。据估计，喷灌比地面灌溉（漫灌和畦灌）省水 30%～50%，省地 7%～10%，增产效果达 10%～300%。喷灌一般不受地形限制，省劳力、工效较高。

2）滴灌是经管道输送将水通过滴头直接滴到植物根部。因此，滴灌除具有喷灌的主要优点外，比喷灌更节水（约 40%）、节能（50%～70%），但因管道系统分布范围大，需更多的投资和运行管理工作量。

2. 加强流域的综合治理

从根本上讲，农业用水的开源途径是提高一个区域（或流域）降水径流利用率。为此，需要从多方面加强流域的综合治理，其主要内容如下。

（1）植树造林、养护水资源。森林是一种复杂的环境生态系统，从水资源角度看也有十分重要的作用。植树造林、养护水资源可以调节径流、加强水土保持、增加地下水补给、改善地面水水质、减少地面蒸发损失、改善小气候环境。这些都有利于农业用水。单就水资源量而言，如以每亩林地可多蓄水 20 m，且森林覆盖面 10～20 年后增加 5%～10%计，以林网减少地面蒸发 30%计，在缺水地区由此增加的可利用水资源量是很可观的。

（2）扩大及完善山区与平原水库调蓄系统。统筹安排、适当建立扩大山区水库的径流调蓄作用，有计划地抽取平原水库周围地区的地下水用于灌溉并控制地下水位，变害为利，便可获得可观的效益（水量）。

（3）地下水资源开发的合理化。在适合开发地下水的地区，合理布置农业灌溉井群，合理开发；优先开发浅层地下水，适当利用深层水，“寓排于灌”，兴利避害；提倡淡咸水混合灌溉，改造利用浅咸水层（“抽咸补淡”），由此可以提高蓄水层的调节能力，增加地下水的补给量和开发量，减少地面蒸发损失，减轻土壤盐碱化，其效果是很可观的。

（4）建立“地下水库”。在自然状态下，地面径流与地下水循环密切相关，互相调节。由于地下蓄水层对地面径流的巨大调节作用，为了更充分利用水资源，就应重视地下蓄水层的调节作用。为此，除保持地下水合理开采同自然平衡外，还须用人工干预的办法提高地下蓄水层的调蓄作用，以增加地下水的可开采储量，提高径流资源的利用率。人工干预的办法几乎包括一切直接与间接的地下水人工补给措施。其中以直接的人工补给方法——建立“地下水库”，实行地面入渗或井灌的影响最为强烈。“地下水库”即为可以人为地用以调节径流的地下蓄水层（空间）。凡是采取一定措施即可增加调蓄容量的地下蓄水空间，如河床、古河道、区域漏斗、浅咸水层等均可视为“地下水库”。

（5）污水处理回用。目前，全国实行污水灌溉的农田面积已超过500多万亩，范围相当广泛。污水处理回用于农业，在可灵活采取直接或间接回用方式，水量比较集中，对水质要求相对较低，便于应用较简单的水处理方法和设施如氧化塘、氧化沟等，节约资金，有利于污染综合治理和利用污水肥分，以及建立城乡生态环境等很多方面都具有更多的优越性。因此，在一个地区或城市特别是小城镇应根据当地水资源条件，对污水处理回用做出统一安排，以发挥污水回用的积极效应，使其进入生态环境的良性循环状态。

四、农业节水方法

1. 农业用水优化配置

农业用水水源包括降水、地表水、地下水、土壤水以及经过处理符合水质标准的回归水、微咸水、再生水等。通过工程措施与非工程措施，优化配置多种水源，是实现计划用水、节约用水和提高农业用水效率的基本要求。优化配置的要点如下。

（1）积极发展多水源联合调度技术。大力推广各种农业用水工程设

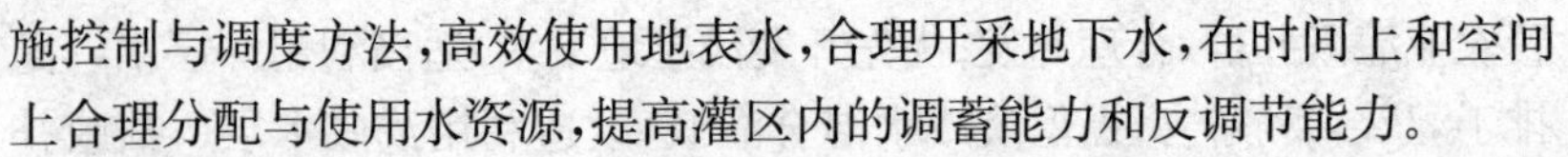

施控制与调度方法，高效使用地表水，合理开采地下水，在时间上和空间上合理分配与使用水资源，提高灌区内的调蓄能力和反调节能力。

(2)逐步推行农业用水总量控制与定额管理。合理调整农、林、牧、副、渔各业用水比例。加快制定各地区不同降水年型农业用水总量指标和不同灌水方法条件下不同作物灌溉用水定额。

(3)建立与水资源条件相适应的节水高效农作制度。提倡发展和应用适水种植技术。根据当地水、土、光、热等资源条件，以高效、节水为原则，以水定作物，合理安排作物的种植结构以及灌溉规模。

(4)发展井渠结合灌溉技术。推广和应用地表水、地下水联合调控技术；提倡井渠双灌、渠水补源、井水保丰；重视地下水采补平衡技术研究。

(5)发展土壤墒情、旱情监测预测技术。加强大尺度土壤水分时空变异规律研究和土壤墒情与旱情指标体系研究；积极研究和开发土壤墒情、旱情监测仪器设备。

2. 高效输配水

农业用水输配水过程中的水量损失所占比重很大，提高输水效率是农业节水的主要内容。其主要内容如下。

(1)发展管道输水技术。改造较小流量渠道时优先采用低压管道输配水技术；在高扬程提水灌区和发展自压管道输水条件的灌区，优先发展自压式管道输水系统。

(2)发展防渗渠道断面尺寸和结构优化设计技术。大中型防渗渠道宜采用坡脚或底面为弧形的非标准形断面，小型渠道宜采用U形断面；中小型渠道采用混凝土防渗衬砌石，提倡采用标准化设计、工厂化预制、现场装配技术。

(3)发展渠系动态配水技术。发展和应用实时灌溉预报技术；加强灌区用水管理技术的研究与应用，提倡动态计划用水管理。

(4)发展灌区量测水技术。鼓励研究、开发与推广精度高、造价低、适用性强、操作简便、便于管理和维护的小型量水设备。

(5)发展输水建筑物老化防治技术。积极研究输水建筑物老化防治技术、病害诊断技术和防腐蚀、修复、堵漏技术；加快发展输水建筑物加固技术和产品的开发。

(6)推广采用经济适用的防渗材料。提倡使用灰土、水泥土、砌石等当地材料；推广使用混凝土和沥青混凝土、塑料薄膜等成熟的渠道防渗工程常用材料；鼓励在试验研究的基础上，使用复合土工膜、改性沥青防水卷材等土工膜料，以及聚合物纤维混凝土、土壤固化剂和土工合成材料膨润土垫等防渗材料；加强不同气候和土质条件下渠道防渗新材料、新工艺、新施工设备的研究；加强渠道防渗防冻胀技术的研究和产品开发。

3. 田间灌水

田间灌水是提高灌溉水利用率的最后环节，改进田间灌水技术是农业节水的重点。

(1)改进地面灌水技术。推广小畦灌溉、细流沟灌、波涌灌溉；合理确定沟畦规格和地面自然坡降，缩小地块；推广高精度平整土地技术，鼓励使用激光平整土地；科学控制入畦(沟)流量、水头、灌水定额、改水成数等灌水要素；淘汰无畦漫灌。

(2)推广以稻田干湿交替灌溉技术为主的水管理技术。提倡水稻灌区格田化和采用水稻浅湿控制灌溉技术；推广水稻泡田与耕作结合技术；发展水稻“三旱”耕作与旱育稀植抛秧技术；淘汰水稻长期淹灌技术；杜绝稻田串灌串排技术；积极研究稻田适宜水层标准、土壤水分控制指标、晒田技术及相应的灌溉制度。

(3)推广坐水种技术。在春旱严重、后期天然降水基本可满足作物生长需要的地区，大力推广坐水种技术。鼓励研究和开发造价低、性能好、效率高的复式联合补水种植机具。

(4)发展和应用喷灌技术。积极鼓励在经济作物种植区、城郊农业区、集中连片规模经营的地区应用喷灌技术；优先推广轻小型成套喷灌技术与设备；在山丘地区或有自压条件的地区，鼓励发展自压喷灌技术；积极研究和开发低成本、低能耗、使用方便的喷灌设备。

(5)发展微灌技术。在果树种植、设施农业、高效农业、创汇农业中大力推广微喷灌与滴灌技术；提倡微灌技术与地膜覆盖、水肥同步供给等农艺技术有机结合；鼓励在山丘地区利用地面自然坡降发展自压微喷灌、滴灌、小管出流等微灌技术；鼓励结合雨水集蓄利用工程，发展和应用低水头重力式微灌技术；积极研究和开发低成本、低能耗、多用途的微灌设备。

(6)鼓励应用精准控制灌溉技术，在缺水地区大力发展各种非充分灌溉技术。提倡适时适量灌溉；加强作物水分生理特性和需水规律研究；积极研究作物生长与土壤水分、土壤养分、空气湿度、大气温度等环境因素的关系。提倡在作物需水临界期及重要生长发育时期灌“关键水”技术；鼓励试验研究作物水分生产函数；研究作物的经济灌溉定额和最优灌溉制度；加强非充分灌溉和调亏灌溉节水增产机理研究；研究和运用控制性分根交替灌溉技术。

4. 生物节水与农艺节水

生物措施和农艺措施可提高水分利用率和水分生产率，节约灌溉用水量，是农业主要节水措施。

(1)鼓励研究和应用水肥耦合技术。提倡灌溉与施肥在时间、数量和使用方式上合理配合，以水调肥、水肥共济，提高水分和肥料利用率。

(2)鼓励使用种衣剂和保水剂进行拌种。加强低成本、多功能保水拌种剂、经济作物和草场专用保水剂产品和设备的研究与开发。

(3)提倡深耕、深松等蓄水保墒技术和生物养地技术。改善土壤结构，提高土壤的蓄水、保水、供水能力，增加自然降水的利用率，降低灌溉用水量。重视深耕机具的研究、开发和产业化。

(4)发展和应用蒸腾蒸发抑制技术。提倡在作物需水高峰期对作物叶面喷施抗旱剂；鼓励具有代谢、成膜和反射作用的抗旱节水技术产品的研究和产业化。

(5)推广保护性耕作技术。在土质较轻、地面坡度较大或降水量较少的地区，积极推广保护性耕作技术。加强保护性耕作技术中秸秆残茬覆盖处理、机械化生物耕作、化学除草剂施用三个关键技术的研究；加强适用于不同地区的保护性耕作机具的研制与产业化。

(6)推广田间增水技术。发展覆膜和沟播技术；加强低成本、完全可降解地膜研究；加强土壤表面保墒增温剂的研究与开发。

(7)推广抗(耐)旱、高产、优质作物品种。加快发展抗(耐)旱节水作物品种选育的分子生物学技术,选育抗旱、耐旱、水分高效利用型新品种。

5. 降水和回归水利用

提高降水利用率和回归水重复利用率可直接减少灌溉用水量。

(1)推广降水滞蓄利用技术。积极发展不同作物、不同降水条件下田间水管理技术,推广协调作物耗水和天然降水的灌溉制度与灌水技术;在旱作农业区,推广以滞蓄天然降水为主要目的的土地平整技术和改进耕作技术;在水稻种植区,积极推广水稻浅灌深蓄技术;在干旱、半干旱地区以及保水能力差的山丘区,推广鱼鳞坑、水平沟等集雨保水技术。

(2)推广灌溉回归水利用技术。积极发展灌排统一管理技术;在无盐碱威胁地区,杜绝无效退泄和低效排水的灌溉水管理技术;在灌溉回归水水质不符合灌溉要求的地区,积极发展"咸淡混浇"等简单易行的灌溉回归水安全利用技术。

(3)大力发展雨水集蓄利用技术。推广设施农业和庭院集雨技术;推广工程设施标准化;研究和应用雨水集蓄利用中水质保护技术;积极开发环保型、高效低价雨水汇集、保存、防渗新材料。

6. 非常规水利用

使用部分再生水、微咸水和淡化后的海水等非常规水以及通过人工增雨技术等非常规手段增加农业水资源。

(1)重视发展人工增雨技术。人工增雨应坚持政府领导,统筹规划,合理分配。在层状冷云及对流云人工增雨潜力区,采用人工增雨催化作业技术;建立人工增雨综合决策技术系统。

(2)适度发展海水利用技术。鼓励在养殖业或其他农副业中合理利用海水资源;加强天然淡水稀释海水浇灌耐盐作物的技术研究。

7. 养殖业节水

发展养殖业节水技术,提高牧草灌溉、畜禽饮水、畜禽养殖场合冲洗、畜禽降温、水产养殖等养殖业用水效率,也是农业节水的一个重要方面。

(1)加快发展抗(耐)旱节水优良牧草品种选育技术。选育适合当地自然条件的野生牧草或驯化栽培的人工牧草优良品种。发展和推广适合天然草地和旱作人工草地的节水抗旱型优良牧草栽培技术。

(2)大力推广人工草场的节水灌溉技术。因地制宜发展草地灌溉渠道防渗衬砌和管道输水灌溉技术;鼓励在适宜条件下发展草地喷灌技术;改进草地地面灌水技术;发展草地灌溉用水管理技术;加强牧草需水规律、灌溉制度和灌水方法与技术试验研究。淘汰草地无畦漫灌技术。

(3)发展草原节水耕作技术。提倡应用草原免耕直播技术;发展人工补播和人工种植技术;重视增强草地土壤蓄水保肥能力;大力发展牧区灌溉饲草料基地。

(4)发展集约化节水型养殖技术。提倡家畜集中供水与综合利用;推广"新型"环保畜禽舍、节水型降温技术和饮水设备;科学设置牲畜饮水点,有效保护水源地或给水点;对水源缺乏、饮水极为困难的草原区,可通过铺设供水管道供水;推广具有防渗和净化效果的混凝土结构、砌体结构等集雨技术设施;鼓励研制节水型、多种动力、构造简单、使用方便、供水保证率高的自动给水设备。促进节水、高效的工厂化水产养殖设施的研究和推广使用。逐步淘汰水槽长流供水技术。

(5)推广养殖废水处理及重复利用技术。推广养殖废水厌氧处理后的再利用技术及深度处理和消毒后用于圈舍冲洗的循环利用技术;提倡分质供水和多级利用;改变传统水冲清粪和水泡粪为干清粪方式;研究和开发低耗、高效的养殖废水处理设施。

(6)发展畜产品、水产品加工节水技术。鼓励研究和开发多功能、低成本、节水、环保型加工工艺和技术装备。

8. 村镇节水

针对村镇居民用水分散、农产品加工工艺简单、村镇用水效率低、村镇供水设施简陋、安全饮用水源不足等特点,发展村镇节水技术。

(1)发展和推广村镇集中供水技术。发展饮用水源开发利用与保护技术。开采地下水应封闭不良含水层,防控苦咸水、污废水等劣质水侵入水源;鼓励水源保护林草地建设。推行集中供水,积极发展村镇供水管网优化工作。

(2)发展村镇饮用水处理与水质监测技术。水质不达标地区提倡饮用水源集中处理;建立水质检测制度。

(3)鼓励研究开发并推广村镇家用水表和节水型用水设施,缺水地区要逐步开展村镇家庭用水分户计量。

第四节　生活节水

一、生活用水的概念

城镇生活用水包括居民、商贸、机关、院校、旅游、社会服务、园林景观等用水。目前,城镇生活用水已占城镇用水量的55%左右,随着小城镇的发展还将进一步增加;城镇生活用水与人民群众日常生活密切相关,因此,生活节水对于促进节水型小城镇的建设具有重要意义。

二、生活用水的分类及特点

1. 自来水

城镇居民的主要用水、饮水来源。但近年来各地的水源受到不同程度的污染,使水的质量日趋下降,再加上自来水在消毒时,使用了氯气或含氯漂白粉,这些化学品在杀菌的同时,也带来了游离氯对各种有机物的氯化作用,同时,自来水厂的过滤、消毒工艺落后,造成自来水含有大量对人体有害的各种物质,长期饮用将影响人们的健康与寿命。

2. 地下水

我国地广人众,分布复杂,各地水质含量有所不同,通过各种污染,地下水含有多种对人体有害的微量元素,造成各地的病源和寿命有所不同。

3. 山泉水

山泉水虽好,但是因地质所含矿物质和微量元素甚多,有益和有害混杂,并受空气污染,经水质权威部门检测,大部分山泉水含有大肠菌等严重超标。

4. 纯净水

纯净水是采用RO反渗透技术，把水中一切有害、有益物质去除，形成废水排放、唯留纯水，由于不含任何对人体有益的矿物质和微量元素，因此可直接生饮。

5. 蒸馏水

采用高温的煮沸办法，不能去除水中的异臭物、荧光物，只能去除部分致癌物和三氯甲烷，留有放射性粒子和有机物，不宜经常饮用。

6. 活性水

活性水具有特定的活性功能，种类复杂多样，一般经过滤、精制、杀菌消毒三级处理，活性水生产的关键工艺在于精制，适用范围小，目前因过滤工艺技术含量低，产生不稳定性，活性水尚处于开发阶段，各方面都有待完善，其水体的生理功能更有待较长过程的临床试验和考证。

7. 净化水

净化水是目前社会上较为流行的一类饮用水，通过净水器对自来水进行二次终端过滤处理制得。净化原理和处理工艺一般包括粗滤、活性炭吸附和薄膜法过滤三级系统，它们能通过深度净化有效地清除自来水管网中的红虫、铁锈、悬浮物等机械成分，降低浊度、余氯和有机杂质，并截留细菌、大肠杆菌等微生物，从而消除自来水的二次污染，提高水质，并达到国家饮用水卫生标准。

8. 直饮净化水

在净化水的基础上进行质的革命，是净化水工艺技术的进一步提升，可结合不同地区水质进行优化，过滤工艺采用创新的高新技术，工艺包括：超滤＋KDF＋活性炭。能有效地去除水中的铁锈、泥沙、悬浮物、红虫、胶体、细菌、病毒、大分子有机物、对人体健康威胁最大的氯和重金属等有害物质，同时使水分子集团变小，溶解力、渗透力、扩张力变强，近平衡状态，并保留对人体有益的矿化物和微量元素，增加功能调节器，能更有效增加各种对人体有益的矿物质和微量元素，同时吸附水中的异色、异味，确保过滤后的自来水可以直接饮用，并达到保健、延寿的功效。水质优于国家生活饮用水标准。

三、生活节水途径

小城镇生活节水要与城市化发展生活水平相适应，同时，考虑我国城镇人口和资源条件，对水资源的需求和供给应加以适当限制。城镇布局和城镇建设要充分考虑水资源的承受能力。

小城镇生活用水直接关系到人们的生活与直接利益，其节水问题具有许多不同于工业节水的特点。其节水途径如下。

1. 运用经济杠杆节约用水

调整水费节约用水。取消居民住宅“用水包费制”，是建立合理的水费体制实行计量收费的基础。关于取消“用水包费制”和调整水费所产生的影响，随时间推移及物价指数提高会逐渐减弱，直至消退。因此，在采用经济杠杆节约用水的措施时，应考虑动态分析。

2. 进行节水宣传教育，加强节水观念

在生活中人们的用水情况，如在给定的建筑给水排水设备条件下，用水时间、用水次数、用水强度、用水方式等直接取决于其用水行为和习惯。通过宣传教育去节约用水，是一种长期行为，不能指望获得“立竿见影”的效果，除非同某种行政手段相结合，并且应坚持不懈。

3. 推广应用节水器具和设备

推广应用节水器具和设备是小城镇生活用水的主要节水途径之一。节水器具和设备，对于有意节水的用户有助于提高节水效果；对于不注意节水的用户，也可以限制水的浪费。

(1)推广节水型水龙头。推广非接触自动控制式、延时自闭、停水自闭、脚踏式、陶瓷磨片密封式等节水型水龙头。淘汰建筑内铸铁螺旋升降式水龙头、铸铁螺旋升降式截止阀。

(2)推广节水型便器系统。推广使用两档式便器，新建住宅便器小于 6 L。公共建筑和公共场所使用 6 L 的两档式便器，小便器推广非接触式控制开关装置。淘汰进水口低于水面的卫生洁具水箱配件、上导向直落式便器水箱配件和冲洗水量大于 9 L 的便器及水箱。

(3)推广节水型淋浴设施。集中浴室普及使用冷热水混合淋浴装置,推广使用卡式智能、非接触自动控制、延时自闭、脚踏式等淋浴装置;宾馆、饭店、医院等用水量较大的公共建筑推广采用淋浴器的限流装置。

4. 加快城镇供水管网技术改造

目前,城镇供水管网建设还很薄弱,管网材质仍很差,有 1/3 的城镇供水管网超过了使用年限,急需更新改造。同时,城镇地区还应抓好管网、设备、仪表、材料等方面的工作,把好产品质量关,质量过关的优先采用。

5. 加大城镇生活污水处理和回用力度

由于全国广大乡镇和村镇的供水普及率较低,且大多数水质不符合标准,因此,为确保城镇供水资源,应加大城镇生活污水处理和回用力度,缺水地区应严格控制城镇数量和规模,应建立中水管道系统,积极推广污水再利用。

四、生活节水方法

1. 城区雨水、海水等的直接利用

(1)在绿地系统和生活小区,推广绿地草坪滞蓄直接利用技术,雨水直接用于绿地草坪浇灌;缺水地区推广道路集雨直接利用技术,道路集雨系统收集的雨水主要用于城镇杂用水;鼓励干旱地区城镇因地制宜采用微型水利工程技术,对强度小但面积广泛分布的雨水资源加以开发利用,如房屋屋顶雨水收集技术等。

(2)在缺水地区优先推广城市雨洪水地下回灌系统技术。通过绿地、城市水系、交通道路网的透水路面、道路两侧专门用于集雨的透水排水沟、生活小区雨水集蓄利用系统、公共建筑集水入渗回补利用系统等,充分利用雨洪水和上游水库的汛期弃水进行地下水回灌。完善城市排水体系,建立雨水径流收集系统和水质监测系统。鼓励缺水地区在建设雨污分流排水体制的基础上采用城区雨水处理回灌技术。研究开发城区雨水水质监测技术。

(3)推广海水利用技术。鼓励我国沿海城镇发展海水直接利用技术;积极开发含盐生活污水的处理技术,发展含盐生活污水排海(洋)处置技术。

(4)推广苦咸水利用技术。在我国华北、西北和沿海地区的缺水小城镇,推广苦咸水的电渗析处理技术和反渗透处理技术,主要用于城市杂用水、生活杂用水和部分饮用水。

2. 小城镇供水管网的检漏和防渗

采用小城镇供水管网的检漏和防渗技术,不仅是节约小城镇水资源的重要技术措施,而且对于提高小城镇供水服务水平、保障供水水质安全等也具有重要意义。

(1)推广应用预定位检漏技术和精确定点检漏技术,并根据供水管网的不同铺设条件,优化检漏方法。埋在泥土中的供水管网,应当以被动检漏法为主,主动检漏法为辅;上覆城镇道路的供水管网,应以主动检漏法为主,被动检漏法为辅。鼓励在建立供水管网 GIS、GPS 系统基础上,采用区域泄漏普查系统技术和智能精确定点检漏技术。

(2)推广应用新型管材。大口径管材($DN>1\ 200$)优先考虑预应力钢筒混凝土管;中等口径管材($300<DN<1\ 200$)优先采用塑料管和球墨铸铁管,逐步淘汰灰口铸铁管;小口径管材($DN<300$)优先采用塑料管,逐步淘汰镀锌铁管。

(3)推广应用供水管道连接、防腐等方面的先进施工技术。一般情况下,承插接口应采用橡胶圈密封的柔性接口技术,金属管内壁采用涂水泥砂浆或树脂的防腐技术;焊接、粘接的管道应考虑胀缩性问题,采用相应的施工技术。

(4)鼓励在建设管网 GIS 系统的基础上,配套建设具有关阀搜索、状态仿真、事故分析、决策调度等功能的决策支持系统,为管网查漏检修提供决策支持。

3. 公共供水企业自用水节水

小城镇公共供水企业节水主要是反冲洗水回用,反冲洗水回用兼具城镇节水和水环境保护的双重效能。

以地表水为原水的新建和扩建供水工程项目,应推广反冲洗水回用技术，选择截污能力强的新型滤池技术，配套建设反冲洗水回用沉淀水池，采用反冲洗效果好、反冲水量低的气水反冲洗技术。

改建供水工程项目，应积极采用先进的反冲洗技术，通过改造和加强反冲洗系统的结构组织，采用适宜的反冲洗方式，改进滤池反冲洗再生机能。逐步淘汰高强度水定时反冲洗的工艺技术。

4. 公共建筑节水

公共建筑用水需求将呈增长趋势，空调系统应作为公共建筑节水的重点之一，空调系统的节水措施如下。

(1)普及公共建筑空调的循环冷却技术。公共建筑空调应采用循环冷却水系统，冷却水循环率应达到98%以上，敞开式系统冷却水浓缩倍数不低于3；循环冷却水系统可以根据具体情况使用敞开式或密闭式循环冷却水系统。

(2)推广应用空调循环冷却水系统的防腐、阻垢、防微生物处理技术，鼓励采用空气冷却技术。

(3)推广采用密闭式凝结水回收系统、热泵式凝结水回收系统、压缩机回收废蒸汽系统、恒温压力回水器等；间接利用蒸汽的蒸汽冷凝水的回收率不得低于85%；发展回收设备防腐处理和水质监测技术。

5. 市政环境节水

市政环境用水在城镇用水中所占比例有逐步增大的趋势。市政环境节水措施如下。

(1)发展生物节水技术，提倡种植耐旱性植物，并应采用非充分灌溉方式进行灌溉作业；绿化用水应优先使用再生水；使用非再生水的，应采用喷灌、微喷、滴灌等节水灌溉技术。灌溉设备可选用地埋升降式喷灌设备、滴灌管、微喷头、滴灌带等。

(2)发展景观用水循环利用技术。

(3)推广游泳池用水循环利用技术。

(4)推广洗车用水循环利用技术，推广采用高压喷枪冲车、电脑控制洗车和微水洗车等节水作业技术，研究开发环保型无水洗车技术。

(5)推广免冲洗环保公厕设施和其他节水型公厕技术。

第五节　小城镇节水管理

节水管理是城镇管理的一个组成部分。在缺水地区，当水资源制约社会和生产发展时，加强节水管理就显得尤为重要。为了取得良好的经济效益、社会效益和环境效益，实行节水管理必须从城镇或工业企业的具体情况（如水资源状况等）出发，全面考虑、统筹安排，使有限的水资源得以合理地开发和利用。

一、节水管理的主要任务

（1）贯彻执行国家、政府关于节约用水的方针政策和有关法规，制定关于节约用水的具体办法、规章制度等。

（2）进行节约用水的宣传教育。

（3）组织实施计划用水和节约用水工作。

（4）进行有关计划用水和节约用水的技术业务指导。

（5）审查、考核节水单位的水量平衡测试、定额制定或其他规定考核项目。

（6）组织开展节约用水课题研究工作，制定节约用水规划，推广节约用水的新工艺技术、新器具和设备等。

（7）进行小城镇规划区范围的地下水资源管理。

（8）实行用水的“节奖超罚”。

（9）进行人员培训等。

工业企业节水管理的主要任务是保证节水主管部门按照上述各项任务要求进行贯彻和实施，保证自备水源的合理开发利用，以及组织开展节约用水的各项具体业务工作。

二、节水计划管理

节水管理的中心工作是编制实施节水计划。各地编制的节水计划内容不尽相同，通常包括取水量计划、节水量计划和节水技术措施计划。

(1)编制用水计划的方式。

1)按用水计划定额编制。即根据工业企业生产产品的品种、产量和相应的企业取水量定额编制节约用水计划。这种编制方式要求小城镇节水管理部门具备较高的管理水平。

2)按工业企业用水水平和节水潜力编制计划。编制这种计划,是通过对工业企业合理用水水平的分析和对节水考核指标的测算,按工业企业的节水潜力(如不合理的排放水量)核定节约用水计划。目前,多数节水管理部门采取这种编制方式。

(2)节水计划的内容。

1)取水量计划。取水量计划对于工业企业是一种指令性计划,可分为年、季、月取水量计划。通常各行业主管部门按时将待审计划汇总并按上述方式调整后,报小城镇节水管理部门。然后经城市用水(供水)管理部门横向综合平行、纵向对比分析审核下达给工业企业,并在各行业主管部门备案。有时,也可由城市节水管理部门按行业下达总取水量,并由行业主管部门按工业企业分配后报城镇节水管理部门,再经综合平衡下达给工业企业。

2)节水量计划。节水量计划的性质与取水量计划相同。节水量计划是一种配套性计划,应与取水量计划同时确定下达。

3)节水技术措施计划。节水技术措施计划主要包括节水技术措施项目、数量,各项目的实施时间,投资额和资金来源,以及预期的节水效益。节水技术措施计划是编制取水量和节水量计划的主要依据和重要保证,通常由工业企业根据其具体情况提出,由城镇节水管理部门审批、下达。

三、节水经济管理

1. 节水经济管理的含义

节水经济管理是指用经济手段和办法从事小城镇节约用水的管理,其实质是以物质利益为作用机制,运用一系列与价值相关的经济手段调节节水经济活动,促进节水工作的深入开展。

2. 小城镇节水经济管理的原则

在运用经济手段实施节水管理中所必须遵循的要求和准则。经济管理指标、管理方法及相应经济政策的制定均应以科学的管理原则为前提，这些管理原则如下。

（1）有效地抑制不重视节水和浪费水的倾向，适当地发挥水费价格杠杆的调节作用。比如实行较高的有利于节水的水价收费制度、超过用水基量累进收费制度、用水季节差价、用量差价制度等，提高水的“价值”，改变浪费水的现象，对形成节水的风尚、行为起到积极作用。

（2）促进节水技术措施的建设。节约用水的根本出路之一在于不断地采用先进的节水技术、节水工艺、节水设备和节水器具，改变原有不合理的、浪费水的用水工艺和设备，而适当地利用经济政策，引进低息贷款，增加适当补贴等，加大资金投入，无疑会对促进节水技术改造措施建设起到重要作用。

（3）创造更好的节水经济效益、环境效益和社会效益。无论是节水管理工作，还是节水工程建设，都要从“经济效益”这个观点出发，千方百计地以最少的人、财、物的消耗，换取最佳的节水效益。

3. 小城镇节水资金的来源与管理

（1）小城镇节水资金的来源。

节水资金对管理节水经济活动具有重要的作用。节水资金的来源主要有以下几项。

1）国家和地方技术改造资金。国家和地方经济管理部门在编制年度技术改造计划时，将一部分节水效果好、具有普遍推广意义的节水示范工程项目列入计划。同时，从技术改造资金中拿出一定比例的资金以有偿使用的方式补助给节水工程项目。

2）企业技术改造资金。这是企业自筹节水技术改造资金的一种方式。企业应根据自身的实际情况，通盘考虑，将技改项目编入年度生产技术改造计划中，拨出一部分资金作为节水技改项目的专用资金，用于节水工程项目建设。

3）水资源费和超计划用水加价费。小城镇节水管理部门每年应从收取的水资源费和超计划用水加价费中拿出一部分资金作为节水工程项目和节水科研项目的专用基金，以有偿使用和无偿使用的方式来扶持、资助节水工程和节水科研项目的建设。

4）政策性的资金渠道。节约用水是涉及全社会的大事，因此，应运用经济行政手段，给节水经济活动以必要的倾斜和优惠政策，相关措施有：一是地方财政、税收部门在完成税收和财政收入计划的基础上，对一些节水效益显著、社会意义重大的节水工程项目，免征项目建设单位部分基金税。当然这要注意严格控制免征范围和数量，严格执行审批程序，以免影响国家财政收入。二是优惠补贴政策，对某些涉及面广、推广意义大的节水工程项目，节水管理部门拿出一部分资金给予无偿补贴。三是节水技术改造资金进入生产成本，即允许一定范围和数量的节水工程建设资金进入企业生产成本。

（2）小城镇节水资金的管理。小城镇节水资金的管理应遵循以下几方面原则。

1）可行性。资金所支持的节水项目，必须是经过调查、研究、试验及技术、经济论证，各方面条件具备，通过有关部门审批的项目。安排资金时，一定要注意项目实施的可行性，不能盲目地投入资金，以免因项目不可行而造成资金浪费。

2）效益性。遵循“少投入、多产出、快产出”的效益原则，对于投资少、见效快、效益佳的“短、平、快”节水项目一定要优先安排资金。另外，还要从全局出发、从整体出发，将节水综合效益好的项目列为投资重点来考虑。

3）均衡性。安排资金时，要注意协调好贷款、自筹、补贴（拨款）之间的比例关系；协调一般项目资金与重点项目资金之间的比例关系；协调技术措施项目资金与科研项目资金之间的比例关系。这样，才能使有限的资金得到充分、全面的利用，收到良好的综合效果。此外，还要从资金使用本身的特点考虑，注意尽可能减少资金周转时间等。

4）可控性。资金使用计划确定后，项目建设单位应遵照计划中安排的资金使用方式和资金数额，按有关部门规定的程序办理资金使用手续。资金使用过程中，一定要按资金使用计划执行，保证计划的严肃性。如实际运行中出现与计划不符、临时变动等情况，应及时妥善处理。资金使用的控制要注意避免发生下列情况：一是挪用资金，将节水项目专用资金挪作他用，违背了专款专用的原则；二是项目超支，项目实际费用超出项目预算费用；三是未按期还贷。为此，可制定有关资金使用管理规定，通过一定的手段，控制、监督资金的使用。

四、循环经济与小城镇节水管理

1. 循环经济的含义

循环经济源于美国经济学家波尔丁提出的“宇宙飞船理论”。工业革命以来，由于生产力的空前提高，“大量开发资源—大规模生产—大量消费—大量产生废弃物”的模式成为人类追求最大利润、寻求经济发展的唯一道路，进而加重了资源短缺和环境的压力。面对这种压力的日益严重，人类开始重新审视经济的发展历程，在上述背景下，循环经济理念应运而生。

循环经济是国际社会推进可持续发展的一种实践模式，强调最有效利用资源和保护环境，表现为“资源—产品—再生资源”的经济增长方式，做到生产和消费“污染排放最小化，废物资源化和无害化”，以最小成本获得最大的经济效益和环境效益。循环经济是对物质闭环流动型经济的简称，是以物质、能量梯次和闭路循环使用为特征的，在环境方面表现为污染低排放，甚至是污染零排放。循环经济把清洁生产、资源综合利用、生态设计和可持续消费等融为一体，运用生态学来指导人类社会的活动，因此本质上是一种生态经济。循环经济的根本之源就是保护日益稀缺的环境资源，提高环境资源的配置效率。

2. 循环经济的特征

传统经济是由“资源—产品—污染排放”所构成的。在这种经济中，人们以越来越高的强度把地球上的资源开采出来，在生产加工和消费过程中，又把污染和废物大量排放到环境中去，对资源的利用是粗放的和一次性的。与传统经济比较，循环经济提倡的是一种建立在资源不断循环利用的基础上的经济发展模式，它要求把经济活动按照自然生态系统的模式，组织成一个“资源—产品—再生资源”的资源反复循环流动的过程，使得从整个经济系统以及生产和消费的过程基本上不产生或者只产生很少的废弃物。

循环经济不但要求人们建立“自然资源—产品和用品—再生资源”的经济新思维，而且要求在从生产到消费的各个领域倡导新的经济规范和行为准则。

3. 循环经济的原则

循环经济是可持续的生产和消费模式，以资源的高效利用和循环利用为核心，基本原则如下。

(1)减量化原则：要求用较少的资源投入来达到既定的生产和消费目的，在经济活动的源头应注意节约资源和减少污染，在产品生产和服务过程中尽可能减少资源的消耗和废弃物、污染物的产生，采用替代性的可再生资源，以资源投入最小化为目标，以提高资源利用率为核心。生产者应通过减少产品原料投入和优化制造工艺来节约资源和减少污染物排放；消费群体以最小的消耗实现消费目标。

(2)再利用原则：指多次使用或修复、翻新后继续使用的产品，以延长产品的使用周期，防止产品过早成为垃圾，从而节约生产这些产品所需要的各种资源投入。要求消费群体改变产品使用方式，有效延长产品的寿命和产品的服务效能，注重资源的再利用和循环使用。生产者应采取产业群体间的精密分工和高效协作，加大产品到废弃物的转化周期，最大限度地提高资源的使用效率，鼓励再生产业的发展。

(3)再循环原则：要求生产的产品在完成其功能后能重新变成可以利用的资源而不是无用废弃物，使废弃物最大限度地变成资源，变废为宝，化害为利。通过对产业链的输出端——废弃物的多次回收和再利用，促进废弃物多级资源化和资源的闭合式良性循环，实现废弃物的最小排放。通过再使用和再循环原则的实施，强化减量化原则的实施。

4. 发展循环经济的意义

随着我国经济快速增长和人口不断增加，水、土地、能源、矿产等资源不足的矛盾越来越突出，生态建设和环境保护的形势日益严峻。面对资源短缺日益严峻的形势，按照科学发展观的要求，大力发展循环经济，加快建立资源节约型社会，走可持续发展道路是社会发展的必然。

发展循环经济是以人为本、实现可持续发展的本质要求，也是实现可持续发展的一个重要途径，同时，还是保护环境和削减环境污染的根本手段。有利于形成节约资源、保护环境的生产方式和消费模式，有利于提高经济增长的质量和效益，有利于建设资源节约型社会，有利于促进人与自然的和谐，充分体现以人为本、全面协调可持续发展观的本质要求，是实现全面建设小康社会宏伟目标的必然选择，也是关系中华民族长远发展的根本大计。只有发展循环经济才能从根本上缓解资源约束的矛盾，减轻环境污染，提高经济效益，实现经济可持续发展。

五、小城镇节水管理措施

节约用水是基于经济、社会、环境与技术发展水平，通过法律法规、管理、技术与教育手段，以及改善供水系统，减少需水量，提高用水效率，降低水的损失和浪费，合理增加水的可利用量，实现水资源的有效利用，达到环境、生态、经济效益的一致性与可持续发展。节水不同于简单的、消极的少用水，是依赖科技进步，通过降低单位目标的耗水量，实现水资源的高效利用。小城镇节水管理的措施主要有以下几个方面。

(1)加强节水宣传教育。加强节水宣传教育，开展节水意识的正面引导，是提高全民节水意识的重要基础。通过教育，居民认识到水作为一种资源并非取之不尽、用之不竭，使人们对未来水资源短缺所产生后果的严重性有充分的估计。同时，要教育人们充分认识水的商品属性，为利用经济杠杆促进节水效果奠定基础。建立节水教育机制，在大、中、小学校开展节水普及教育，节水从学生抓起；在社区和用水企业建立宣传阵地，设立节水宣传板报、宣传栏，宣传节水必要性，提高节水意识。

(2)建立城市用水定额和节水指标体系。制定城市用水定额是实行科学合理用水的基础。用水定额应充分体现可行性、先进性、法规性和积极合理性。城市节水指标是用水定额的一种表现形式，由于城市节水较为复杂，为了简化问题，增强节水指标可操作性，一般将城市节水指标归纳为总体指标和分体指标。总体指标又可分为水量指标(包括万元国民国内生产总值取水量、万元工业产值取水减少量、人均生活用水量、万元增加值取水量和单位产品取水量)和率度指标(重复利用率、供水有效利用率、污水回用率、万元增加值取水量降低率、水资源利用率和节水率);分体指标可分为工业节水类指标、农业节水类指标、生活节水类指标、环境保护类指标、节水管理类指标和节水经济类指标等。由制定的节水指标体系来衡量城市的节水水平,从而科学地指导城市节水。

(3)全面厉行城市节水。工业节约用水要以技术进步型节水和结构调整型节水并重。工业用水是城市用水的重要组成部分,工业用水一般占城市用水的60%～80%,用水量大而集中,通过循环回用、重复利用提高工业用水重复利用率历来就是工业节水的重点。随着工业节水的不断发展,工业节水的重点将是通过更新生产设备、改造工艺流程、降低工业用水定额。伴随信息化带动工业化的进程,要鼓励企业应用高新技术改造传统生产工艺和节水方式,推广闭路循环用水和清洁生产方式,促进产业结构调整和产品升级换代,将会大大降低工业用水定额;发展低耗水量、高附加值的高技术产业,促进工业取用水量逐步趋于零增长或负增长。

城市生活用水要以节水器具型节水和强化管理型节水并重,并要全面推行节水型用水器具,尤其是在公共市政用水和居民生活用水量大的洗涤、冲厕和淋浴方面重点采取节水措施,提高节水效率;加快城市供水管网技术改造,降低跑冒滴漏损失。

(4)实行计量征费和计划用水管理。根据国家法律法规,用水实现计量收费和超定额累进加价收费。计量不但是征费的基础,也是实行计划用水的基础。没有计量,用水统计无从谈起,计量收费和超定额累进加价收费也无从谈起。随着科技的发展,IC 卡和远程控制水表的安装,节水效果十分明显。据统计,安装 IC 卡水表可以节水20%～30%。现阶段虽然计划用水工作推行了近十年,但计划用水和超定额累进加价制度的实施还处于初级阶段,还没有完全推展开来。用水计划不但要对自备水源用水单位下达,而且要对使用集中供水的用水单位下达，并进行统一考核。建议城市水价每年进行不断调整，采用按水量累进计价。

(5)加快城市污水处理回用。城市污水排放系数在0.7以上，水量较大，城市污水经过深度处理以后，可以作为回用水。回用水不但可以节省宝贵的水资源，减轻城市供水压力，也有利于控制过量开采地下水引起的地面沉降和下降等环境地质问题，而且也能够减轻水污染，保护水环境，促进生态的良性循环。回用水可以用于工业、农业、城市杂用和回灌地下水等，因此，回用水对生态城市建设是非常必要的。

(6)理顺节水管理体制。在水资源的开发利用过程中，还存在着水源与供水、供水与用水、用水与排水、排水与污水处理和回用分割脱节的问题。由于各主管部门对水的利用着眼点和指导思路以及利益关系有较大的差别，使得各自在政策导向和工作目标上难以达成一致，扰乱了人与水、社会经济建设和水的协调关系。应当建立在政府的指导下，建立水务管理统一的、经市场调节的节水管理体制，实现水的最大效益。

(7)调整产业结构。经济的快速发展使城市用水量大幅度增长，特别是工业中重工业的发展与产业布局过于集中，使区域用水更为紧张。为保障城市水资源的可持续利用，城市要率先实现信息化，带动工业化进程中的节水型产业结构调整，即依据城市的水资源条件调整、优化产业结构，限制高耗水产业的发展，着力培植极低耗水的知识密集型产业和高技术密集型产业；调整工业空间结构和布局，以使有限的水资源发挥最大的经济效益。

对于产业结构的调整，针对水资源短缺的现实，政府应在政策、经济、科技等宏观调控手段上进行调控，同时，利用水资源论证和水资源取水许可，以及提高水资源费或供水价格来减少高耗水、耗能的用水量，积极引导产业结构的调整，促进节水节能的产业发展。

(8)完善节水法律法规。建立完善的水资源法规政策，加强水资源的统一管理体制，健全水资源的执法监督机制，是水资源可持续利用、保障经济可持续发展的必要前提。我国应尽快制定城市水资源管理的有关法律，对城市水资源管理主体、执法主体及其机构设置、职责权限、管理体制与机制等做出规定;特别要对水资源的所有权和调配制度,对水资源的保护和治理以及相应的科技研究开发、推广应用的经费投入制度,对水资源费的征收和管理制度,对水价的确定、征收和管理制度等做出统筹、具体的明确规定,弥补现行节水法律的空白。

六、发展节水技术的保障措施

完善法律法规,建立激励和约束机制,健全技术服务体系,推动节水技术发展与应用。

1. 加强节水法制建设和行政管理

(1)依据《中华人民共和国水法》和《中华人民共和国清洁生产法》等法律,研究制定有关促进节水技术发展的法规和标准。

(2)中央和地方在编制发展规划和专项规划中,把节水技术进步放在重要位置。

(3)重点节水技术的研究和开发,应列入国家中长期科学和技术发展规划纲要及相关国家科技开发计划。

(4)国家定期发布"淘汰落后的高耗水工艺和设备(产品)目录"和"鼓励使用的节水工艺和设备(产品)目录"。

2. 建立发展节水技术的激励机制和约束机制

(1)国家和地方政府要重视节水关键技术开发、示范和推广工作,并给予必要的资金支持。

(2)对于以废水(液)为原料生产的产品,符合《资源综合利用目录(2003 年修订)》的,按国家有关规定享受减免所得税的政策。

(3)鼓励发展污水再生利用、海水与微咸水利用等非常规水资源利用产业。再生水生产企业和利用海水生产淡水的企业,享受国家有关优惠政策。

(4)对列入国家鼓励发展的节水技术、设备目录的设备,按国家有关规定给予税收优惠。

(5)国家、地方政府、企业组织实施的节水工程,应优先选择《中国节水技术政策大纲》(以下简称《大纲》)推荐的节水工艺、技术和设备。对一些重大项目,国家和地方政府应给予资金补助支持。

(6)引导社会投资节水项目,特别是引导金融机构对重点节水项目给予贷款支持。鼓励多渠道融资,加大对节水技术创新和节水工程的投入。

(7)建立充分体现我国水资源紧缺状况,以节水和合理配置水资源、提高用水效率、促进水资源可持续利用为核心的水价机制。扩大水资源费征收范围并适当提高征收标准。逐步提高水利工程供水价格,优先提高城市污水处理费征收标准,合理确定再生水价格。大力推行阶梯式水价、超计划超定额取水加价等科学合理的水价制度。

(8)新建、扩建和改建项目在实行“三同时、四到位”制度(即节水设施必须与主体工程同时设计、同时施工、同时投入运行。用水单位要做到用水计划到位、节水目标到位、节水措施到位、管水制度到位)过程中,应积极采用《大纲》推荐的节水技术。

(9)建立和完善用水总量控制和定额管理制度。结合行业、地区特点,建立以取水定额为核心的考核、评价、管理体系。

(10)加强对重点用水单位取水定额执行情况、节水新技术、新产品推广使用情况和国家明令淘汰的高耗水的落后工艺、技术和设备淘汰情况的监督检查。新建用水工程(项目),不得采用《大纲》和国家明令淘汰的落后工艺、技术和设备。

(11)建立节水产品认证制度,规范节水产品市场。

3. 建立健全节水技术的研究开发和推广服务体系

(1)加强节水技术创新体系建设。建立节水重点实验室和工程技术中心,加快节水技术的研究开发。

(2)加强节水技术推广服务体系建设。组织开展技术交流、技术推广、技术咨询、信息发布、宣传培训等活动。

(3)加强节水标准体系建设。建立和完善取水定额标准体系,完善节水基础标准、节水考核标准、节水设施和产品标准、节水技术规范。

(4)积极推动节水技术国际交流与合作,引进和消化吸收国外先进的节水技术,加快发展具有自主知识产权的节水技术和产品。

(5)开展节水宣传教育活动。采取各种有效形式,开展节水技术科普宣传,加快节水技术的推广。

第七章　小城镇污水处理

第一节　概　　述

一、污水的来源

小城镇污水由生活污水、工业废水和一部分城镇地表径流（雨水或雪水）组成。城市生活污水约占33%；城市工业废水约占56%。

（1）生活污水是在日常生活中使用过的，并为生活废料所污染的水，主要来自家庭、商业、机关、学校、医院及工厂的生活设施等。生活污水主要含有碳水化合物、蛋白质、脂肪、氨基酸等有机物，一般没有毒性，且具有一定的肥效，可用来灌溉农田。

（2）工业废水是在工矿企业生产过程中使用过的水，分为生产污水和生产废水。生产污水是指在工矿企业生产过程中被生产原料、中间产品或成品污染的水，是城市污水有毒有害污染物的主要来源，需局部处理达标后才能排入城市排水管网；生产废水是指未直接参与生产工艺、未被生产原料等物料污染或温度略有上升的水，如冷却水。由于其污染程度低，一般不需处理或仅需进行简单处理，是较好的再生水源。

（3）城市地表径流是由雨（或雪）降至地面所形成的，其中含有淋洗大气及冲洗构筑物、地面废渣、垃圾所携带的各种污染物。这种污水的水质、水量随季节和时间变化，成分较复杂。

二、主要污染物

1. 无机污染物

（1）有直接毒害作用的无机污染物。这类污染物主要有氰化物、砷化物和重金属离子，如汞、镉、铬、铅以及锌、铜、钴、镍、锡等，具体见表7-1。

表 7-1 有直接毒害作用的无机污染物

序号	名称	内容
1	汞	汞的化合物分为无机汞化合物和有机汞化合物两大类。无机汞有升华性能,可从液态、固态直接升华为气态汞,由于汞蒸气具有高度的扩散性和较大的脂溶性,通过呼吸道进入肺泡,经血液循环遍布全身。血液中的金属汞进入脑组织后,被氧化成汞离子,逐渐在脑组织中积累,达到一定量时,就会对脑组织造成损害;另外一部分汞离子会转移到肾脏。 含汞废水主要来自氯碱工业、聚氯乙烯、乙醛、醋酸乙烯的合成工业以及仪表电气工业。 我国饮用水和农田灌溉水,均要求含汞浓度不得超过 0.001 mg/L,渔业用水要求更为严格,不得超过 0.000 5 mg/L
2	镉	镉是一种典型的累积富集型毒物,主要积累在肾脏和骨骼中,引起肾功能失调,骨质中钙被镉所取代,使骨质疏松,自然骨折,疼痛难忍。含镉废水主要来自采矿、冶金、电镀、玻璃、陶瓷、塑料等工矿企业。 我国《城市供水水质标准》(CJ/T 206—2005)规定镉的限值为0.003 mg/L,农田灌溉与渔业用水标准规定不大于 0.005 mg/L
3	铅	铅在人体中属累积性毒物,成年人每日摄取量低于 0.32 mg 时,可排出体外而不积累;摄取 0.5~0.6 mg,在人体内有少量累积,但不会危及健康;若摄取量超过 1.0 mg,则会在人体内产生明显的累积作用。铅离子与人体内多种酶络合,会干扰机体多项生理功能,危及神经系统、造血系统、循环系统和消化系统,引起慢性中毒。 含铅废水主要来自采矿、冶炼、化工、蓄电池、颜料等工矿企业。 我国《城市供水水质标准》(CJ/T 206—2005)规定铅的限值为0.01 mg/L,农田灌溉与渔业用水都要求铅的浓度不大于 0.1 mg/L
4	铬	铬在废水中以六价铬和三价铬的形态存在。六价铬的毒性相对较大。人体摄入后,会引起神经系统中毒。 含铬废水主要来自电镀、制革以及铬矿开采等工矿企业。 我国《城市供水水质标准》(CJ/T 206—2005)规定铬(六价)浓度不得超过 0.05 mg/L,农田灌溉与渔业用水要求铬(六价)不大于 0.1 mg/L

续表

序号	名称	内　　容
5	砷	砷是常见的污染物之一，以水中砷总量计。砷不溶于水，几乎没有毒性，但在空气中极易被氧化为剧毒的三氧化二砷，即砒霜。砷的化合物有固态、气态和液态三种形式：固态的有 As_2O_3、As_2S_2、As_2S_3 等，液态的有 $AsCl_3$，气态的有 AsH_3。水环境中的砷多以三价砷和五价砷形态存在，对于哺乳动物和水生生物而言，三价砷的毒性高于五价砷。含砷废水主要有化工、有色冶金、炼焦、火力发电、造纸、皮革等工业污水，其中，冶金、化工工业污水的含砷浓度较高。 我国《城市供水水质标准》(CJ/T 206—2005)规定砷的限值为 0.01 mg/L
6	氰化物	氰化物是一种毒理学指标，以水中氰化物总量计。其可分为简单氰化物、氰络合物和有机氰化物(腈)三类。常见的简单氰化物有氰化氢、氰化钠和氰化钾，易溶于水，有剧毒，一般人误服 0.1 g/次左右就会死亡。长期毒害鱼类的氰化物阈值为 0.1 mg/L，当超过 0.3 mg/L 时就会影响微生物对水体的自净作用。 天然水体因受电镀、煤气、炼焦、化纤、选矿和冶金等工业污水的污染而产生氰化物，其本身一般不含有氰化物。地表水中氰化物可以很快降解，水温越高，pH 值越低，降解速度越快。 我国《城市供水水质标准》(CJ/T 206—2005)规定，氰化物含量不大于 0.05 mg/L
7	其他	其他有直接毒害作用的无机污染物有锌、铜、钴、镍、锡等

(2)无直接毒性的无机污染物。

1)颗粒状物质。泥沙、矿渣等属于颗粒状无机物质，无毒性。它们和有机性颗粒状污染物质统称为悬浮固体或悬浮物。按相对密度分为三类：当相对密度小于水的悬浮物时形成浮渣；当相对密度接近或等于水的悬浮物时则在水中呈悬浮状态；当相对密度大于水的悬浮物时称为可形成沉固体或污泥。

2)酸度和碱度。酸度包括无机酸、有机酸、强酸弱碱盐等。地面水中，由于溶入二氧化碳和被机械、矿业、电镀、农药、印染、化工等行业排放的含酸废水污染，使水体 pH 降低，破坏了水生生物和农作物的正常生活及生长条件，造成鱼类死亡、作物受害。

碱度包括强碱、弱碱、强碱弱酸盐等。天然水中的碱度主要是由重碳酸盐、碳酸盐和氢氧化物引起的，其中重碳酸盐是水中碱度的主要形式。污染源主要有：造纸、印染、化工、电镀等行业的废水及洗涤剂，化肥和农业在使用过程中的流失。

若天然水体长期遭受酸、碱污染时，将使水质逐渐酸化或碱化，从而对正常生态系统产生影响。

3）植物性营养物质。氮、磷主要来源于人类、动物的排泄物及某些工业污水，为植物性营养物质。由于氮、磷等植物性营养物质的排入引起水体中藻类大量繁殖的现象，主要表现为绿藻和蓝藻的大量生长，也称水华现象；在河口、海湾等区域的水体富营养化会导致红藻等藻类的大量繁殖，也称赤潮现象。湖沼学家认为，富营养化是湖泊衰老的一种表现。由于藻类的大量繁殖，一方面占据水体空间、阻塞水道，影响鱼类活动；另一方面藻类的呼吸作用和死亡藻类的分解，使水体中溶解氧含量大大降低，直接影响鱼类的生存。在自然界物质的正常循环过程中，也有可能使某些湖泊由贫营养湖发展为富营养湖，进一步发展为沼泽和湿地。水体富营养化的防治是小城镇水环境保护中的重要问题，日益受到重视。

①含氮化合物。含氮化合物包括有机氮（如氮化合物、多肽、氨基酸和尿素）和无机氮（氨氮、亚硝酸盐氮和硝酸盐氮）等。水中的氨氮主要来源于生活污水中含氮有机物受微生物作用的分解产物，焦化、合成氨等工业污水，以及农田排水等。氨氮含量较高时，如超过 1600 mg/L（以 N 计）时，对微生物的新陈代谢会产生抑制作用，对人体也有不同程度的危害。

②含磷化合物。天然水中的磷含量通常很少，一般不超过 0.1 mg/L。磷主要来源于合成洗涤剂和食物中蛋白质的分解产物。化肥、农药、合成洗涤剂、冶炼等行业的工业污水中磷含量较高。由于化肥和有机磷农药的大量使用，农田排水中含有大量的磷。在锅炉给水中磷酸盐常作为防垢剂。

4)热污染。热污染的危害主要如下。

①降低水体溶解氧浓度,减慢大气中的氧向水体传递的速率,从而加快水生生物的耗氧速度,促使水体中溶解氧更快地被消耗殆尽,造成鱼类和水生生物因缺氧而死亡,水质迅速恶化。

②提高化学反应速度,水温每升高 10 ℃,化学反应速度加快一倍,故会导致水体的物理化学性质,如离子浓度、电导率、溶解度和腐蚀性的变化,臭味加剧。

③加速细菌繁殖。

④促进藻类的增殖,从而加剧水体富营养化进程。

2. 有机污染物

(1)可降解的有机污染物。可降解的有机污染物为碳水化合物、蛋白质、脂肪等自然生成的有机物,性质极不稳定。在缺氧或好氧的条件下,借助于微生物的新陈代谢降解为无机物。

有机物在微生物作用下好氧分解大体上分为以下两个阶段。

1)含碳物质氧化阶段,主要是含碳有机物氧化为二氧化碳和水。

2)硝化阶段,主要是含氮有机化合物在硝化菌的作用下分解为亚硝酸盐和硝酸盐。

(2)难降解的有机污染物。难降解的有机污染物多是人工合成有机物,化学性质比较稳定,不易被微生物降解。工业污水中生物难降解有机污染物主要有农药、酚、取代苯类化合物和高分子合成聚合物等。以有机氯农药为例,其化学稳定性很强,在自然环境中的半衰期为十几年到几十年。有机氯农药属疏水亲油物质,能够被胶体颗粒和油粒吸附并随它们在水中扩散,还能在水生生物体内大量富集,富集后的浓度是水体的几十倍甚至几百万倍,然后经食物链进入人体,积累在脂肪含量高的组织中,达到一定浓度后,对人体发生毒害作用。此外,如聚氯联苯、联苯氨、稠环芳烃等都是较强的“三致”(致癌、致突变、致畸)物质。

第二节　再生水利用类型及处理

一、再生水水源

再生水水源应以生活污水为主，尽量减少工业废水所占的比例。

进入城市排水系统的城市污水，一般情况下可作为再生水水源，但其水质必须保证对后续再生利用不产生危害。

城市污水再生利用的可行性表现在以下几个方面。

(1)城市污水量大、集中，不受气候等自然条件的影响，水质水量变化幅度小，是较稳定的供水水源。

(2)城市污水厂一般建在城市附近，与跨流域调水、远距离输水相比，可大大节省取水、输水的基建投资和运行费用。

(3)污水处理厂因增加深度处理单元而增加的投资少于新建水厂的投资，故可节省部分新建给水处理厂的费用。

(4)城市污水处理后回用减少了污水排放量，从而可以减轻对水体的污染，促进生态环境的改善。

(5)城市污水再生利用开辟了第二水源，减少了城市新鲜水的取用量，减轻城市供水不足的压力。

二、再生水利用方式

再生水利用有直接利用和间接利用两种方式。直接利用是指由再生水厂通过输水管道直接将再生水送给用户使用；间接利用就是将再生水排入天然水体或回灌到地下含水层，在进入水体到被取出利用的时间内，在自然界中经过稀释、过滤、挥发、氧化等过程获得进一步净化，然后取出供不同地区用户不同时期使用。

直接利用通常有以下三种方式。

(1)大型公共建筑和住宅楼群的污水，就地处理，循环再用。

(2)由再生水厂敷设专用管道供大工厂使用。

(3)敷设再生水供水管路，与城市供水管网一起形成双供水系统，一部分供给工业作为低质用水使用;另一部分供给城市绿化和景观水体使用。

三、城市污水再生利用分类

再生水利用应满足以下要求。

(1)对人体健康不应产生不良影响。

(2)对环境质量和生态循环不应产生不良影响。

(3)用于生产目的不应对产品质量产生不良影响。

(4)再生水应为使用者及公众所接受。

(5)再生水的水质应符合各类用途规定的水质标准。

对于一项再生水利用工程,最重要的是必须向用水对象提供能满足其安全使用的再生水。污水经再生处理后,可以用作农、林、牧、渔业用水,城市杂用水,工业用水,环境用水,补充水源水等,详见表 7-2。

表 7-2　城市污水再生利用类型

序号	分类	范围	示例
1	农、林、牧、渔业用水	农田灌溉	种子与育种、粮食与饲料作物、经济作物
		造林育苗	种子、苗木、苗圃、观赏植物
		畜牧养殖	畜牧、家畜、家禽
		水产养殖	淡水养殖
2	城市杂用水	城市绿化	公共绿地、住宅小区绿化
		冲厕	厕所便器冲洗
		道路清扫	城市道路的冲洗及喷洒
		车辆冲洗	各种车辆冲洗
		建筑施工	施工场地清扫、浇洒、灰尘抑制、混凝土制备与养护、施工中的混凝土构件和建筑物冲洗
		消防	消火栓、消防水炮

续表

序号	分类	范围	示例
3	工业用水	冷却用水	直流式、循环式
		洗涤用水	冲渣、冲灰、消烟除尘、清洗
		锅炉用水	中压、低压锅炉
		工艺用水	溶料、水浴、蒸煮、漂洗、水力开采、水力输送、增湿、稀释、搅拌、选矿、油田回注
		产品用水	浆料、化工制剂、涂料
4	环境用水	娱乐性景观环境用水	娱乐性景观河道、景观湖泊及水景
		观赏性景观环境用水	观赏性景观河道、景观湖泊及水景
		湿地环境用水	恢复自然湿地、营造人工湿地
5	补充水源水	补充地表水	河流、湖泊
		补充地下水	水源补给、防止海水入侵、防止地面沉降

1. 农、林、牧、渔业用水

再生水用于农业应按照农灌的要求安排好再生水的使用，污水处理后用于农业灌溉。一方面可以供给作物需要的水分，减少农业对新鲜水的消耗；另一方面再生水中含有氮、磷和有机质，有利于农作物的生长。

2. 城市杂用水

再生水可作为生活杂用水和部分市政用水，包括冲洗厕所、车辆冲洗、城市绿化、道路清扫以及建筑施工用水、消防用水等。

3. 工业用水

再生水在工业中的主要作用有冷却用水、洗涤用水、锅炉用水及工艺用水、产品用水等。其中用量最大的是冷却用水，用再生水作为冷却水，可以节省大量的新鲜水。因此，工业用水中的冷却水是城市污水再生利用的主要对象。

4. 环境用水

再生水用于观赏性景观环境用水、娱乐性景观环境用水，也可以用于湿地环境用水。观赏性景观环境用水是指人体非直接接触的景观环境用水，包括不设娱乐设施的景观河道、景观湖泊及其他观赏性景观用水。娱乐性景观环境用水是指人体非全身性接触的景观环境用水，包括设有娱乐设施的景观河道、景观湖泊及其他娱乐性景观用水。湿地环境用水用于恢复天然湿地、营造人工湿地。上述水体可以由再生水组成，也可以是部分由再生水组成（另一部分由天然水或自来水组成）。

5. 补充水源水

可以有计划地将城市再生水通过井孔、沟、渠、塘等水工构筑物从地面渗入或注入地下补给地下水，增加地下水资源。地下回灌是扩大再生水用途最有益的一种方式。在河道上游地区，城市污水经再生处理后可排入水体，然后成为下游或当地的饮用水源。

四、再生水的水质标准

根据使用用途的不同，再生水应符合相应的水质标准。当再生水用于多种用途时，其水质标准应按最高要求确定。对于向服务区域内多用户供水的城市再生水厂，可按用水量最大用户的水质标准确定；个别水质要求更高的用户，可自行补充处理，直至达到该水质标准。

(1)再生水用于工业。再生水用于工业，其水质应符合现行《城市污水再生利用　工业用水水质》(GB/T 19923—2005)中规定的“基本控制项目及指标限值”，详见表 7-3。

(2)再生水用作农业用水。《城市污水再生利用　农田灌溉用水水质》(GB 20922—2007)标准，规定了城市污水再生处理后用于农田灌溉的“基本控制项目及水质指标最大限值”和“选择控制项目及水质指标最大限值”。对城市再生水灌溉农田的水质要求主要基于以下原则。

表 7-3 再生水用作工业用水水源的水质标准

序号	控制项目		冷却用水		洗涤用水	锅炉补给水	工艺与产品用水
			直流冷却水	敞开式循环冷却水系统补充水			
1	pH 值		6.5～9.0	6.5～8.5	6.5～9.0	6.5～8.5	6.5～8.5
2	悬浮物(SS)/(mg/L)	≤	30	—	30	—	—
3	浊度(NTU)	≤	—	5	—	5	5
4	色度/度	≤	30	30	30	30	30
5	生化需氧量(BOD_5)/(mg/L)	≤	30	10	30	10	10
6	化学需氧量(COD_{Cr})/(mg/L)	≤	—	60	—	60	60
7	铁/(mg/L)	≤	—	0.3	0.3	0.3	0.3
8	锰/(mg/L)	≤	—	0.1	0.1	0.1	0.1
9	氯离子/(mg/L)	≤	250	250	250	250	250
10	二氧化硅(SiO_2)	≤	50	50	—	30	30
11	总硬度(以 $CaCO_3$ 计)/(mg/L)	≤	450	450	450	450	450
12	总碱度(以 $CaCO_3$ 计)/(mg/L)	≤	350	350	350	350	350
13	硫酸盐/(mg/L)	≤	600	250	250	250	250
14	氨氮(以 N 计)/(mg/L)	≤	—	10①	—	10	10
15	总磷(以 P 计)/(mg/L)	≤	—	1	—	1	1
16	溶解性总固体/(mg/L)	≤	1 000	1 000	1 000	1 000	1 000
17	石油类/(mg/L)	≤	—	1	—	1	1
18	阴离子表面活性剂/(mg/L)	≤	—	0.5	—	0.5	0.5
19	余氯②/(mg/L)	≤	0.05	0.05	0.05	0.05	0.05
20	粪大肠菌群/(个/L)	≤	2 000	2 000	2 000	2 000	2 000

① 当敞开式循环冷却水系统换热器为铜质时，循环冷却系统中循环水的氨氮指标应小于 1 mg/L。

② 加氯消毒时管末梢值。

1)城市再生水灌溉农田不对公众健康造成危害，不明显影响农作物正常生长和产量。

2)与我国农田灌溉、水质标准、地表水水质标准等相关水质标准相衔接,同时,充分考虑再生水农田灌溉的特性。由于我国城镇污水收集系统中除生活污水外,还含有部分工业废水,制定的城市再生水灌溉农田控制指标比国家农田灌溉水质标准更为严格。

3)根据灌溉作物的类型,对水质要求进行调整。

4)适时、适量灌溉,不对农产品、土壤肥力性状、理化性质及地下水造成不良影响。

(3)用作城市杂用水。再生水用于厕所便器冲洗、城市绿化、车辆冲洗、道路清扫、消防及建筑施工等城市杂用时,其水质应符合现行《城市污水再生利用 城市杂用水水质》(GB/T 18920—2002)的规定。

(4)用作环境用水。当再生水作为景观环境用水时,其水质应符合《城市污水再生利用 景观环境用水水质》(GB/T 18921—2002)的规定,详见表7-4。

表7-4　环境用水的再生水水质标准

序号	项目	观赏性景观环境用水			娱乐性景观环境用水		
		河道类	湖泊类	水景类	河道类	湖泊类	水景类
1	基本要求	无飘浮物,无令人不愉快的嗅和味					
2	pH值(无量纲)	6～9					
3	五日生化需氧量(BOD_5) ≤	10	6		6		
4	悬浮物(SS) ≤	20	10		—①		
5	浊度(KTU) ≤	—			5.0		
6	溶解氧 ≥	1.5			2.0		
7	总磷(以P计) ≤	1.0	0.5		1.0	0.5	
8	总氮 ≤	15					
9	氨氮(以N计) ≤	5					
10	粪大肠菌群(个/L) ≤	10 000		2 000	500		不得检出

续表

序号	项目		观赏性景观环境用水			娱乐性景观环境用水		
			河道类	湖泊类	水景类	河道类	湖泊类	水景类
11	余氯[②]	≥	0.05					
12	色度/度	≤	30					
13	石油类	≤	1.0					
14	阴离子表面活性剂	≤	0.5					

注:1. 对于需要通过管道输送再生水的非现场回用情况采用加氯消毒方式,而对于现场回用情况不限制消毒方式。

2. 若使用未经过除磷脱氮的再生水作为景观环境用水,鼓励使用 GB/T 18921—2002 的各方在回用地点积极探索通过人工培养具有观赏价值水生植物的方法,使景观水体的氯磷满足相关要求,使再生水中的水生植物有经济合理的出路。

① “—”表示对此项无要求。

② 氯接触时间不应低于 30 min 的余氯。对于非加氯消毒方式无此项要求。

(5)回灌地下水。为防止地下水污染,地下回灌水质必须满足一定的要求,地下回灌水质要求因回灌地区水文地质条件、回灌方式、回用用途不同而有所不同。《城市污水再生利用 地下水回灌水质》(GB/T 19772—2005)规定了地下水回灌水质的“基本控制项目及限值”和“选择控制项目及限值”。利用城市污水再生水进行地下水回灌,应根据回灌区水文地质条件确定回灌方式。采用地表回灌时,表层黏性土厚度不宜小于 1 m,若小于 1 m,则按井灌要求执行。回灌前,应对回灌水源的基本控制项目和选择控制项目进行全面的检测,确定选择控制项目,满足 GB/T 19772 的规定后方可进行回灌。

五、再生处理技术

对污水处理厂出水、工业排水、生活污水等非传统水源进行回收,经适当处理后达到一定水质标准,并在一定范围内重复利用的水资源称为“再生水”。目前,再生处理的单元技术多采用混凝、沉淀、过滤等。

1. 混凝

向水中投加药剂能破坏水中胶体颗粒的稳定状态,使颗粒易于相互接触而吸附称为凝聚;在一定水力条件下,通过胶粒间以及和其他微粒间的相互碰撞和聚集,从而形成易于从水中分离的絮状物质,称为絮凝。混凝是凝聚和絮凝的总称。

在污水的再生过程中,混凝处理的对象是污水厂的二级处理出水。二级出水中形成浊度的物质以胶体和菌胶团微粒为主,不同于天然水体中所含的泥砂等无机物,因此,污水的混凝处理不同于给水处理过程中的混凝。其主要区别是:由于污水中生物微粒的存在,并且这种微粒与药剂以及微粒间亲和力强,因而投加药剂后,混凝过程可在相对较短的时间内完成。

2. 沉淀和澄清

(1)沉淀。悬浮的固体颗粒从水中分离出来的过程称为沉淀。按照水中固体颗粒的性质及浓度,分为自然沉淀、凝聚沉淀、拥挤沉淀和化学沉淀。

使颗粒依靠自身重力从流动的水流中分离出来的构筑物称为沉淀池。其主要功能是使水澄清和排除沉淀的杂质。根据水在沉淀池中的流动方向和结构形式,分为平流式沉淀池、斜管(板)沉淀池、竖流式沉淀池、辐流式沉淀池四种基本类型。其中,平流式沉淀池又分为单层(直流式、折流式、回流式)、多层、多层多格沉淀池等形式;斜管(板)沉淀池又分为侧向流、上向流、同向流、迷宫式(即带翼斜板)等形式。

(2)澄清。澄清是在水中建立一定浓度的悬浮活性泥渣,使加药后水中的脱稳杂质与悬浮活性泥渣相互接触、吸附、凝聚、分离的一种净化方式。澄清池将混凝及絮凝体与水分离的过程综合于一个构筑物中完成,简化了水处理工艺。与平流式沉淀池相比,澄清池具有占地小、投资省、处理效率高等优点,目前使用较为广泛。

澄清池的种类和形式很多,就其作用方式大致可分为悬浮泥渣型和循环泥渣型两类。

3. 过滤

过滤主要去除水中的悬浮物和胶体,对含无机性悬浮物的污水,可采用直接过滤；对含有机性悬浮物的污水可采用混凝过滤，根据有机性悬浮物的含量，可设沉淀池或在混凝后直接过滤。

过滤形式主要有以下两种。

(1)快滤池：可去除生化处理后污水中的 50%～60%的 BOD，40%～70%的悬浮物，10%的氨氮，适用任何污水的再生过程。

(2)深层过滤：采用单层均质较大颗粒无烟煤、石英砂或双层、三层滤料。深层过滤能承受较高的悬浮固体负荷以及由于生化或物化预处理失常引起的负荷波动。

4. 消毒

消毒方法可分为物理消毒和化学消毒两大类。物理方法有加热法、紫外线法、超声波法等；化学方法有加氯法(或加漂白粉)、臭氧法或其他氧化剂法等。

(1)氯消毒。氯消毒主要依靠次氯酸起消毒作用。原理如下：

$$Cl_2 + H_2O \rightleftharpoons HOCl + H^+ + Cl^-$$

次氯酸是一种弱电解质，它按下式离解成 H^+ 和 OCl^-：

$$HOCl \rightleftharpoons H^+ + OCl^-$$

(2)臭氧消毒。净水工艺中采用具氧消毒已有悠久历史，几乎与最常用的氯消毒同时开始被采用，由于臭氧与氯相比具有较高的氧化电位，因此，它比氯消毒具有更强的杀菌作用，对细菌的作用也比氯快，消耗量明显较小，且在很大程度上不受 pH 的影响。

(3)二氧化氯消毒。加氯消毒一直是水处理中广泛采用的消毒方法。二氧化氯是介于氯和臭氧之间的强氧化剂，具有广谱杀菌的消毒效果，对经水传播的病原微生物，包括病菌、芽孢以及水中异养菌、硫酸盐菌及真菌等具有很好的杀灭作用，有效 pH 范围为 3～9。此外，二氧化氯还具有脱色、除臭及微絮凝效果。

二氧化氯能较好地杀灭细菌、病毒，且不会对动、植物机体产生损伤，其原因在于细菌细胞结构与人体、植物截然不同。细菌属原核细胞生物，其绝大多数酶系统分布于细胞膜近表面，易受攻击；而动、植物细胞属真核细胞，其酶系统多深入细胞内细胞器中，而得到保护，不易接触、伤害。另外，高等动、植物机体在受到外来侵害时，会自动产生抵抗外来物质的保护系统，从而完全保证机体不受二氧化氯伤害。

(4)紫外线消毒法。紫外线的波长范围为 200～390 nm，而以波长 260 nm 左右的紫外线杀菌能力最强。这是因为细菌细胞内的许多化学物质尤其是遗传物质脱氧核糖核酸 DNA 对紫外线具有强烈吸收作用，而 DNA 对紫外线的吸收峰在 260 nm 处，这些化学物质吸收紫外线后就会发生分子结构的破坏，引起菌体内蛋白质和酶的合成发生障碍，最终导致细菌死亡。紫外线消毒的特点是：无须化学药品；杀菌作用快；无臭味；无噪声；容易操作；管理简单；运行和维修费用低；处理水量较小。

(5)电场消毒法。电场消毒法是一种新型的物理法水处理技术，原理是：水流经电场水处理器时，水中细菌、病毒的生态环境发生变化，导致其生存条件丧失而死亡。其特点如下。

1)体积小，易于安装，不需专人管理。

2)属物理处理技术，处理过程中不投加任何化学药剂，不污染环境。

3)操作简单，运行可靠，杀菌率至少大于 90%，极端情况可达 99.99%。

4)杀菌速度快，运行费用低。

(6)协同消毒作用。受单一消毒方法的局限性，在消毒中采用两种以上消毒剂或消毒措施的协同消毒方法提高消毒效果已备受关注，并已逐渐推广并应用。主要有以下几项协同作用。

1)物理消毒法与物理消毒法的协同作用，如超声波与紫外辐射相结合或超声波与电场消毒相结合，据报道消毒效果极佳。

2)化学消毒法与化学消毒法的协同作用，如高锰酸钾与氯消毒结合。

3)物理消毒法与化学消毒法的协同作用，如光激发催化氧化与紫外辐射相结合。

5. 活性炭吸附

污水处理厂二级出水经混凝、沉淀、过滤后，其出水水质仍达不到再生水水质要求时，可选用活性炭吸附工艺，其设计宜符合下列要求。

(1)当选用粒状活性炭吸附处理工艺时,宜进行静态选炭及炭柱动态试验,根据被处理水水质和再生水水质要求,确定用炭量、接触时间、水力负荷与再生周期等。

(2)用于污水再生处理的活性炭,应具有吸附性能好、中孔发达、机械强度高、化学性能稳定、再生后性能恢复好等特点。

(3)活性炭再生宜采用直接电加热再生法或高温加热再生法。

(4)活性炭吸附装置可采用吸附池,也可采用吸附罐。其选择应根据活性炭吸附池规模、投资、现场条件等因素确定。

6. 化学氧化和化学除磷

(1)化学氧化。化学氧化技术有臭氧氧化、二氧化氯氧化、高锰酸钾氧化及过氧化氢氧化等。其中,臭氧氧化在污水的再生处理中应用较为普遍。臭氧是氧气的同素异形体,组成元素相同,构成形态相异,性质差异很大。臭氧有很强的氧化能力,其氧化还原电位仅次于氟。

臭氧能够氧化许多有机物,如蛋白质、氨基酸、有机胺、链型不饱和化合物、芳香族、木质素、腐殖质等,目前在水处理中,采用COD和BOD作为测定这些有机物的指标,臭氧在氧化这些有机物的过程中,将生成一系列中间产物,这些中间产物的COD和BOD值有的比原反应物高。为降低COD和BOD,必须投加足够的臭氧,以使有机物氧化彻底,才能转化为无机物,因此,单纯采用臭氧来氧化有机物以降低COD和BOD一般不如生化处理经济。但在污水的再生处理中,有机物浓度较低,采用臭氧氧化法不仅可以有效地去除水中有机物,而且反应快,设备体积小。尤其水中含有酚类化合物时,臭氧处理可以去除酚所产生的恶臭。另外,某些有机物,如表面活性剂(ABS等),微生物无法使其分解,而臭氧却很容易氧化分解这些物质。

(2)化学除磷。污水经生物除磷工艺后,仍达不到再生水水质要求时,可化学除磷。除磷就是向污水中投加药剂,与磷反应形成不溶性磷酸盐,然后通过沉淀(或澄清)除磷。

7. 脱氨

在经过二级处理后的城镇污水中,90%以上的氮以氨氮的形式存在,以氨氮的形式脱氮,比去除硝酸盐氮容易且经济。

(1)吹脱法。吹脱法是在碱性条件下,利用氨氮的气相浓度和液相浓度之间的气液平衡关系进行分离的一种方法。吹脱工艺一般有两种:吹脱池和吹脱塔;由于前者效率低,易受外界环境影响,因此多采用逆流吹脱塔。

吹脱法的特点是:去除效率稳定,工艺流程简单,操作简便,建设费以及运行费都比较便宜,易于结合生化作深度处理;受 pH、温度影响,水温低于 20 ℃处理效果急剧下降。

(2)沸石脱氨法。沸石脱氨法的特点是:去除率高,受外界环境影响小;技术尚处于理论研究阶段,现实应用技术不成熟,价格昂贵,需要考虑沸石的再生问题。

(3)膜分离技术。膜分离技术是利用膜的选择透过性进行氨氮脱除的一种方法。其优点是方法操作方便,氨氮去除率高,无二次污染,可实现氨氮回收利用。其缺点是一次性投资巨大,能耗高。

(4)折点加氯。折点加氯是利用强氧化剂将氨氮直接氧化成氮气进行脱除的一种方法。其特点是:可完全去除水中的氨,并且同时具有消毒的作用。

(5)生化处理。生化法脱氨即污水的生化处理停留在氨氮阶段,生物反应在完成碳的氧化后再完成氮物质的氧化,将氨氮氧化为亚硝酸盐和硝酸盐。此种方法需要延长生物处理的时间,并加大氧的消耗,造成生物处理的基建投资和供氧动力增加,增加污水再生成本。

8. 膜分离

膜分离技术可以有效地脱除地下水的色度,而且可降低生成 THM 的潜在能力。

(1)微滤。微滤又称微孔过滤,属于精密过滤,能够过滤微米级或纳米级的微粒和细菌,可去除沉淀不能去除的包括细菌、病毒和寄生生物在内的悬浮物,还可降低水中的磷酸盐含量。

(2)反渗透。反渗透技术是利用压力表差为动力的膜分离过滤技术,广泛运用于科研、医药、食品、饮料、海水淡化等领域。

反渗透膜过滤后的纯水电导率为 5 S/cm,符合国家实验室三级用水标准。再经过原子级离子交换柱循环过滤,出水电阻率可以达到

18.2 Ω·cm，超过国家实验室一级用水标准。反渗透可降低矿化度和去除总溶解固体(TDS)，对二级出水的脱盐率达90%以上，水的回收率约75%，COD和BOD的去除率约85%，细菌去除率超过90%。反渗透对氯化物、氮化物和磷也有优良的脱除性能。

(3)超滤。超滤是一个压力驱动的膜分离过程，能够将颗粒物质从流体及溶解组分中分离出来。超滤膜通常使用的材料都是高分子聚合物，其基本性质以疏水性为主，能够进行共混等亲水性改性。

超滤采用不易堵塞的外压式结构，具有更高的截污量、更大的过滤面积，清洗也更简便、彻底。流态设计以全流过滤为主，但元件也可以很方便地转换成错流过滤的模式。与错流相比，全流过滤能耗低、操作压力低，因而运行成本更低。相对的，错流过滤则能处理悬浮物更高的流体。因此，具体的操作形式需根据进水中悬浮物含量来确定。

超滤通常以恒流方式运行，跨膜压差(TMP)将随运行时间逐渐增加，此时通过定期的反洗或者气擦洗可以清除污染层，而使用杀菌剂或者其他清洗剂则能够更彻底地控制微生物繁殖，去除污染物。

(4)纳滤。纳滤是一种介于反渗透和超滤之间的压力驱动膜分离过程。纳滤分离作为一项新型的膜分离技术，技术原理近似机械筛分。

与超滤或反渗透相比，纳滤过程对单价离子和分子量低于200的有机物截留较差，而对二价或多价离子及分子量介于200～500之间的有机物有较高去除率，基于这一特性，纳滤过程主要应用于水的软化、净化以及相对分子质量在百级的物质的分离、分级和浓缩(如染料、抗生素、多肽、多醣等化工和生物工程产物的分级和浓缩)等。其主要用于脱除水中三卤甲烷中间体、异味、色度、农药、合成洗涤剂，可溶性有机物及蒸发残留物质。

(5)电渗析。利用半透膜的选择透过性来分离不同的溶质粒子(如离子)的方法称为渗析。在电场作用下进行渗析时，溶液中的带电的溶质粒子(如离子)通过膜而迁移的现象称为电渗析。现在广泛用于化工、轻工、冶金、造纸、医药工业，尤以制备纯水和在环境保护中处理“三废”最受重视。

电渗析与近年引进的另一种膜分离技术反渗透相比，价格更便宜，但脱盐率低。

实质上，电渗析可以说是一种除盐技术，因为各种不同的水（包括天然水、自来水、工业废水）中都有一定量的盐分，而组成这些盐的阴、阳离子在直流电场的作用下会分别向相反方向的电极移动。如果在一个电渗析器中插入阴、阳离子交换膜各一个，由于离子交换膜具有选择透过性，即阳离子交换膜只允许阳离子自由通过，阴离子交换膜只允许阴离子通过，这样，在两个膜的中间隔室中，盐的浓度就会因为离子的定向迁移而降低，而靠近电极的两个隔室则分别为阴、阳离子的浓缩室，最后在中间的淡化室内达到脱盐的目的。

第三节　小城镇再生水资源化利用

一、再生水资源化利用策略

水再生利用的目的是回收淡水资源以及污水中的其他能源和有用的物质，再生水资源利用的基本策略如下。

(1)综合考虑区域社会经济发展，各类水资源（包括污水在内）的开发分配以及水污染控制之间的关系，寻求最佳处理与回用结构体系，从而达到促进经济发展、充分与合理利用水资源、保护水体环境等目的。

(2)回用系统规划应选择区域回用水量大、工艺低质用水，工业冷却水，市政杂用，农业用水等作为回用目标，通过技术经济比较后确定。

(3)要搞好污水资源化工作，应将系统分析应用于再生水回用的决策与规划中。该回用系统是一个包括水资源、水环境等自然系统和社会经济人工系统在内的复合系统，不确定因素多，系统内部各系统之间、系统与外部环境之间都存在相互依存、错综复杂的关系，如

图 7-1所示。

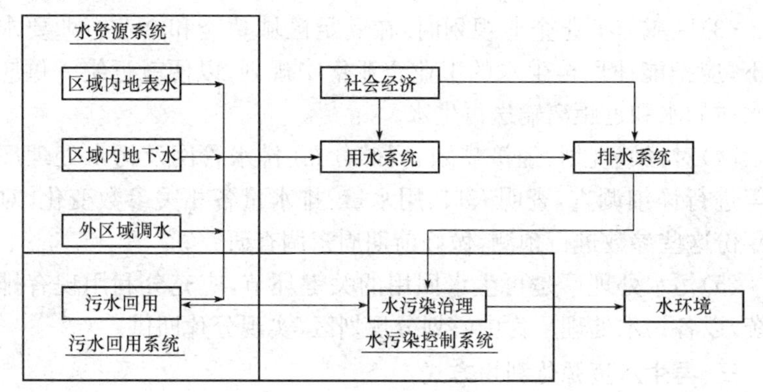

图 7-1 再生水回用系统与外界的关系

(4)为使再生水得到充分合理的利用,有关部门应出台明确的优惠政策和必要的强制性政策。

凡是能够利用再生水的工厂、企事业单位和居民都能享受优惠的自来水水价(额定指标内的自来水用水量)。凡积极使用再生水的单位和个人,其原核定的自来水用水指标不予减少。

对能够使用再生水的工厂、企事业单位(再生水水质能达到用水水质标准而无正当理由却不接受使用再生水的单位)进行宣传,协助解决思想和技术问题,并采取加倍收取自来水水费的临时措施,使其很快接受使用再生水。对仍坚持不使用再生水的要核减其自来水用水指标。

二、再生水资源化利用方法

污水资源化是城市水资源可持续利用的重要组成部分,是解决城市缺水、开源节流、减轻水体污染、改善生态环境最有效的途径之一,再生水资源化利用的基本方法如下。

(1)以小城镇污水的二级出水为水源,因小城镇污水量大,易汇集,可以成为统一稳定的水源。

(2)实行区域分质供水,城市污水的二级出水经适当处理后,通过专设回用管线,供给有关用户。

(3)区域与工业企业规划时,在满足区域功能和企业行业要求情况下,应把能使用再生水的工业企业集中规划,以便就近统一供应同一水质的水和近距离输送再生水。

(4)对区域规划、经济规划、厂矿分布、排水管网及污水处理厂现状等进行详细调查,查明人口、用水量、排水量各相关参数变化,对规划年份这些参数进行预测,做好前期周密调查研究。

(5)污水处理厂是再生水回用的关键环节,应充分利用现有排水系统,以各污水处理厂为中心划分规划区,实现分片回供。

三、再生水资源化利用方式

水资源再生利用是解决水资源短缺、缓解环境负荷的唯一手段,是实现可持续发展战略的有效措施之一。再生水资源利用方式如下。

(1)闭环水循环系统。闭环水循环系统可分为独立建筑物循环系统和小区水循环系统。

1)独立建筑物循环系统是对大型办公楼或公寓的污水就地处理后用于厕所冲洗。这种需要的原因是由于供水设施、污水主干管、泵和污水处理设施的制约,不能够容纳增加的供水量和污水量以及处理能力。

2)小区水循环系统是把住宅小区或几栋建筑物的下水道连接起来处理后回用作为厕所冲洗水。

(2)开放式水循环系统。开放式水循环系统有大规模水循环系统及其他用途水循环系统。

1)对于大规模水循环系统的建设,水源来自于城市污水处理厂经三级或高级处理后回用。该系统回用水主要用于厕所冲洗和环境景观用水,也可用于灌溉和融雪。

2)其他用途水循环系统主要用于工业、农业、环境景观用水及融雪等。其回用水使用后并不一定返回到城镇污水处理厂。

(3)用于增加河水流量。增加河水流量是将回用水用泵从处理厂压送到河流某处以增加和满足各种流量的需要,如图 7-2 所示。

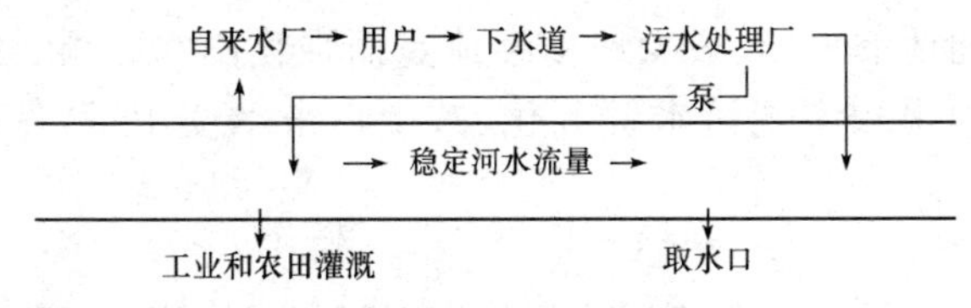

图 7-2 污水回用于增加河水

(4)水循环再生工程。随着城镇化的快速发展,城镇的水循环会发生很大的改变。

1)不渗透性路面的扩大,下水道的铺设会使降雨在短时间内形成洪水,河水高峰流量增大;相反,不渗透性道路的增加,会使地下水涵养量减少,涌水的枯竭,引发地下水位降低、地面下沉、河水常流量的减少以及减水区域的发生。

2)随着居民生活水平的提高,人口的增加,需水量和排污量都将增加;污水不处理会使河水、湖泊水质恶化,引起水生态系统改变。

3)随着小城镇土地的开发利用,以及水面和绿地的减少,会引起蒸发量的减少、气温的上升,改变城镇气候(如热岛现象等)。

4)水环境恶化,水文化的丧失等。

为了改善水循环变化,最大限度地恢复其自然状态,有必要讨论各种对策和措施,如雨水贮存、设置渗透设施以抑制直接流出,雨水和下水处理水的利用等(图 7-3)。这种系统工程就是水循环再生工程,涉及水利、市政、城镇建设、房地产开发、园林、道路、水资源、环境等各部门以及大众的理解和支持。

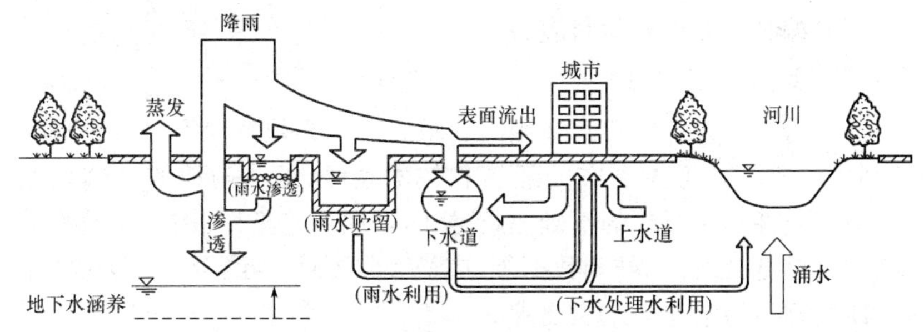

图 7-3 水循环再生工程示意图

为增加地下水量、减少地面径流量而强化雨水贮留、渗透设施，以及利用雨水和实现污水资源化，减少自来水使用量，保持河水常流量。

第四节　小城镇污水厂设计、运行与管理

一、小城镇污水厂设计内容及原则

1. 污水厂设计内容

污水厂的设施，一般可以分为处理构筑物、辅助生产构(建)筑物、附属生活建筑物。污水处理工艺设计一般包括以下内容。

(1)根据城市或企业的总体规划或现状与设计方案选择处理厂厂址。

(2)处理工艺流程设计说明。

(3)处理构筑物形式选型说明。

(4)处理构筑物或设施的设计计算。

(5)主要辅助构(建)筑物设计计算。

(6)主要设备设计计算选择。

(7)污水厂总体布置(平面或竖向)及厂区道路、绿化和管线综合布置。

(8)处理构(建)筑物、主要辅助构(建)筑物、非标设备设计图绘制。

(9)编制主要设备材料表。

2. 污水厂设计原则

(1)污水厂设计应符合适用的要求。首先必须确保污水厂处理后达到排放要求。考虑现实的经济和技术条件，以及当地的具体情况(如施工条件)，在可能的基础上，选择的处理工艺流程、构(建)筑物形式、主要设备、设计标准和数据等，应最大限度地满足污水厂功能的实现，使处理后污水符合水质要求。

(2)污水厂设计时，必须充分掌握和认真研究各项自然条件。按

照工程的处理要求，全面地分析各种因素，选择好各项设计数据，在设计中一定要遵守现行的设计规范，保证必要的安全系数，对新工艺、新技术、新结构和新材料的采用持积极慎重的态度。

(3)污水处理厂(站)设计必须符合经济的要求。污水处理工程方案设计完成后，总体布置、个体设计及药剂选用等要尽可能采取合理措施降低工程造价和运行管理费用。

(4)污水厂设计应当力求技术合理。在经济合理的原则下，必须根据需要，尽可能采用先进的工艺、机械和自控技术，但要确保安全可靠。

(5)污水厂设计必须注意近远期的结合。如配水井、泵房及加药间等，其土建部分应一次建成；在无远期规划的情况下，设计时应为今后发展留有挖潜和扩建的条件。

(6)污水厂设计必须考虑安全运行的条件，如适当设置分流设施、超越管线、甲烷气体的安全贮存等。

(7)污水厂的设计在经济条件允许情况下，厂内布局、构(建)筑物外观、环境及卫生等可以适当注意美观和绿化。

(8)建设规模应考虑近期的投资能力。应该根据城市近期的投资能力，从修改排污水规划入手，适当缩小排水系统，争取用较少的资金使系统完善起来，并随城镇建设的发展，逐年修建一批小型廉价的污水处理厂。

(9)城市污水应就近处理、就近排放。城市污水就近处理，可以节省大量管道投资；而处理达标后就近排放，为污水资源化、进行再生回用创造了条件。

二、小城镇污水厂设计应达到的标准

(1)设计应符合污水处理达标排放标准。

(2)选择的工艺流程、建(构)筑物布置、设备等能满足生产需要。

(3)设计中采用的数据、公式和标准必须正确可靠。

(4)设计中在满足生产需要的基础上，在经济合理的原则下，尽可能地采用先进技术。

(5)在设计中要尽可能地降低工程造价,使工程取得最大的经济效益和社会环境效益。

(6)设计时应注意近远期相结合,一般采用分期建设。

(7)设计时应适当考虑厂区的美观和绿化。

三、小城镇污水厂厂址选择

污水厂厂址选择是进行设计的前提,应根据选址条件和要求综合考虑,选出适用可靠、管道系统优化、工程造价低、施工及管理条件好的厂址。污水厂厂址的选样应当考虑以下几项原则。

(1)厂址必须位于集中给水水源下游,并应设在城镇与工厂区及居住区的下游。为保证卫生要求,厂址应与城镇工业区、居住区保持约 300 m 以上距离。但也不宜太远,以免增加管道长度,提高造价。

(2)厂址应与选定的污水处理工艺相适应,如选定氧化沟、稳定塘或土地处理系统为处理工艺时,必须有适当可利用的土地面积。

(3)厂址尽可能少占或不占农田,选择在有扩建条件的地方,为今后发展留有余地;同时,考虑便于污水灌溉农田、污泥作农肥的利用。厂址最好靠近灌溉区域,以缩短输送距离。

(4)厂址应在工程地质条件较好的地方,在有防震要求的地区还应考虑地层、地质条件,目的是减少基础处理和排水费用,降低工程造价并有利于施工。一般应选在地下水位较低,地基承载力较大,湿陷性等级不高,岩石无断裂带,以及对工程防震有利的地段。

(5)厂址要充分利用地形,选择有适当坡度的地区,以满足污水处理构筑物高程布置的需要,减少土方工程量。宜设在城市夏季最小频率风向的上风侧及主导风向下风侧。若有可能,宜采用污水不经水泵提升而自流进入处理构筑物的方案,以节省动力费用,降低处理成本。

(6)厂址应尽量选在交通方便的地方,以利于施工运输和运行管理,否则就要增加道路,增加工程量和工程造价。

(7)污水处理厂的位置选择应与污水管道系统布局统一考虑。当污水处理厂位置确定后,主干管的流向也就定了;反之,根据地形及其他条件确定排水方向后,污水处理厂选址方向也就决定了。从利于污水自流排放出发，厂址宜选在城市低处，沿途尽量不设或少设提升泵站；当处理后的污水或污泥用于农业、工业或市政时，厂址应考虑与用户靠近，或方便运输。此外，当处理水排放时，通常污水处理厂应设在水体附近，便于处理后的出水就近排入水体，减少排放渠道的长度。

(8)厂址不宜设在雨季易受水淹的低洼处，靠近水体的处理厂，要考虑不受洪水威胁。

(9)厂址应尽量靠近供电电源，以利于安全运行和降低输电线路费用。对大型或不允许间断供水的工程需要连接两路电源。

四、小城镇污水厂的总体布置

污水厂的总体布置包括平面布置和高程布置。

1. 平面布置

(1)平面布置的内容。平面布置的内容主要包括：各种构(建)筑物的平面定位；各种输水管道、阀门的布置；排水灌渠及检查井的布置；各种管道交叉位置；供电线路位置；道路、绿化、围墙及辅助建筑的布置等。

(2)平面布置的原则。在进行处理厂厂区平面规划、布置时，应考虑的原则如下。

1)按功能分区，配置得当。主要是指对生产、辅助生产、生产管理、生活福利等各部分布置，要做到分区明确、配置得当而又不过分独立分散；既有利于生产，又避免非生产人员在生产区通行或逗留，确保安全生产。在有条件时，最好把生产区和生活区分开，但两者之间不必设置围墙。

2)功能明确、布置紧凑。处理构筑物是污水处理厂的主体建筑物，在平面布置时，应根据各构筑物的功能要求和水力要求，结合地形和地质条件，尽量减少占地面积，减少连接管(渠)的长度，便于操作管理。

3)顺流排列，流程简洁。处理构筑物尽量按流程方向布置，避免与进出水方向安排相反；各构筑物连接管线(渠)应尽量避免不必要的转弯和用水泵提升，严禁将管线埋在构筑物下面，减少能量损失、节省管材、便于施工和检修。

4)充分利用地形，降低工程费用。要充分利用地形，结合处理构筑物高程布置的需要，尽量使土方量基本平衡，减少土方工程量，并避开劣质土壤地段。

5)构筑物之间保持间距。在处理构筑物之间，应保持一定的间距，以保证敷设连接管、渠的要求，一般的间距可取值 5～10 m，某些有特殊要求的构筑物，如污泥消化池、消化气贮罐等，其间距应按有关规定确定。必要时应预留适当余地，考虑扩建和施工可能。

6)构(建)筑物布置应注意风向和朝向。将排放异味、有害气体的构(建)筑物布置在居住与办公场所的下风向；为保证良好的自然通风条件，构(建)筑物布置应考虑主导风向。

(3)污水处理厂的平面布置。污水厂的平面布置是在工艺设计计算之后进行的，根据工艺流程、单体功能要求及单体平面图形进行。

1)布置时应对构筑物和建筑物的平面位置、方位、操作条件、走向、面积等统筹考虑，并应对高程、管线和道路等进行协调。为了便于管理和节省用地、避免平面上的分散和零乱，往往可以考虑把几个构筑物和建筑物在平面、高程上组合起来，进行组合布置。

对工艺过程有利或无害，同时从结构、施工角度看也是允许组合的。如曝气池与沉淀池的组合，反应池与沉淀池的组合，调节池与浓缩池的组合；从生产上看，关系密切的构筑物可以组合成一座构筑物，如调节池和泵房、变配电室与鼓风机房、投药间与药剂仓库等。

2)生产辅助建筑物的布置。污水处理厂内的辅助建筑物有泵房、鼓风机房、办公室、集中控制室、水质分析化验室、变电所、机修、仓库、食堂等。辅助建筑物的位置应根据方便、安全等原则确定。如鼓风机房应设于曝气池附近，以节省管道与动力；变电所宜设于耗电量大的构筑物附近等。应尽量考虑组合布置，如机修间与材料库的组合，控制室、值班室、化验室、办公室的组合等。

3)生活附属建筑物的布置。宜尽量与处理构筑物分开单独设置，可能时应尽量置于厂前区。应避免处理构(建)筑物与附属生活设施的风向干扰。化验室应远离机器间和污泥干化场，以保证良好的工作条件。办公室、化验室等均应与处理构筑物保持适当距离，并应位于处理构筑物的夏季主风向的上风向处。操作工人的值班室应尽量布置在使工人能够便于观察各处理构筑物运行情况的位置。

4)道路、围墙及绿化带的布置。在污水处理厂内应合理地修筑道路，方便运输。通向一般构(建)筑物应设置人行道，宽度为1.5～2.0 m；通向库、检修间等应设车行道，其路面宽为3～4 m，转弯半径为6 m，厂区主要车行道宽为5～6 m；车行道边缘至房屋或构筑物外墙面的最小距离为1.5 m。道路纵坡一般为1%～2%，不大于3%。污水厂布置除应保证生产安全和整洁卫生外，还应注意美观，合理规划花坛、草坪、林荫等，使厂区景色园林化。按规定，污水处理厂厂区的绿化面积不得少于30%。但曝气池、沉淀池等露天水池周围不宜种植乔木，以免落叶入池。

5)污泥区的布置。由于污泥的处理和处置一般与污水处理相互独立，且污泥处理过程卫生条件比污水处理差，一般将污泥处理放在厂区后部；若污泥处理过程中产生沼气，则应按消防要求设置防火间距。由于污泥来自污水处理部分，而污泥处理脱出的水分又要送回调节池或初沉池中，必要时，可考虑某些污泥处理设施与污水处理设施的组合。

6)管、渠的平面布置。在各处理构筑物之间，设有贯通、连接的管、渠。此外，还应设有能够使各处理构筑物独立运行的管、渠。当某一处理构筑物因故停止工作时，使其后接处理构筑物，仍能够保持正常运行。

在厂区内还设有给水管、空气管、消化气管、蒸汽管以及输配电线路。这些管线有的敷设在地下，但大部分都在地上，对它们的安排，既要便于施工和维护管理，也要紧凑，少占用地。在污水处理厂区内，应有完善的排雨水管道系统，必要时应考虑设防洪沟渠。

2. 高程布置

(1)高程布置的内容。高程布置的内容主要包括：各处理构(建)筑物的标高(例如池顶、池底、水面等)；管线埋深或标高；阀门井、检查井井底标高，管道交叉处的管线标高；各种主要设备机组的标高；道路、地坪的标高和构筑物的覆土标高。

(2)高程布置的原则。高程布置的主要任务是确定各处理构筑物和泵房的标高，确定处理构筑物之间连接管渠的尺寸及其标高，通过计算确定各部位的水面标高，从而能够使污水沿处理流程在处理构筑物之间通畅地流动，保证污水处理厂的正常运行。污水厂高程布置原则如下。

1)污水厂高程布置时，为了降低运行费用和便于维护管理，污水在处理构筑物之间的流动，以按重力流考虑为宜(污泥流动不在此例)，为此，必须精确地计算构筑物高度和污水流动中的水头损失。在处理流程中，相邻构筑物的相对高差取决于两个构筑物之间的水面高差，这个水面高差的数值就是流程中的水头损失(表 7-5)。水头损失主要由三部分组成，即构筑物本身、连接管(渠)以及计量设备的水头损失等。因此进行高程布置时，应首先计算这些水头损失，而且计算所得的数值应考虑一些安全因素，以便留有余地。

表 7-5　污水流经各处理构筑物的水头损失

构筑物名称	水头损失/cm	构筑物名称	水头损失/cm
格　栅	10～25	生物滤池(工作高度为 2 m 时)：	
沉砂池	10～25		
沉淀池：平　流	20～40	1)装有旋转式布水器	270～280
竖　流	40～50	2)装有固定喷洒布水器	450～475
辐　流	50～60	混合池或接触池	10～30
双层沉淀池	10～20	污泥干化场	200～350
曝气池：污水潜流入池	25～50		
污水跌水入池	50～150		

构筑物连接管(渠)的水头损失，包括沿程与局部水头损失，可按下列公式计算。

$$h=h_1+h_2=\sum iL+\sum\xi\frac{v^2}{2g}$$

式中　h_1——沿程水头损失，m；

h_2——局部水头损失,m;

i——单位管长的水头损失(水力坡度);

L——连接管段长度,m;

ξ——局部阻力系数;

g——重力加速度,m/s^2;

v——连接管中流速,m/s。

2)考虑远期发展,水量增加的应该预留水头。避免处理构筑物之间跌水等浪费水头的现象,充分利用地形高差,实现自流。

3)在计算并留有余量的前提下,力求缩小全程水头损失及提升泵站的扬程,以降低运行费用。

4)需要排放的处理水,常年大多数时间里能够自流排放进入水体,注意排放水位一定不能选取每年的最高水位,因为其出现时间较短,易造成常年水头浪费,而应选取经常出现的高水位作为排放水位。

5)应尽可能使污水处理工程的出水管(渠)高程不受洪水顶托,并能自流。

(3)高程布置时应注意事项。在对污水处理厂污水处理流程的高程布置时,应考虑下列事项。

1)选择一条距离最长、水头损失最大的流程进行水力计算,并应适当留有余地,以保证在任何情况下,处理系统都能够运行正常。

2)计算水头损失时,一般应以近期最大流量(或泵的最大出水量)作为构筑物和管渠的设计流量;计算涉及远期流量的管渠和设备时,应以远期最大流量为设计流量,并酌加扩建时的备用水头。

3)设置终点泵站的污水处理厂,污水尽量经一次提升就应能靠重力通过处理构筑物,而中间不应再经加压提升。水力计算常以接纳处理后污水水体的最高水位作为起点,逆污水处理流程向上倒推计算,以使处理后污水在洪水季节(一般按25年一遇防洪标准考虑)也能自流排出,而水泵需要的扬程则较小,运行费用也较低。

4)进行构筑物高程布置时,应与厂区的地形、地质条件相联系。应考虑到构筑物的挖土深度不宜过大,以免土建投资过大和增加施工上的困难。此外,还应考虑到某些处理构筑物(如沉淀池、调节池、沉砂池等)因维修等原因需将池水放空而在高程上提出的要求。当地形有自然坡度时,有利于高程布置;当地形平坦时,既要避免二沉池埋入地下过深,又应避免沉砂池在地面上架得过高,这样会导致构筑物造价的增加,尤其是地质条件较差、地下水位较高时。

5)在进行高程布置时,还应注意污水流程和污泥流程的结合,尽量减少需提升的污泥量;污泥浓缩池、消化池等构筑物高程的确定,应注意其污泥能排入污水井或者其他构筑物的可能性。污水流程与污泥流程的配合,尽量减少需抽升的污泥量。

五、小城镇污水厂的运行与管理

城市污水处理厂作为城市发展的重点基础设施,是整个水污染控制系统的最重要的部分,是社会可持续发展的有力保证,也是做好节约水资源工作的重要部分。

1. 运行管理内容

城市污水厂的运行管理,同其他行业的运行管理一样,是对企业生产活动进行计划、组织、控制和协调等工作的总称,城市污水厂的运行管理,指从接纳原污水至净化处理排出“达标”污水的全过程的管理,其主要内容如下。

(1)准备:包括物资、人力、资金、能源及组织等准备。如:污水厂运行所需的技术人员、操作工人的培训;污水厂各种处理单元所需化学药剂的准备;污水处理工艺控制及设备维护所应有的技术准备等。

(2)计划:编制污水、污泥处理的运行控制方案和阶段执行计划,以便让生产有据可依,也有利于企业节能降耗,提高管理效益。

(3)组织:合理安排运行过程中操作岗位,并做好各岗位之间的协调,制定好岗位责任制和岗位操作规程。

(4)控制:是运行计划的实施,是对运行过程实行全面控制,包括进度、消耗、成本、质量、故障等的控制。

2. 运行管理基本要求

(1)按需生产首先应满足城市与水环境对污水厂运行的基本要

求，保证按处理量使水处理后污水达标。

（2）经济生产以最低的成本处理好污水，使其“达标”。

（3）文明生产要求具有全新素质的操作管理人员，以先进的技术文明方式，安全地搞好生产运行。

3. 运行管理指标

（1）技术指标。

1）运行指标。运行指标包括处理污水量、污染物去除指标、出水水质达标率、微生物浓度指标等，详见表 7-6。

表 7-6　运行管理指标

序号	指标	内　容
1	处理污水量	污水厂处理水量是运行管理中的一个主要指标，处理后达标污水的多少，一般通过巴氏计量槽测定，并应与管道流量计的测量作比较。对于污水厂，利用现有系统，在保证处理效果时，处理的污水量越多越能发挥规模效益。一般记录每日平均时流量、最大时流量、平均日流量、年流量等。目前，城市污水处理厂的处理水量指标由上级主管部门根据该厂的处理能力和实际进厂的水量决定。污水处理厂应根据此安排，调整厂内的维修和技改等工作，但必须保证完成年处理量为计划指标的 95%以上
2	污染物去除指标	包括 CODcr，BOD_5、SS、TN 或 NH_3＋N 等污染物指标的总去除量、去除效果，通常用百分数来表示。必要时，应分析主要处理单元的污染物去除指标
3	出水水质达标率	出水水质达标率是全年出水水质的达标天数与全年总运行的天数之比。通常要求出水水质达标率在 95%以上
4	微生物浓度指标	常用混合液悬浮固体浓度（简写为 MLSS）和混合液挥发性悬浮固体浓度（简写 MLVSS）两个指标表示。这两个指标都间接表示反应池内参与反应的微生物的浓度，MLVSS 表示的更为准确些。两者的比值一般为 MLVSS/MLSS＝0.75。

续表

序号	指标	内　容
5	活性污泥的沉降性能及其相关指标	常用的两个指标是污泥沉降比(简写为 SV)和污泥容积指数(简写为 SVI)。 污泥的沉降比是指曝气池的混合液在 1000 mL 的量筒中,静置 30 min 后,沉降污泥与混合液的体积之比,一般用 SV_{30} 表示。SV_{30} 是衡量活性污泥沉降性能和浓缩性能的一个指标。对于某种浓度的活性污泥,SV_{30} 越小,说明其沉降性能和浓缩性越好。正常的活性污泥,其 MLSS 浓度为 1500～4 000 mg/L,SV_{30} 一般在 15%～30%的范围内。污泥沉降比能够反映曝气池运行过程的活性污泥量,可用以控制、调节剩余污泥的排放量。 污泥的体积指数是指曝气池混合液在 1000 mL 的量筒中,静置 30 min 后,lg 活性污泥悬浮固体所占的体积,常用 SVI_{30},单位为 mL/g。SVI_{30} 与 SV_{30} 存在以下关系: $$SVI_{30}=\frac{SV_{30}}{MLSS}\times 1000$$ 污泥容积指数能够反映活性污泥的凝聚、沉降性能。对生活污水及城市污水,此值介于 70～100 mL/g 之间;SVI 值过低,说明泥粒细小,无机质含量高,缺乏活性;此值过高,则说明污泥的沉降性能不好,并且有产生膨胀现象的可能
6	活性污泥的耗氧速率(SOUR)	SOUR 是衡量活性污泥的生物活性的一个重要指标。如果 F/M 较高,或 SRT 较小,则活性污泥的生物活性较高,其 SOUR 值也较大。反之,F/M 较低,SRT 太大,其 SOUR 值也较低。SOUR 在运行管理中的重要作用在于指示入流污水是否有太多难降解物质,以及活性污泥是否中毒。一般来说,污水中难降解物质增多,或者活性污泥由于污水中的有毒物质而中毒时,SOUR 值会急剧降低,应立刻分析原因并采取措施,否则出水会超标
7	污泥龄(SRT)	污泥龄也称生物固体平均停留时间,是活性污泥处理系统保持正常、稳定运行的一项重要条件。通过控制污泥龄可以对系统中的优势菌种进行筛选
8	水力停留时间(HRT)	水力停留时间是指污水在系统中的平均停留时间,也是污水和微生物的反应时间,停留时间越短,处理系统在单位时间处理的水量就越大

续表

序号	指标	内容
9	BOD污泥负荷和BOD体积负荷	BOD污泥负荷是指单位时间内,单位质量的活性污泥(MLSS)所接受的有机污染物量(BOD_5),用kg/(kg·d)表示。 BOD体积负荷是指单位时间内,单位体积的反应池(曝气池)所接受的有机污染物量(BOD_5),用kg/(m^3·d)表示。从运行来讲,在满足出水水质的前提下,这两个指标越高,就说明反应器的生物污水处理效能越高
10	设备完好率和设备使用率	城市污水处理厂的设备完好率是设备实际完好台数与应当完好台数之比。设备使用率是设备使用台数与设备应当完成台数之比。管理良好的城市污水处理厂的设备完好率应在95%以上,设备使用率与设计、建设时采购安装的容余程度和其后管理改造等因素有关。高的设备使用率说明设计、建设和管理合理、经济
11	污水、渣、沼气产量及其利用指数	城市污水厂的预处理与一级处理,每天都要去除栅渣、砂及浮渣。运行记录应有各种设施或设备的渣、砂净产量及单位产量。 不论是污泥干重或湿重产量,一般都与污水水质、污水处理工艺、污泥处理工艺有关,应记录其湿、干污泥和总产量、单化产量及污泥利用产量等指标。若采用传统活性污泥法处理污水,每处理1 000 m,污水可由带式脱水机产生湿泥、污泥饼0.7 m(含水率75%～80%)。 当生污泥进行厌氧消化时,均会产生沼气。一般每消化1.0 kg的挥发性有机物可产生0.75～1.0 m^3的沼气。沼气的甲烷含量约55%～70%,其热值约为23 MJ/m^3。运行指标应包括沼气产量、单位沼气产量、沼气利用量

2)水质指标。水质指标包括污水的有机物浓度、营养物质、溶解氧、pH值及毒物等,详见表7-7。

表 7-7　污水水质指标

序号	指标	内　容
1	污水的有机物浓度	污水中的有机物质充当了活性污泥系统中的食物源，因此废水特征(即 BOD 负荷)的任何变化都会影响处理系统中的微生物繁殖。 如果 BOD 负荷有效地增加，系统中就会出现大量食料，供微生物吞食。过量的食料将“刺激”新细胞的繁殖，使混合液菌群的生长速率加快，这样就会产生生长分散的菌群，以及在二沉池中沉淀性能差的未成熟污泥。且如果一些过量的 BOD 物质不能完全被微生物利用，就会流过处理系统，使出水 BOD 增高。 如果 BOD 负荷减少，微生物就不能获得足够的食物，其繁殖速率将陷入衰减状态，处理系统的生物群体就会减少。对胶体物质不起滤除作用的急速沉降的絮凝体也会在这种情况下产生，最后导致水中悬浮固体浓度增高
2	营养物质	通常生活污水中含有足够量的营养物质，而对于工业废水，则必须经常性地投加营养物质，以保持废水中有足够的氮和磷。在许多情况下，氮以氨形式、磷以磷酸形式加入废水中。细菌需要氮以产生蛋白质，需要磷以产生分解废水中有机物质的酶。 在处理工业废水时，有的工业废水含氮量低，不能满足微生物的需要，还得另外加氮营养，如尿素、硫酸铵、粪水等
3	溶解氧	在污水的好氧处理中，微生物以好氧菌为主，为了维持好氧群体，需要向曝气池中补充氧气。如果溶解氧不足，好氧微生物的活性由于得不到足够的氧，正常的生长规律将遭到影响，甚至被破坏。轻则好氧微生物的活性受到影响，新陈代谢能力降低。而同时对溶解氧要求较低的微生物将应运而生。如若环境严重缺氧，厌氧菌特大量繁殖，好氧微生物受到抑制而大量死亡，导致厌氧微生物生长占优势

续表

序号	指标	内　容
4	pH 值	微生物的生长、繁殖和环境中的 pH 值关系密切。要求有一定的 pH 值范围,不同的微生物有不同的 pH 值适应范围。一般细菌、放线菌、藻类和原生动物的 pH 值适应范围为 4～10。而在中性或偏碱性(pH 值为 6.5～8.5)的环境污染中,则生长繁殖最好。大多数细菌要求中性和偏碱性,但也有的细菌如氧化硫化杆菌,喜欢在酸性环境污染中生活,它的最适 pH 值为 3,亦可在 pH 值为 1.5 的环境中生活。又如酵母菌和霉菌要求在酸性或偏酸性的环境中生活,最适宜 pH 值为 3.0～6.0,适应范围为 1.5～10
5	毒物	一些有机物质可能产生对微生物的毒性,甚至高浓度的氨也会引起微生物中毒。但是通常产生毒性的物质归结于一些高浓度的重金属,如铜、铅、锌等。可能出现的两种中毒症状:急性中毒与慢性中毒。 当高浓度的有毒物质如氰化物和砷排入污水厂的集水系统时,就会产生急性中毒现象。 当细菌在处理系统中反复循环时,某种元素如铜,就逐渐地在微生物体内聚集起来,引起缓慢中毒。最后,当细胞内该元素浓度增加,达到中毒水准时,微生物的活性程度就不断下降,直至死亡
6	温度	温度是一个重要的操作因素,但是污水厂的操作者通常无法控制污水的温度。温度很大程度上影响了活性污泥中的微生物的活性程度

(2)经济指标。经济指标包括电耗指标、药材消耗指标、维修费用指标、产品收益指标和处理成本指标。

1)电耗指标是指处理单位体积的污水或降解单位质量的有机物,工艺所消耗的电量。其包括污水厂全天消耗的电量、每处理 1t 污水的电耗、各处理单元(包括污泥处理部分)的电耗。

2)药材消耗指标包括各种药品、水、蒸汽和其他消耗材料的总用量、单位用量指标。

3)维修费用指标是指各种机电设备检查、养护、维修费用指标。

4)产品收益指标是指沼气、污泥或再生水等副产品销售量、销售收入指标。

5)处理成本指标包括污水厂处理污水污泥发生的各种费用之和扣去副产品销售收益后的费用,为污水处理成本,并计算单位污水处理成本。

(3)处理过程中的监测指标。恰当地对污水处理厂的处理过程进行监测是绝对必要的。通常有感官判断方法和化学分析方法两类监测方法。

1)感观判断法。感官判断法主要通过人的感觉器官,即手摸眼看的方法来鉴别,详见表 7-8。

表 7-8　感官判断法

序号	感官	内　容
1	颜色	颜色能够作为不良污泥或健康污泥的指标,一个健康的好氧活性污泥的颜色应是类似巧克力的棕色。深黑色的污泥典型地表明它的曝气不足,污泥处于厌氧状态(即腐败状态),曝气池中一些不正常的颜色也可能表明某些有色物质(例如化学染料废水)进入处理厂
2	气味	气味也能够指示污水厂运行是否正常。正常的污水厂不应该产生令人讨厌的气味,从曝气池采集到完好的混合液样品应有点轻微的霉味。一旦污泥的气味转变成腐败性气味,污泥的颜色则会显得非常黑,污泥还会散发出类似臭鸡蛋的气味(硫化氢气味)
3	泡沫	泡沫可分为两种,一种是化学泡沫,另一种是生物泡沫。化学泡沫是由于污水中的洗涤剂以及倾入工厂污水系统中的化学药品中的表面活性物质在曝气的搅拌和吹脱下形成的。在活性污泥的培养初期,化学泡沫较多,有时在曝气池表面会堆成高达几米的白色泡沫山,这主要是因为初期活性污泥尚未形成,曝气池中轻微的浪花状泡沫表明污泥不成熟,随着活性污泥的生长、数量的增多,大量的洗涤剂会被微生物所吸收,泡沫也就消失了。在日常的运行当中,若在曝气池内,发现有白浪状的泡沫,应当减少剩余污泥的排放量。浓黑色的泡沫表明污泥衰老,应当增加剩余污泥排放量。生物泡沫呈褐色,也可在曝气池上堆积很高,并进入二沉池随水流走,这可能是由于诺卡氏菌引起的生物泡沫,通常原因是由于入流污水中进入了大量含油及脂类物质较多的水,如宾馆污水等

续表

序号	感官	内　容
4	藻类生长物	藻类生长需要磷和氮，一些藻类具有从空气中获得氮肥的能力。因此，即使废水中氮的含量比较低，若磷的浓度较高，也会导致藻类生长问题。进水中氮浓度过高也会促使藻类的繁殖增长
5	曝气器的水花式样	曝气池中的溶解氧浓度低，也表示叶片入水深度不适合，应注意观察叶片的浸没深度，使之达到最佳的充氧效率
6	出水清澈程度不合适	污水厂最终目的是排出较好的出水，观察出水的情况，如出水中悬浮固体的浓度，可直接反应运行状况，反应污泥的沉降性能
7	气泡	出现气泡表明在池中的污泥停留时间太长，应该加大污泥回流率。如果沉淀池中的污泥层太厚，底层污泥会处于厌氧状态，产生硫化氢、甲烷、二氧化碳等气体。这些气体以气泡形式逸出水面。这样一来就会引起操作问题。因为，当气泡上升时，它们是处于生物絮凝体之下，致使絮凝体与气泡一起上升，最后与沉淀池出水一起流过沉淀池出水堰
8	悬浮浮垢	如果说在曝气池内的表面有悬浮物质或浮垢，表明污水厂进水的油脂偏高。这些油脂物质妨碍固体物沉淀，并使 BOD 去除率下降，而且容易引起泡沫问题。二次沉淀池中的浮垢可能表明大量的空气被注入曝气池中
9	固体积累量	在曝气池的角落或者说在曝气池中设置适当的挡板能够改进混合形式并缓解这个问题
10	水流形式	短流是指废水从进口直接流到出水口，它导致停留的有效时间低于设计值，并使操作无法进行。有时废水流的短流形式可通过观察池中的泡沫、悬浮固体和漂浮物质的流动情况而识别。设置合适的挡板能解决这个问题
11	触摸检查	如果水泵、风机和电机的外表温度感觉到比平常热，就应该对它们进行进一步的检查，避免产生重大事故。水泵管道的剧烈振动的现象同样能预示着潜在的设备故障，应当检查振动的原因，及时进行修理，以免日后产生严重问题

2)化学分析法。化学分析法是指以物质的化学反应为基础的分析方法,主要测定指标详见表7-9。

表7-9　化学分析法

序号	指标	内　容
1	BOD测定	BOD即为生化需氧量,是在规定的条件下,微生物分解氧化废水中有机物所需要的氧量。BOD是一种衡量标准,不是一种污染物,而是测量污水有机物总量的一种定量。一般目前都采用20℃、培养5d的五日生化需氧量(BOD_5)作为检验指标
2	COD测定	COD即为化学需氧量,是用化学方法氧化废水水样的有机物过程中所消耗的氧化剂量折合氧量计。COD是量度水中有机污染物质的一个重要水质指标。在一定条件下,强氧化剂能氧化有机物为二氧化碳。按氧化剂不同可分为两种,即重铬酸钾法CODcr和高锰酸钾法COD_{Mn}。高锰酸钾氧化不完全,氧化能力较重铬酸钾法弱,但实际操作中测定速度快,而且可用来测定低污染物的COD值。由于COD能够氧化难生物降解的有机物,因此,BOD_5/COD的比值可作为该污水是否采用生物处理的判别标准,一般认为比值大于0.3的污水,才适用于生物处理
3	TS	TS即为总固体,在水质分析中是指一定水量经105～110 ℃烘干后的残渣,以称重表示
4	SS	SS即为污水中的悬浮固体,是总固体中处于悬浮状态的那部分,即用滤纸滤出固体物的干重
5	VSS	VSS为挥发性悬浮固体,指的是悬浮固体中的有机部分含量,测定时以悬浮固体重量减去悬浮固体600 ℃加热灼烧后的质量
6	TN	TN为总氮,是废水中一切含氮化合物以氮计量的总称,包括有机氮、无机氮。无机氮主要为氨氮、亚硝酸盐氮和硝酸盐氮。总氮是了解废水中含氮总量的水质指标
7	TKN	TKN为总凯氏氮,它主要包括有机氮和氨氮。一般废水中大多只有有机氮和氨氮存在。因此,有时总凯氏氮基本上代表了总氮。也可用来判断污水在进行生物处理时,氮营养是否充足的依据

续表

序号	指标	内　容
8	TP	TP为废水中的含磷化合物，分有机和无机两大类，废水中和一切含磷化合物都是先设法转化成正磷酸盐，其结果即为总磷
9	pH值	pH值也影响到生物处理系统中微生物的活性，因此，应该每天检查污水的pH值在6.5～8.5之间

4. 污水处理厂的设备运行与管理

城市污水厂使用的设备分类详见表7-10。

表7-10　城市污水厂使用的设备分类

序号	设备类型	设备名称
1	专用设备	表面曝气机、潜水推进器、格栅除污机、刮砂机、刮吸泥机、污泥浓缩刮吸泥机、消化池污泥搅拌设备、沼气锅炉、热交换器、药液搅拌机和污泥脱水机等
2	通用设备	各类污水泵、污泥泵、计量系、螺旋泵、空气压缩机、罗茨式鼓风机、离心式鼓风机、电动葫芦、桥式起重机、各种手动及电动闸阀、蝶阀、闸门启闭机和止回阀等
3	电器设备	交直流电动机、变速电机、启动开关设备、照明设备、避雷设备、变配电设备
4	仪器仪表设备	各种天平、化验室各种分析仪器、电磁流量计、液位计、空气流量计和溶解氧测定仪等

(1)专用机械设备。污水污泥处理专用机械设备种类和规格均较多，并且因污水处理工艺不同，所采用的专用设备差异也较大。

1)格栅除污机。格栅除污机是用机械的方法将拦截到格栅上的栅渣耙捞出水面的设备。污水中有各种各样的垃圾及漂浮物。去除水中这些漂浮的垃圾，是污水处理的第一道工序。为保护其他机械设备及后续工序的顺利进行，在污水处理流程中必须设置格栅及格栅除污设备。

①移动式格栅除污机。移动式格栅除污机又称行走式格栅除污机,一般用于粗格栅除渣,少数用于较粗的中格栅。因这些格栅拦渣量少,只需定时或者根据实际情况除边即可满足要求,数面格栅只需安置一台除渣机,当任何一面格栅需要除渣时,操作人员可将其开到这面格栅前的适当位置,然后操作除渣机将垃圾捞出卸到地面或者皮带输送机上。行走式除渣机的行走轮可以是绞轮,也可以是行走在钢轨上的钢轮。在大型污水处理厂,因粗格栅都是成平行排列设置的,为了行走式除渣机定位准确,一般采用轨道式。这种移动式除渣机有悬吊式、伸缩臂式和全液压式等形式。

②钢绳式格栅除污机。钢绳式格栅除污机工作原理:除污机抓斗(齿耙)呈半圆形,沿侧壁轨道上下运行。三条钢丝绳中的两条用于提升和下降,一条用于抓斗的吃入与抬起。抓斗可在旋转轴承的驱动下,以任意的角度运转,自动运行中消污动作连续且重复。在限位开关、传感器和驱动装置的操纵下,开合卷筒和升降卷筒可协调运转,使抓斗上下运行,并可在任何高度上吃入与脱开,完成一次次的工作循环。

③背耙式格栅除污机。背耙式格栅除污机在垃圾较多时具有耙不易吃入或者提升时垃圾易脱落的缺点,而背耙式格栅除污机由于耙齿较长,且由逆水流方向插入格栅,就能克服一些除污机齿耙插不进去的缺点。这种背耙式格栅除污机齿耙的驱动方式有链条驱动的,也有液压驱动的。当垃圾被捞出水面到达渣斗(或者输送带)的上方时,齿耙转动角度将垃圾卸下,再进入一个新的工作循环。

这种格栅除污机要求条栅之间不得有固定的横筋,因此,对格栅片的材质有较为严格的要求。首先要求格栅有较好的强度和刚度,不易变形,同时对长度也有一定的限制,因此就限制了其使用深度。这种格栅除污机多用于小型污水处理厂的中格栅和细格栅。

2)除砂与砂水分离设备。去除水中的无机砂粒是污水处理的一道重要工序,可以减少污泥中所含砂粒对污泥泵、管道破碎机、污泥阀门及脱水机的磨损,最大限度地减少砂粒特别是较粗砂粒在渠道、管道及消化池中的沉积。目前,除砂设备主要有抓斗除砂机、链斗除砂机、桁车泵吸式除砂机和旋流沉砂池除砂机。

①抓斗除砂机。抓式除砂机又分为门形抓斗式除砂机与单臂回转式抓斗除砂机两种,前者采用较多。图 7-4 所示为门形抓斗式除砂机。其工作原理是:当沉砂池底积累了一部分砂子后,操作人员将大车开到某一位置,用抓斗深入到池底砂沟中抓取池底的沉砂,提出水面,并将抓斗升到储砂池或者砂斗上方卸掉砂子。操作这种除砂机的人员要能熟练地掌握抓斗的开合,在操作中应避免抓斗对池壁的碰撞及对池底的冲击。储砂池中的砂子经进一步重力脱水,并积存到一定数量后,可用人力或者抓斗装车运走,砂斗中的砂子可直接装车。

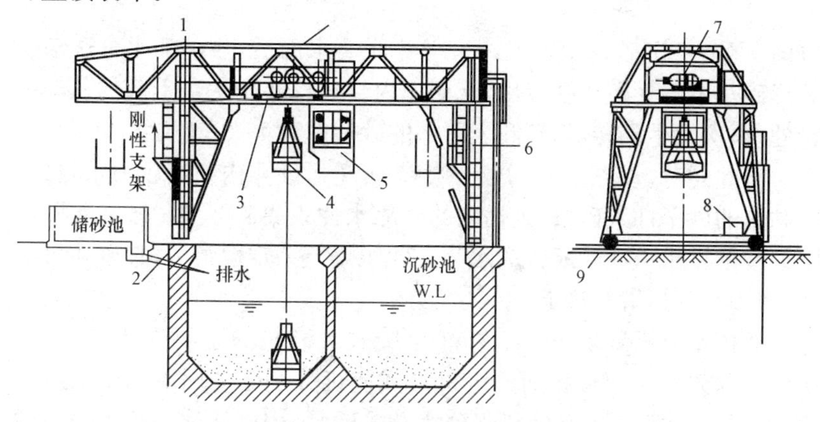

图 7-4 门形抓斗式除砂机

1—大车行走桁架;2—钢轨;3—小车台架;4—抓斗;5—操作室
6—柔性支架;7—提升启闭驱动装置;8—大车驱动装置;9—大车轮

②链斗除砂机。链斗除砂机又称多斗除砂机,在污水处理厂采用比较普遍。它实际上是一台带有多个 V 形砂斗的双链输送机,其结构如图 7-5 所示。

除砂机的两根主链每隔一定间距安装一个 V 形斗,两根主链连成一个环形。通过传动链驱动轴带动链轮转动,使 V 形斗在曝气沉砂池底砂沟中沿导轨移动,将沉砂刮入斗中,斗在通过链轮以后改变运动

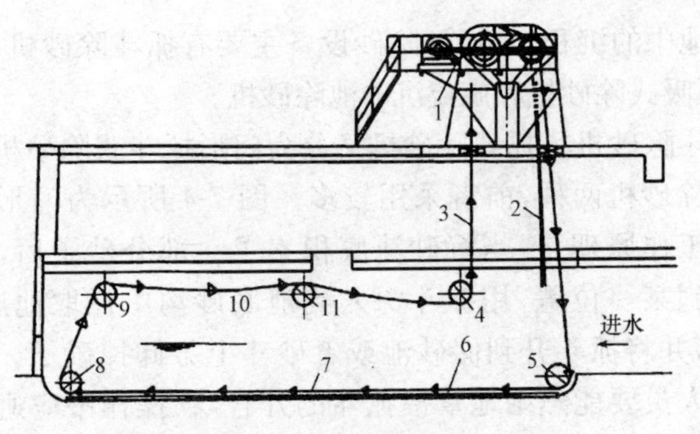

图 7-5　链斗除砂机

1—传动链；2—链机；3、7—主链；4、11—中间轴及链轮
5、8—水中轴；6—导轨；9—中间轴及链轴；10—V 形砂斗

方向，逐渐将沉砂送出水面。V 形斗脱离水面后，斗内的水分逐渐从 V 形砂斗下的无数小孔滤出，流回池内。V 形斗到达最上部的从动链轮处，再次发生翻转，将砂卸入下部的砂槽中。

与此同时，设在上部的数个喷嘴向 V 形砂斗内喷出压力水，将斗内黏附的砂子冲入砂槽，砂槽内的砂靠水冲入集砂斗中。砂在集砂斗中继续依靠重力滤除所含的水分。砂积累至一定数量后，集砂斗可翻转，将砂卸到运输车辆上。

③桁车泵吸式除砂机。桁车泵吸式除砂机的主要构造如图 7-6 所示。除砂机由两台相同的电机与减速机分别驱动两端的驱动行走轮，每台除砂机安装一台到两台离心式砂泵，用以从池底将沉积在砂沟中的砂浆一起抽出。为使砂泵通电既能工作又能免除灌水的麻烦，除砂机一般选用离心式潜水砂泵或者是把电机安装在桥架上，而泵体是在水面之下的液下砂泵。砂泵的吸砂管深入到池底砂沟中，距底 100～250 mm。为了防止砂泵的吸砂管在行走中由于沉入池底的大量砂子的阻挡而造成破坏，吸砂管大部分为用橡胶制成的柔性管；若采用钢管等刚性材质，一般都装有因阻挡而停车的装置，以保证安全运行。

④旋流沉砂池除砂机。旋流沉砂池除砂机由搅拌器、提砂系统和砂水分离器三个部分组成。这三部分均固定在圆形沉砂池上，相互位

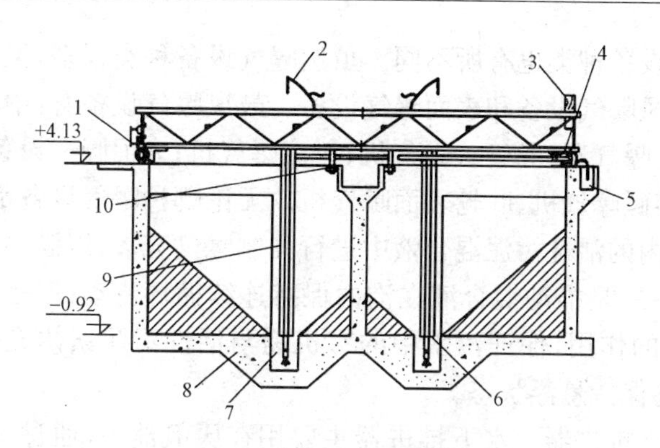

图 7-6　桁车泵吸式除砂机

1—电缆鼓；2—吊车(用于起吊潜水砂泵)；3—控制柜；4—行走驱动系统
5—砂渠；6—潜水砂泵；7—池底砂沟；8—曝气沉砂池；9—泵管；10—导向轮

置固定不变，通过管道将三个部分连成一个整体，各具一定的功能，共同完成除砂工作，任一部位出现故障或功能不完善均影响除砂效果。搅拌器的功能是增加进入沉砂池中污水的回转速度，从而加大污水中砂粒的离心力，将砂子快速地从污水中甩到池壁上，通过砂粒的自重使砂粒沿池壁和锥形池底汇集到集砂井中。提砂系统的功能是，利用一定压力的清水将安装在集砂井底部的提砂头四周的砂粒进行清洗，并在提砂头内部形成砂水旋转层，迫使进入提砂头内低压空气沿提砂头中心的砂水管向上运动，从而将旋转层的砂水连续不断带出集砂井，通过管道送到砂水分离器内。砂水分离器的功能是，将进入机内的砂水进行沉淀，污水从上部出口流走，砂粒由螺旋带输送到运输小车内。

3)刮泥机。刮泥机是将沉淀池中的污泥刮到一个集中部位的设备(如池中的集泥斗)，多用于污水处理厂的初次沉淀池和二沉池，用在重力式污泥浓缩池时，称之为浓缩机。刮泥机的品种很多，用于矩形平流式沉淀池的设备主要为链条刮板式和桁车式刮泥机，用于圆形辐流式沉淀池的设备为回转式刮泥机。

4)曝气设备。曝气设备在城市污水处理厂以及任何生物降解的污水处理厂内，是必不可少的充氧设备。污水处理厂工艺不同，所选用的曝气设备种类也有所不同。虽然曝气设备种类很多,但基本上可划分为鼓风曝气设备和表面曝气设备。鼓风曝气设备有:中粗气泡曝气器、微孔曝气器、导管式曝气机、射流曝气机;表面曝气设备有:转刷曝气机、转碟曝气机、叶轮表面曝气机。无论哪种曝气设备都应具有:一是向沟内的活性污泥混合液中进行强制曝气充氧,以满足好氧微生物的需要;二是推动混合液在沟内保持连续循环流动;三是起到充分混合搅拌的作用,保证污水中的有机物与活性污泥絮体充分混合接触,并始终保持悬浮状态。

5)水下推进器。水下推进器主要用在厌氧池中,通过旋转叶轮,产生强烈的推进和搅拌作用,有效地增加池内水体的流速和混合,对池内半液态的污泥进行搅拌混合,推流和保持污泥不沉淀;但越来越多的厂家将其设置在曝气池内,其目的是解决推流和充氧的矛盾,更好地进行工艺参数调整。

水下推进器又称为潜水搅拌机,按叶轮速度不同,可以分为高速搅拌机和低速推流器。两者构造和作用相似;不同之处在于低速推流器由水下电动机、减速机、叶轮、支架、卷扬装置和控制系统组成。而高速机还包括导流罩。

6)污泥浓缩机。在污水处理厂,绝大部分污泥重力浓缩池做成圆形的辐流式,浓缩机的作用是促进污泥与水的分离,使污泥进一步沉淀、浓缩。并将浓缩的污泥刮入浓缩池中心的泥斗,以协助污泥泵将泥抽到下一步工序。用以不停地搅拌沉入池底的污泥,保持其流动性,防止板结。

回转式污泥浓缩机与回转式刮泥机从结构上不同的是在斜板式刮泥板的上方加了一部分纵向的栅条,栅条的间隔在 100～300 mm 之间。通过栅条缓慢转动时的搅拌作用,促进污泥与水的分离,加快污泥的沉降过程。图 7-7 所示为回转式浓缩机的结构,浓缩机的其余部分与刮泥机相同。

(2)污水处理厂通用机械设备。这里主要介绍闸门、阀门、泵类和罗茨式鼓风机的特点、性能和用途,以及日常维护等内容。

1)闸门。闸门设置在管道上和交汇处,窨井、泵站、沉砂池、厌氧

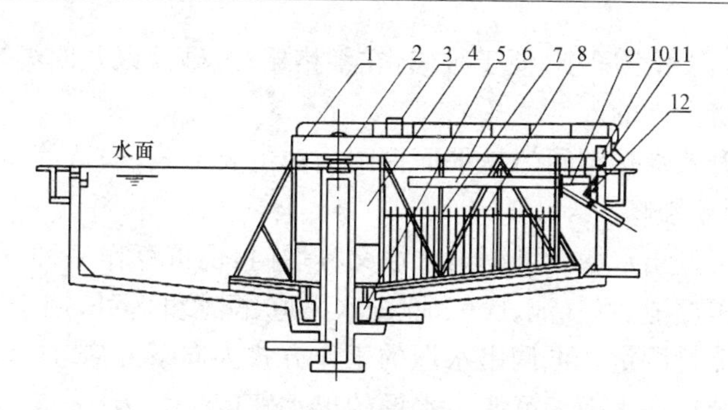

图 7-7　回转式浓缩机的结构示意图

1—桥架；2—中心支座及集电环箱；3—控制柜；4—稳流筒
5—搅拌器(用于搅拌泥斗中的污泥)；6—浮渣刮板；7—刮泥板支架
8—栅条；9—浮渣耙板；10—驱动装置；11—浮渣漏斗；12—溢流堰

池、氧化沟、沉淀池等构筑物的进出水处，设置的目的是控制进出水量或完全截断水流或切换流道。闸门的工作压力一般小于 0.1 MPa，大都安装在迎水面一侧，有时也安装在背水面一侧，此时，应采用反向止水闸门。

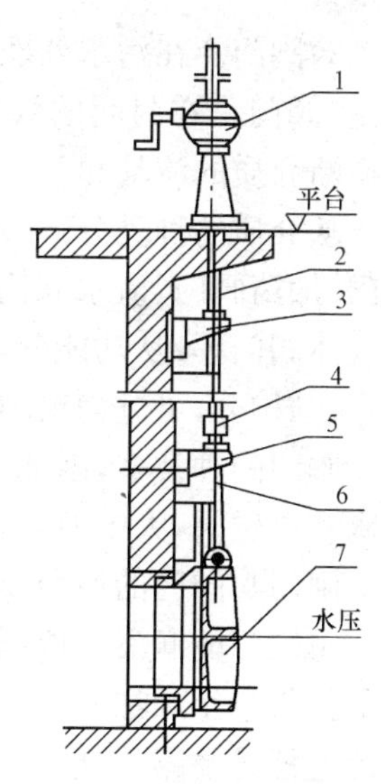

图 7-8　铸铁闸门示意图

1—启闭机；2—丝杆；3、5—轴导架
4—轴联器；6—连接杆；7—闸体

①铸铁闸门。铸铁闸门由七部分组成，如图 7-8 所示。在水处理工程中广泛使用的铸铁单面密封平面闸门，分为圆形闸门和矩形闸门两种形式。限于铸造工艺和闸体本身重量，圆形闸门的通水直径多在 1 500 mm以下，最大可达 2 000 mm。方形闸门的尺寸也多在 2 000 mm×2 000 mm 以下，一般最小尺寸的圆形闸门直径为 200 mm，方形闸门为 200 mm×200 mm。按闸门构造形式可分为镶铜密封闸门、不镶铜密封闸门、带法兰和不带法兰等几种。

②平面钢闸门。平面钢闸门在污水处理厂使用量较少，但因其构

造简单，占用空间小，便于维修，在细格栅、沉砂池以及明渠道内使用还是经济合理的。

直升式焊接钢闸门是平面钢闸门的主要形式，构造简单，占用空间小，便于维修。

③可调出水堰。可调出水堰又称堰门，也可算作一种闸门，一般安装在沉淀池、曝气池、厌氧池、配水渠道、配水井等处，用于调节水位或用于流量测量。可调出水堰的工作方式为向下开启、向上关闭，堰板全部装在迎水面。可调出水堰的出水宽度一般为 1～5 m，水头为十几到几十厘米，在污水处理工程中最大水头不超过 30 cm。可调出水堰的堰板因安装深度较浅，受水压的影响比闸门要小得多。堰板除了用铸铁及钢板制造外，还广泛采用了木材及塑料，可大大减轻自身的重量。

2)阀门。在污水处理行业，阀门的使用很常见。阀门与闸门的区别是，阀门是在封闭的管道之间安装的，用以控制介质的流量或者完全截断介质的流动。

从介质的种类分，污水处理厂使用的阀门可分为污水阀门、污泥阀门、加药阀门、清水阀门、低压气体阀门、高压气体阀门、安全阀、可燃气体阀门等；从功能分，可分为截止阀、止回阀、流量控制阀、安全阀等；从结构分，可分为蝶阀、旋塞阀、闸阀、角阀、球阀等。

阀门的种类多，因此其启闭机构的种类也繁多，例如小型的有手动阀和电磁阀，大中型的有手动、电动或者液压驱动的阀门。

闸门与阀门的使用及保养方法如下。

①闸门的润滑部位以丝杆、减速机构的齿轮及蜗轮蜗杆为主，这些部位每半年加注一次润滑脂，以保证转动灵活和防止生锈。有些闸门的丝杆是暴露的，应每年至少一次将暴露的螺杆清洗干净并涂以新的润滑脂。有些内螺旋式的闸门，其螺杆长期与污水接触，应经常将附着物清理干净后涂以耐水冲刷的润滑脂。

②在使用电动闸门时，应注意手轮是否脱开，转换手柄是否在电动的位置上。如果不注意脱开，在启动电机时，一旦保护装置失效，手轮可能高速转动伤害操作者。

③在手动开闭闸门时，应注意一般用力不超过15 kg，如果感到很费劲就说明丝杆、间板有锈死、卡死或者闸柄弯曲等故障，应在排除故障后再转动。当闸门闭合后，应将闸门手柄反转一两转（不包括空转），这有利于闸门再次开启。

④电动闸门的转矩极限开关和计数器调整要合适，在闸门全闭和全开时，计数器要先一步旋转极限开关动作。一般主要在闸门全闭时调整，先调转矩极限开关整定值，其值大小以略大于闸门全部关严密之值为宜。此时，计数器反向回调少许，调整时应反复调试，并且每台闸门均如此进行，不可以偏概全。

⑤应将闸门开度指示器调整到正确的位置，闸门在全关时指向"关"，全开时指向"开"。正确的指示有利于操作者掌握情况，也有助于发现故障。

⑥对于丝杆与连接杆较长的闸门，在关闭时，要密切注意丝杆的弯曲现象。因闸板在向下运行时，有时因闸框两侧导轨对闸板阻力不同，闸板会发生扭转。这样，丝杆与连接杆受压加大，易导致其弯曲现象发生。

⑦闸门多用铸铁和钢板制成。因长期浸没在有腐蚀性污水中，做好闸板和闸框的表面防腐是保证闸门正常工作并延长使用寿命的重要工作。一般在其出厂前均已做好防腐涂料的涂布工作。但在使用过一段时期后，原有的防腐涂料会老化，磨损甚至龟裂，失去保护作用，应及时将原有涂料及铁锈除掉后重新涂布。由于污水厂的运行是连续性的，闸门的关闭和开启直接影响污水处理的运行，所以，应尽量选用防腐涂料经久耐用、保护性能好的闸门。

⑧对于长期不启闭的闸门，应定期运转一两次，以防止锈死。

3)水泵。在污水处理厂，水泵类设备约占机械设备总价值的15%以上，是重要的动力设备。这些水泵担负着输送污水、砂浆、生污泥、消化污泥、活性污泥以及浮渣等任务。由于输送的水量不同，输送的距离与扬程不同，介质不同，因此，污水厂的泵类设备有各种不同的形式，主要可分为三大类：叶片泵、容积泵和螺旋泵，详见表7-11。

表 7-11　水泵的类型

序号	水泵类型	内　容
1	叶片泵	叶片泵是利用工作叶轮的旋转运动来输送液体的。叶片泵按工作原理可分为离心泵、轴流泵、混流泵和旋流泵；按介质分又可分为清水泵、污水泵、砂泵及渣浆离心泵
2	容积泵	容积泵是利用工作室容积的周期性变化来输送液体的，主要有螺杆泵、隔膜泵及转子式容积泵等，主要用来输送污泥、浮渣等
3	螺旋泵	螺旋泵是利用螺旋推进的原理来输送液体的，主要输送介质有活性污泥与污水

①离心泵。离心泵是利用叶轮旋转而使水产生的离心力来工作的。图 7-9 所示为离心泵的基本构造图。离心泵装置主要由电机、泵壳、泵轴、叶轮、吸水管和压水管等组成。

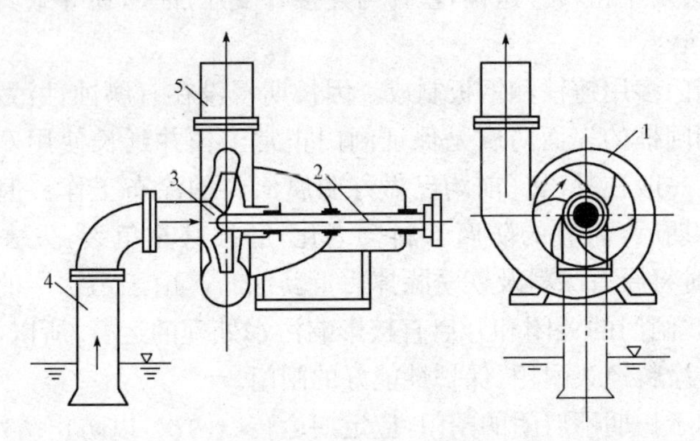

图 7-9　离心泵的构造图

1—泵壳；2—泵轴；3—叶轮；4—吸水管；5—压水管

离心泵在启动时，必须把泵壳和吸水管都充满水，然后驱动电机，使泵轴带动叶轮和水作高速旋转运动，水在离心力作用下甩向叶轮外缘，并汇集到泵壳内，经蜗形泵壳的流道而流入水泵的压水管路。在这同时，水泵叶轮中心处由于水被甩出而形成真空，吸水池中的水便在大气压力作用下，通过吸水管吸进了叶轮。叶轮不停地转动，水就不断地被甩出，又不断地被补充，这就形成了离心泵的连续输水，由此可见，离心泵之所以能输送液体，主要是靠高速旋转的叶轮产生的离心力。

离心泵的种类很多，污水处理工程的大中型泵站主要安装的是单级立式、单级卧式及潜水式离心泵。

离心泵一般一年大修一次，累计运行时间未满 2 000 h，可按具体情况适当延长。

②潜水式离心泵。潜水式离心泵是离心泵中的一种，在污水处理厂中广泛使用的有潜入式离心污水泵（简称潜污泵）及潜入式离心砂泵。大中型潜污泵可安装于污水厂的进水泵站、回流泵房等地，担负污水及活性污泥的抽升任务。中小型潜污泵在污水厂使用则更为广泛。由于机动性强，可随时调动，在维修各种设备及构筑物时，用于排除各沉淀池、曝气池、渠道、管道及各个井中的积水和污泥。特别是遇到暴雨、潮汐等灾害性天气时，可集中数台大小潜水泵紧急排出低洼地、管廊及地下构筑物的积水。另外，一些中小型潜污泵还被安装于泵吸式吸泥机上，用于吸取池底的活性污泥；安装于刮泥机上，用于冲洗浮渣槽及浮渣管中的积渣。

潜水式砂泵主要使用在污水厂的除砂工序中，如桁车泵吸式除砂机一般就是使用潜水式砂泵来吸取曝气沉砂池底部的沉砂。而洗砂及砂水分离工序也要安装使用潜水砂泵。

离心式潜污泵与一般离心泵相比，全泵潜入水下工作，结构紧凑、体积小。由于这种泵安装时不需要牢固的基座，所以，不需要庞大的泵房及辅助设备，不需要吸水管和吸水阀门，更不需要加水泵、真空泵等设施，在很大程度上节约了构筑物及辅助设备的费用。大部分潜水泵维护和检修时可将其泵体从水中吊出，而不需要排空吸水井中的积水。另外，潜污泵不存在最大允许吸上高度，不会发生气蚀现象。潜水式电泵的缺点是，对电机的密封要求非常严格，如果密封质量不好或使用管理不善，会因漏水而烧坏电机。现在一些新型潜水泵使用较好的机械密封，加装温度传感器和湿度传感器，可有效地保护潜水泵电机安全运转。

③轴流泵和混流泵。轴流泵和混流泵与离心泵一样，都属于叶片泵。在污水处理厂，轴流泵和混流泵多用于大流量、低扬程的场合，如低扬程的污水泵站、活性污泥的回流等。

轴流泵的工作是以机翼的升力理论为基础的，其叶片与机冀具有相似形状的截面；叶片在水中旋转时，使液体围绕泵轴作螺旋状上升，在导叶的作用下将水流转为轴向流动，故称为轴流泵。轴流泵一般为立式安装，少数为倾斜安装和卧式安装，一些小型移动式轴流泵为随机安装。

混流泵是介于离心泵与轴流泵之间的一种泵，是靠叶轮旋转而使水产生的离心力和叶片对水的推力双重作用而工作的。混流泵按其结构分为蜗壳式和导叶式两种，一般中小型泵多为蜗壳式，大型泵为蜗壳式和导叶式。按其安装形式可分为立式、卧式和潜水式。混流泵的特点是流量比离心泵的大，较轴流泵的小；扬程较离心泵的低，较轴流泵的高。在混流泵的性能曲线上，高效范围宽广，气蚀性能能适应水位的变化，因此，这种泵近年来在国内外发展较快。

④螺旋泵。螺旋泵是放在倾斜的水槽中，使螺旋旋转的扬水机构，因为转速低、可靠性高，而被广泛采用。污水处理厂一般使用螺旋泵作为回流污泥泵和剩余污泥泵，中小型污水厂的提水泵站内有时也采用螺旋泵。

螺旋泵的操作非常简单，工作时应尽量使其吸水位在设计规定的标准点。但由于某些原因，进水量达不到标准水位，或者超过标准水位时，螺旋泵仍能正常工作。螺旋泵的润滑部位是水中轴承、上轴承及变速箱。由于前述原因，水中轴承的润滑与保养就显得格外重要。

由于螺旋泵的螺旋部分比较长，并且其自重与扬水重会使螺旋发生挠曲，这种挠曲及所造成的影响一般在生产单位已得以纠正。作为操作管理人员应注意的是，当泵长期停用时，螺旋向下的挠曲会永久化，因而影响到螺旋与水泥槽之间的间隙及螺旋部分的动平衡，所以，每隔一段时间就应将螺旋旋转一个角度以抵消长期向一个方向挠曲所造成的不良影响。

螺旋泵的螺旋部分大都工作在室外。在北方冬季，启动之前应检查其吸水池内是否结冰，螺旋部分是否与泵槽冻结在一起，并提前清除积冰，以免起动时造成破坏。

螺旋泵在运行中的声响是较大的，操作者应分辨出哪些是正常运转的声响，哪些是异常的声响。例如，叶片与泵槽相干涉时，会发出如钢板在地面刮行的声响，此时应立即停泵检查故障，调整间隙。上部轴承发生故障时也会发出异常的声响且轴承外壳会发热，比较好检查。而水下轴承的故障则不太容易发现，因为螺旋泵是可以空车运行的，此时应排空池水空车运转，以便发现水下轴承的故障。

4)罗茨式鼓风机。罗茨式鼓风机是低压容积式鼓风机，排气压力是根据需要或系统阻力确定的。与离心式鼓风机相比较，进气温度的波动对罗茨式鼓风机性能的影响可以忽略不计。当进气温度从－18 ℃变化到 38 ℃时，进气量的变化很小，消耗功率差别不大。当相对压力低于或等于 48 kPa 时，罗茨式鼓风机效率高于相同规格的离心式鼓风机的效率。当流量小于 14 m^3/min 时，罗茨式鼓风机所需功率是离心式鼓风机的一半，首次费用也是离心式鼓风机的一半。

选用罗茨式鼓风机还是离心式鼓风机，最终取决于使用要求。例如，罗茨式鼓风机比较适合好氧消化池曝气、滤池反冲洗，以及渠道和均质池等处的搅拌，因为这些构筑物由于液位的变化，会使鼓风机排气压力不稳定。离心式鼓风机比较适合于大供气量和变流量的场合。

5. 污水处理机械设备的运行管理与维护

随着污水处理事业的发展，污水厂的机械化、自动化程度也不断提高，污水厂使用的设备越来越多，越来越复杂。污水厂不仅使用许多污水处理所特有的专用设备而且使用许多通用设备，所有这些设备都应该使用好、保养好、修理好和管理好，充分发挥这些设备的工作潜能，才能使整个污水处理厂正常地运转起来。

(1)熟悉并正确使用设备。设备的正确使用,对于设备的寿命、污水厂的生产运行都至关重要,也是设备技术管理人员必须解决的问题。

(2)建立完善的设备档案。设备档案分三个部分:第一部分是设备的说明书、图纸资料、出厂合格证明、安装记录、安装及试运行阶段的修改洽商记录、验收记录等。第二部分是对设备每日运行状况的记录,由运行操作人员填写。如每台设备的每月运行时间、运行状况、累计运行时间,每次加油(换油)的时间,加油部位、品种、数量,故障发生的时间及详细情况,易损件的更换情况等。每月作一次总结,并上报到运行管理部门。第三部分是设备维修档案,包括大修、中修的时间,维修中发现的问题、处理方法等。

(3)建立完善的巡视检查和交接班制度。污水处理厂的工艺设备分布分散,且大部分处于露天或者半露天位置,因此,建立并严格地执行巡视检查和交接班制度十分重要。大中型污水处理厂应设有中心控制室,可以对这些设备实现远距离监控。这些监控必须在 24 h 内不间断地进行,一旦发生故障可以及时远控停机并马上到现场处理。除此以外,针对设备运行状况到运行现场巡回检查仍是必不可少的。为了及早发现设备故障前兆,防止故障扩大,巡视检查制度应严格遵守,一般来说,对 24 h 不间断运行的设备,白天应每 2～3 h 检查一次,夜间也至少安排 2～3 次检查。对于无远距离监控的污水处理厂,对设备巡查的密度还应适当加大。

(4)加强设备运行方案的最佳调度。在使设备在良好的工作状态下运行,保证其正常使用寿命的同时,在保证完成水处理任务的前提下,尽量减少设备的无效运转及低效运转,保证大部分设备满负荷运行,这样,既减少设备的磨损,又降低生产成本。

(5)加强设备的日常维护和保养。在设备投入运行后,必须加强维护和保养工作。第一,设备管理部门要加大宣传力度,强化设备维护保养意识。第二,制定维护保养规程,明确操作程序,真正做到有章可循。该规程要根据设备制造厂的说明书和现场情况而制定,主要包括清洁、调整、紧固、润滑和防腐等内容,同时规定周期。第三,保养与维护工作人员，要按照规程严格执行，同时做出记录，并将发现的异常情况向管理部门反映。设备管理部门要定期检查和核实，对工作不完善或未做的项目，要督促责任人及时完成。第四，设备技术管理人员，要根据设备实际运行情况，不断完善维护保养规程，充分做到每台设备均有很强针对性的维护保养规程。第五，厂内要实行定期的设备维护保养评比工作，奖励先进、督促后进。

(6)建立设备的完好标准和修理周期。污水处理厂设备的完好程度是衡量污水厂管理水平的重要方面。设备完好程度可用设备完好率来衡量，是指一个污水厂拥有生产设备中的完好台数，占全部生产设备台数的百分比。设备使用了一段时间以后，必须进行小修、中修或大修。有些设备，制造厂明确规定了设备的小修、大修期限；有的设备没有明确规定，那就必须根据设备的复杂性、易损零部件的耐用度，以及本厂的保养条件确定修理周期。

(7)保持设备良好的润滑状态。要使设备保持长期、稳定、正常的运行，就要时刻保持各运转部位良好的润滑状态。润滑油脂除了使设备在运转中减少摩擦、磨损之外，还有防腐、防漏及降温等功能。一般设备在出厂前就规定了其加油的部位、加油量、每次加换油脂间隔的时间，以及在什么样的温度条件下加什么油脂。但各个污水厂的设备工作条件不同，气候条件不同，因此，还应由本单位的专业技术人员根据本单位的条件定出各个设备的加油规章。对购买来的油脂应贴上标签，分类保管，严防错用、污染、混合或进水。对一些开放式传动的部位，如齿轮副、螺杆、蜗轮蜗杆及链轮链条等，表面的润滑油脂会沾上风吹来的尘沙及水中的污物，影响润滑效果和加速磨损，应根据运转条件的不同定期清洗，更换油脂。对在较长时间内停用的设备，如备用机械或正在维修保养的设备，应保持润滑油、液压油、润滑脂的规定油位及数量，这是因为停用的设备更容易生锈。

第八章　小城镇中水利用与回用

建筑中水主要用于冲厕、洗车、消防、绿地等生活杂用，也称为“杂用水”。中水回用是指将小区居民生活废水（沐浴、盥洗、洗衣、厨房等）集中起来，经过适当处理达到一定标准后，再回用于小区的绿化浇灌、车辆冲洗、道路冲洗以及家庭坐便器冲洗等方面，从而达到节约用水的目的。

第一节　概　述

一、中水水源

中水水源的选择是中水工程设计中的一个关键问题，一般应根据下述要求选用。

(1)中水水源选择应根据原水水质、水量、排水状况和中水回用的水质水量来确定。例如，原水和回用水的水量不仅要平衡，原水还应有10%～15%的余量；原水水源要求供水可靠；原水水质经处理后能达到回用水的水质标准等。

(2)中水水源一般为生活废水、生活污水、冷却水等。医院污水（尤其是传染病和结核病医院的污水）、生产污水等由于含有多种病菌病毒或其他有毒有害杂质，成分较为复杂，不宜作为中水水源。

(3)中水水源按污染程度不等一般可分为下述六种类型。选择中水水源时可以根据处理难易程度和水量大小按照下列顺序进行排列：①冷却水；②沐浴排水；③盥洗排水；④洗衣排水；⑤厨房排水；⑥厕所排水。

实际中水水源一般不止单一水源，多为上述六种原水的组合。一般可以分为下列三种组合。

1)盥洗排水和沐浴排水（有时也包括冷却水）组合。该组合称为优质杂排水，为中水水源水质最好者，应优先选用。

2)盥洗排水、沐浴排水和厨房排水组合。该组合称为杂排水，其组合水质差一些。

3)生活污水，即所有生活排水之总称。这种水质最差。

中水不同于生活饮用水，根据中水水质标准的规定，中水只能在一定范围内使用。目前，在国内中水主要回用于冲洗厕所、绿化、洗车、浇洒道路和冷却用水等方面。中水回用除了满足水量要求外，还应符合下列要求。

①应满足不同的用途，选用不同的水质。

②卫生标准是中水回用的重要指标，卫生上安全可靠，必须达标。卫生指标有大肠菌群数、细菌总数、悬浮物、生化需氧量、化学需氧量等。

③中水还应符合人们的感官要求，即无不快感觉，以解除人们使用中水的心理障碍。主要指标有浊度、色度、臭味、表面活性剂、油脂等。

④中水回用的水质不应引起设备和管道腐蚀和结垢。主要指标有 pH 值、硬度、蒸发残渣、溶解性物质等。

二、中水利用的必要性

解决我国城市大面积缺水的对策主要集中在“开源”和“节流”两个方面。“开源”，即通过修建引水工程、开采地下水、海水淡化乃至从国外进口淡水等方法增加水资源的供应量；“节流”，即通过各种方法提高水资源的利用效率，减少水资源的利用效率。但“开源”在满足城市供水需求的同时也造成了很大的副作用，修建引水工程不仅耗资巨大，耗日持久，同时，对生态环境造成了巨大的影响和破坏；而大规模开采地下水更是导致地下水位降低，形成地质漏斗、地面沉降、地裂缝等严重的地质灾难；海水淡化不仅成本较高，同时适用范围也仅限于沿海城市；从国外进口淡水更是远水难解近渴。

总而言之，解决城市缺水问题“开源”只是治标，治本还得通过“节流”来解决。在各种“节流”措施中，在城市中推行中水利用是一个极其重要的方面,是解决水资源短缺的最有效途径,是缺水城市势在必行的重大决策。

三、中水利用的可行性

(1)国家政策支持。2000 年,国务院召开的《全国城市供水节水与水污染防治工作》提出:大力提倡城市污水回用等非传统水资源的开发利用,并纳入水资源的统一管理和调配。由此可见,城市污水处理率的提高,大量城市污水处理厂的建设,回用政策的逐步完善,为城市污水回用创造了前所未有的机遇。中水利用的确是大有市场和大有可为,潜力很大,前景广阔。

(2)技术可行。我国近十几年来有关院校和科研部门组织科技攻关,在城镇和住宅小区的中水回用;城市污水净化后回用与园林绿化、市政景观、道路喷洒等;大型宾馆及娱乐场所的中水回用系统;城市中水回用与工业冷却水系统及工艺用水等方面的研究中都取得了丰硕的成果,而且也兴建了若干示范工程。随着科技的进步,任何污水都可以通过不同的工艺技术加以处理,满足任何需要。一般来说,二级出水经消毒处理后,用作市政杂用水、生活杂用水、农业用水和景观用水等;在这基础上,经混凝过滤处理,可作为工业循环冷却水等;再经进一步处理,如用膜技术处理或用活性炭吸附后,就可作为工业上工艺用水或地面水、地下水回灌补充水等。

(3)经济可行。中水利用在城市水资源规划中占有非常重要的地位,并且具有非常可观的经济价值。

1)提供新水源:中水利用在对健康无影响的情况下,为我们提供了一个非常经济的新水源。减少了由于远距离引水引起的数额巨大的工程投资。

2)中水回用在提供新水源的同时,可以减少新鲜自来水用量,因此,相应减少了城市自来水处理设施的投资。

3)中水利用还可以减少污水排放数量,减少控制水体污染引起的治理费用。这些经济效益都是促使国内外许多城市采用中水利用的因素。

据国内专家的统计，当采用小区污水为中水水源时，人口大于1万或中水用水量达到750 m^3/d 以上为经济；在城市污水处理厂增设中水回用系统，主要是新建一个净水间，其投资只是新建一个净水厂投资的30%，发达国家的经验证明，在城市污水处理厂增设中水回用系统是最可行、有效的互益工程。

四、中水利用的意义

(1)比远距离引水造价低。由于小区中水回用处理装置安装在小区内，减少了输水管线的基建投资和运行费用，将污水处理到杂用水程度，其基建投资只相当于从30千米外引水，若处理到可回用作较高要求的工艺用水，其基建投资相当于从40～60千米外引水。

(2)比海水淡化经济。由于小区生活污水污染物浓度较低(小于0.1%)，可生化性较好，处理难度较小，而且可用深度处理方法加以去除。因此，当生活污水的排水作为中水水源时，主要污染物的浓度指标COD、BOD_5、SS、NH_3-N 可满足处理技术要求。而海水则含有3.5%的溶解盐和大量有机物，其杂质含量为污水二级处理出水的35倍以上，因此，无论基建费或单位成本，海水淡化都超过污水回用。

(3)小区污水回用开辟了第二水源，降低了小区新鲜水取用量，经处理后的污水回用于小区，减少了污水的排放量，减轻了受纳水体的污染，也减少了治理环境污染的投资。所以，污水回用既节约了水资源，也消除了环境污染，具有多重效益。

第二节　中水利用与回用

一、中水用途及水质标准

中水的最大用途是冲洗厕所，占使用量的90%以上。根据不同的处理程度、出水指标和各用途的用水水质标准，各类中水的用途及标准详见表8-1。

表 8-1 各类中水用途及水质标准

用途	冲洗厕所		空调冷却		洗车、消防		洒水		北京中水水质标准
国家或地区	美国	日本	美国	日本	美国	日本	美国	日本	
浊度(NTU)	20	<5~30	10	<10	10	<5~15	20	<5~25	—
pH 值	—	5.8~9.0	—	5.8~9.0	—	5.8~9.0	—	5.8~9.0	6.5~9.0
COD/(mg/L)	—	<20~60	—	<20~60	—	<20~60	—	<20~60	50
余氯/(mg/L)	—	—	—	—	—	>0.2	—	>0.2	管网末端>0.2
硬度(以 $CaCO_3$ 计)/(mg/L)	—	<300~500	300	<300	—	<200~500	—	<300~500	—
悬浮物/(mg/L)	—	—	—	—	—	—	—	—	10
蒸发残渣/(mg/L)	—	<500~100	800	<300	500	<500	—	<1 000	—
氨氮/(mg/L)	—	<20	—	<20	—	<10	—	<10	—
ABS/(mg/L)	<1	<2	<1	—	—	—	—	—	<2
大肠杆菌/(个/L)	—	0~1	—	—	—	0~1	—	0~1	<3
细菌总数/(个/mL)	—	<100	—	—	—	—	—	—	<100
BOD/(mg/L)	—	10~20	—	<10	—	<10	8	<10	<10
色度/度	40	10~50	30	无不快感	30	<20~30	30	<20~50	<40

二、中水处理

中水回用处理技术方法一般分为前处理、中心处理和后处理三个阶段。其核心为中心处理阶段，该阶段的处理方法按照处理水水质的不同，回用用途的不同，选用的处理方法和工艺的不同，可分为物理化学处理法、生物处理法和膜处理法三大类。三种中水回用处理技术的比较详见表 8-2。

表 8-2　物理化学处理法、生物处理法和膜处理法的比较

分类		作用机理	适用范围	优点	缺点	工艺流程
物理化学处理法		以混凝沉淀（气浮）技术和过滤技术相结合的基本方式，主要用于处理优质杂排水	适用于处理规模较小的中水工程	处理工艺流程短，运行管理简单、方便，可间歇运行，占地相对较小	运行费用较大，且出水水质受混凝剂种类和数量的影响，有一定的波动性	原水→格栅→调节池→絮凝沉淀池→超滤膜→消毒→出水
生物处理法		利用好氧微生物的吸附、氧化作用，降解污水中的有机物质	适用于大、小规模的中水工程	出水水质较为稳定，运行费用相对较少	水量负荷变化适应能力小，间歇运转适应能力差，装置的密封性差，产生臭气多，运转管理较复杂	原水→格栅→调节池→接触氧化池→沉淀池→过滤→消毒→出水
膜处理法	连续滤膜	以微滤膜为中心处理单元，实现物理分离之目的	适用于各种中水工程	设备控制简单，系统可自动运行；占地小；使用寿命长；运行费用较低	工程投资较大、处理成本较高；在长期的运转中，膜作为一种过滤介质易堵塞，膜的通水量随时间而逐渐下降，需进行有效的反冲洗和化学清洗，防止和减缓膜的堵塞	原水→格栅→调节池→膜生物反应器→超滤膜→消毒→出水
	膜生物反应器	使污水中的大分子等难降解成分在体积有限的生物反应器内有足够的停留时间，从而达到较高的去除效果	适用于各种中水工程	出水水质好、占地小，易于实现自动控制		

中水处理中存在以下问题。

（1）水处理工艺设计不合理。设计人员对中水工程的设计经验缺乏，大多是按照污水常规的处理技术和设计方法来设计中水工程，并没有考虑到中水处理工艺的特点，选择的处理工艺及设计参数也不是很合理，使工程运转不正常。

(2)工程的施工质量较差。中水处理工程对施工要求非常高,倘若施工不当,将会影响之后的运行,导致处理效率降低,严重的会使构筑物报废。

(3)水处理的技术和工艺不是完全的熟练。由于中水工程所具有的特殊性,要求处理技术娴熟,投资小,占地小,运行费用低,管理方便和简单运行稳定,出水效果好,在实际中选择出完全符合此条件的处理工艺就更为艰难。

(4)温度的变化影响运行效果。当下的中水处理大部分都是采用生物处理技术,受温度的影响较大,北方的地区冬季气温低,出水水质会受到一定程度的影响。

(5)维护与维修不及时。某些设备由于没有清理淤泥或是设备损坏都会影响到整个处理过程。

三、中水回用方式

1. 单独循环方式

单独循环方式是指在单体建筑物中建立中水处理和回用设施,这种方式不需要在建筑物外建立中水管道,但其处理费用较高。

2. 小区循环方式

小区循环方式一般用于大规模的住宅区、较新的开发区等范围较小的地区,区内建筑可共同使用一套中水处理系统和中水道。

3. 地区循环方式

利用城市污水处理厂的三级出水、雨水、河水等作为中水水源,供给某个区域的建筑或住宅。

四、中水供水方式

中水的供水方式由建筑物高度、室外中水配水管网的可靠压力、室内管网所需压力等因素决定。

1. 简单的供水方式

当室外中水配水管网所具有的可靠水压大于室内中水系统所需

总水压时，可采用不另设泵和水箱中水供水方式。该方式水平干管可布置在首层地下、地沟内或地下室顶棚下，也可布置在最高层的顶棚下、吊顶内或技术层中。这种方式的优点是设备少、维护简单、投资少。

2. 单设屋顶水箱的供水方式

当室外中水配水管网的水压大部分时间可满足室内中水系统所需水压，只是在某一用水高峰时间不能保证室内供水时，可采用只设屋顶水箱的中水供水方式。当室外中水配水管网压力较大时，可供水给楼内用户和水箱；当水压下降时，高层的用户可由水箱供给中水，该方式的水平干管一般为下行敷设。

3. 设置水泵和屋顶水箱的供水方式

当室外管网水压低于室内所需水压时，靠水泵抽水到屋顶水箱。

4. 分区供水方式

对于多层和高层建筑，为缓减管中配水压力过高，可将建筑竖向分区供水。低区由室外配水管网直接供水，高区由水泵和水箱供水。

五、中水回用系统分类

中水处理回用系统按其供应的范围大小和规模，一般有下列四大类。

1. 排水设施完善

该系统中水水源取自本系统内杂用水和优质杂排水。该排水经集流处理后供建筑内冲洗便器、清洗车、绿化等。其处理设施根据条件可设于本建筑内部或临近外部。

2. 排水设施不完善

城市排水体系不健全的地区，其水处理设施达不到二级处理标准，通过中水回用可以减轻污水对当地河流再污染。该系统中水水源取自该建筑物的排水净化池（如沉淀池、化粪池、除油池等），该池内的水为总的生活污水。该系统处理设施根据条件可设于室内或室外。

3. 小区域建筑群

该系统中水水源取自建筑小区内各建筑物所产生的杂排水。该系统可用于建筑住宅小区、学校以及机关团体大院。其处理设施放置小区内。

4. 区域性建筑群

该系统特点是小区域具有二级污水处理设施，区域中水水源可取城市污水处理厂处理后的水或利用工业废水，将这些水运至区域中水处理站，经进一步深度处理后供建筑内冲洗便器、绿化等用途。

六、中水回用技术

中水回用特点为用各种物理、化学、生物等手段对工业所排出的废水进行不同深度的处理，达到工艺要求的水质，然后回用到工艺中去，从而达到节约水资源、减少环境污染的目的。主要有以下两种回用技术：

1. 冷却水技术

节约冷却水是工业节水的主要途径。

（1）改直接冷却水为间接冷却水。在冷却过程中，特别在化学工业中，如采用直接冷却的方法，往往使冷却水中夹带较多的污染物质，使其失去再利用的价值，如能改为间接冷却，就能克服这个缺点。

（2）降低冷却要求，减少冷却水用量。

（3）采用非水冷却。如在某种工艺生产中，采用空冷或油冷，达到冷却的目的。

（4）利用人工冷源或海水作冷却水，减少地下水或淡水用量。

（5）合理利用冷却水。对已使用过的冷却水可以进行一定的降温措施后，反复使用，也可以在第一次作为冷却水使用后，用于其他对水质、水温要求较低的场合。

在采用这个办法时，要注意各车间供水系统的密切配合，加强冷却水的管理，避免因一个环节出问题而影响其他车间供水。

（6）冷却水的循环利用。这种冷却水利用技术主要是经过冷却器变成的热水经过冷却构筑物使水温降到回用水水温,从而循环使用。

冷却水在循环使用时,应注意水中细菌的繁殖、水垢的形成、设备腐蚀、水压、水量变化等问题。

2. 一水多用

由于生产工艺中各环节的用水水质标准不一,因此,将某些环节的水经过适当的处理后重复利用或用于其他对水质要求不高的环节中,以达到节水的目的。如:可先将清水作为冷却水用,然后送入水处理站经软化后作锅炉供水用;城市污水集中处理后用于生产、生活等。

第九章　海水淡化与利用

第一节　概　述

一、海水的特征

海水是一个含有多种无机物和有机物的复杂的溶液体系，其中许多胶体为亲水胶体，因而，海水中的悬浮颗粒具有较强的分散稳定性，较淡水中更难以沉降。

根据测定，海水中含量最多的化学物质有 11 种：钠、镁、钙、钾、锶五种阳离子；氯、硫酸根、碳酸氢根（包括碳酸根）、溴和氟五种阴离子和硼酸分子。其中，排在前三位的是钠、氯和镁。为了表示海水中化学物质的多寡，通常用海水盐度来表示。海水的盐度是海水含盐量的定量量度，是海水最重要的理化特性之一，与沿岸径流量、降水及海面蒸发密切相关。盐度的分布变化也是影响和制约其他水文要素分布和变化的重要因素，所以，海水盐度的测量是海洋水文观测的重要内容。

海水的盐度一般在 3.5％左右，海洋中发生的许多现象都与盐度的分布和变化有密切关系，所以盐度是海水的基本特性。有些海区如红海，由于日照相当强烈，蒸发量大，盐度可高达 4.0％以上；而降雨量大，河流注入较多的波罗的海北部的波的尼亚湾里，盐度可低至 3‰。即使在同一海区，海水的盐度在水平方向和垂直方向上都有不同的变化。海水越深，压力越大，温度也就越低，盐分的浓度就越高。

海洋因为洋流、潮汐和风，会产生波动。海面的波动比较激烈，而深海处几乎没有太大的变化。

二、海水利用现状

我国目前的海水利用缺乏联合，产业规模也太小。海水利用及其技术装备生产缺乏相对集中和联合，因而技术攻关能力弱，低水平重复引进、研制多，科研与生产脱节现象严重。这是影响海水利用技术产业发展，特别是影响海水综合利用发展的一个突出问题。

三、海水利用前景

海水利用主要有三个方面：一是海水代替淡水直接作为工业用水和生活杂用水，用量最大的是作工业冷却用水，其次还可用在洗涤、除尘、冲灰、冲渣、化盐制碱、印染等；二是海水经淡化后，提供高质淡水，供高压锅炉用，淡化水经矿化作饮用水；三是海水综合利用，即提取化工原料。

世界上许多沿海国家，工业用水量的40%～50%为海水，1962年日本工业用水总量为313.5亿m^3，其中海水约占56.56%。1967年工业用水总量增至567.7亿m^3/年，海水约占60.81%。1980年仅电力冷却用海水就增至约1 000亿m^3/年，预计1995年将达到1 954～1 960亿m^3/年。美国1980年工业海水用量达到140亿m^3。前苏联和欧洲国家都大量地利用海水作为工业冷却水。

我国沿海城市直接利用海水作工业冷却水已有60余年的历史。大连、青岛、天津、烟台、秦皇岛、上海、威海等沿海城市都已大量地利用海水。

我国和其他国家一样，以海水作工业用水，目前主要是用作工业冷却水。冷却用水占海水总用量的95%以上，其中，滨海各发电厂用量最大，其次为石油和化工企业。如上海石油化工总厂热电厂年用海水3.6亿m^3，天津大港电厂为7.2亿m^3，浙江镇海电厂为11亿m^3，山东龙口电厂为4亿m^3，黄岛电厂为3.6亿m^3。

充分利用海水不但可减轻淡水资源紧张状况，而且为企业带来了明显的经济效益。如青岛染料厂年产1万吨的硫酸车间，曾因无水而停产，后改为利用海水，在保住了1 000万元年产值的基础上还增产

300 万元；青岛碱厂在扩大海水用量之后，纯碱年产从 8 万吨增至20 万吨。

近十多年来，海水利用从工业冷却水到工艺用水，从海水淡化到海洋化工，都已有较成熟的发展。人们所关注的防腐和防治海生物两大技术难题已基本被现代科学技术所克服。

目前，我国的海水利用正在朝着资源化、产业化方面发展，尤其是沿海严重缺水城市，如大连、青岛、天津等远距离水源的开发已极其困难，有的城市已无水可调。应该利用靠海的优势和现代科学技术，拓宽海水应用领域，扩大海水用量。

资源化和产业化的另一个标志是正在酝酿的海水综合利用问题。利用发电厂低品位蒸气以蒸馏法淡化海水，制成的淡水含盐量在 5 mg/L 以下，经混合床处理供锅炉使用；浓盐水可供碱厂化盐和海水提溴等海洋化工使用。

总之，我国的海水利用方兴未艾，前景广阔。

第二节　海水的淡化

一、海水淡化的含义

海水淡化是指将海水处理成淡水，即处理后的水可供日常生活、生产或其他一般用途。海水淡化技术亦适用于苦咸水处理，故习惯上在不专门针对海水而言时统称水淡化。脱盐水、纯水和高纯水处理称为除盐。按含盐量或电阻率，水分为淡化水、脱盐水、纯水和高纯水。

(1)淡化水。淡化水指经局部除盐，其含盐量为每升几毫克至数百毫克，电阻率约数百 Ω · cm 的水。

(2)脱盐水。脱盐水指去除大部分强电解质的水，其含盐量为 1～5 mg/L，25 ℃时的电阻率为(0. 1～1. 0)×10^6 Ω · cm。

(3)纯水(深度脱盐水)。纯水是指已去除绝大部分强电解质和部分弱电解质的水，其含盐量小于 1 mg/L，25 ℃时的电阻率为(1～10)×10^6 Ω · cm。

(4)高纯水(超纯水)。高纯水中的电解质几乎全部去除,其含盐量小于 0.1 mg/L,25 ℃时的电阻率超过 $10\times10^6\ \Omega\cdot cm$。

二、海水淡化技术

水的淡化,实际上是用物理、化学方法从溶液中将水和溶质分离的技术。海水淡化技术主要有蒸馏法、膜法、联合技术、太阳能法及冷冻法等。

1. 蒸馏法

蒸馏法是将含盐水(海水或苦咸水)加热汽化,再将蒸汽冷凝成蒸馏水的淡化方法。蒸馏法的主要优点是不受水的含盐量限制,适用于有余废(废热)可利用的场合。

根据采用的设备,蒸馏法可分为低温多效蒸馏法、多级闪急蒸馏法、蒸汽压缩蒸馏法、多效蒸馏法等。

(1)低温多效蒸馏法。低温多效海水淡化技术是指盐水的最高蒸发温度低于 70 ℃的淡化技术,其特征是将一系列的水平管喷淋降膜蒸发器串联起来,用一定量的蒸汽输入通过多次的蒸发和冷凝,后面一效的蒸发温度均低于前面一效,从而得到多倍于蒸汽量的蒸馏水的淡化过程。

多效蒸发是让加热后的海水在多个串联的蒸发器中蒸发,前一个蒸发器蒸发出来的蒸汽作为下一个蒸发器的热源,并冷凝成为淡水。其中,低温多效蒸馏是蒸馏法中最节能的方法之一。低温多效蒸馏技术由于节能的因素,近年发展迅速,装置的规模日益扩大,成本日益降低,主要发展趋势为提高装置单机造水能力,采用廉价材料降低工程造价,提高操作温度,提高传热效率等。一种低温多效蒸馏法海水淡化设备,包括供汽系统、布水系统、蒸发器、淡水箱及浓水箱,供汽系统的生蒸汽入口置于中间效蒸发器上。其工作方法如下。

1)布水系统对海水进行喷淋。

2)输入生蒸汽到中间效蒸发器的蒸发管内部。

3)蒸汽在蒸发管内冷凝传出热量,蒸发管外吸收热量产生蒸发。

4)新蒸汽输送至其两侧的蒸发管内,管外吸收热量、产生蒸发。

5)各效蒸发器重复蒸发和冷凝过程。

6)蒸馏水进入淡水箱。

7)浓盐水进入浓水箱。

低温多效技术有以下优点。

1)操作温度低,完全避免或减缓了设备的腐蚀和结垢。

2)进料海水的预处理更为简单。系统低温操作带来的另一优点是大大地简化了海水的预处理过程。海水进入低温多效装置之前只需经过筛网过滤和加入 5 ppm 左右的阻垢剂,而不像多级闪蒸那样必须进行加酸脱气处理。

3)系统的操作弹性大。在高峰期,该淡化系统可以提供设计值110%的产品水;而在低谷期,该淡化系统可以稳定地提供额定值 40%的产品水。

4)系统的动力消耗小。低温多效系统用于输送液体的动力消耗很低,可降低淡化水的制水成本。

5)系统的热效率高。30 ℃的温差即可安排 12 以上的传热效数,从而达到 10 左右的造水比。

6)系统的操作安全可靠。在低温多效系统中,发生的是管内蒸汽冷凝而管外液膜蒸发,即使传热管发生了腐蚀穿孔而泄漏,由于汽侧压力大于液膜侧压力,浓盐水绝对不会流到产品水中。

虽然低温多效蒸馏法在技术上有许多优势,但是盐水蒸发温度必须低于 70%,也成为该技术进一步提高热效率的制约因素。冷凝和蒸发过程的传热系数随其操作温度提高而提高,另外由于低温操作时蒸汽的比容较大,使得设备的体积较大,无形中增加了设备的投入。因此,提高装置单机造水能力,采用廉价材料降低工程造价,提高操作温度和传热效率,是近几年国际海水淡化界努力解决的问题,也是我国今后海水淡化技术研究和发展的方向。

(2)多级闪蒸馏法。所谓闪蒸,是指一定温度的海水在压力突然降低的条件下,部分海水急骤蒸发的现象。多级闪蒸海水淡化是将经过加热的海水,依次在多个压力逐渐降低的闪蒸室中进行蒸发,将蒸汽冷凝而得到淡水。目前，全球海水淡化装置仍以多级闪蒸方法产量最大，技术最成熟，运行安全性高、弹性大，主要与火电站联合建设，适合于大型和超大型淡化装置，主要在海湾国家采用。多级闪蒸技术成熟、运行可靠，主要发展趋势为提高装置单机造水能力，降低单位电力消耗，提高传热效率等。

多级闪蒸馏法不仅用于海水淡化，而且已广泛用于火力发电厂、石油化工厂的锅炉供水、工业废水和矿井苦咸水的处理与回收，以及印染、造纸工业废碱液的回收等。一般是与火力电站联合运行，以汽轮机低压抽汽作为热源。

(3)蒸汽压缩蒸馏法。蒸汽压缩蒸馏法是利用机械压缩机把海水蒸发所产生的二次蒸汽压缩、升压和升温，再作为加热和使海水蒸发热源的过程。其优点如下。

1)需要蒸汽作为热源，所需要的仅是电能。

2)需要冷却水，设备结构紧凑，过程效率高。

3)设备可靠，可长期无故障运行。但存在压汽机造价高、设备容易结垢、规模较小等缺点。

(4)多效蒸馏法。多效蒸馏法是利用高温蒸汽与海水之温差进行热交换后，将受热沸腾而蒸发的水蒸气冷凝并收集而成。与多级闪蒸相比，其优点如下：

1)传热系数高，所需的传热面积少。

2)动力消耗低。

3)操作弹性大。

4)热利用效率高。

由于海水在加热表面上沸腾，容易在传热管壁上结垢，需要经常进行清洗和采用严格的防垢措施。此外，其规模较小，而且主要与发电站联运。

2. 膜法

海水淡化的膜法与蒸馏法相比，具有适用范围广、分离效率高、设备简单、操作方便、能耗低等优点。

(1)反渗透法。反渗透法通常又称超滤法，是利用只允许溶剂透过、不允许溶质透过的半透膜，将海水与淡水分隔开。在通常情况下，淡水通过半透膜扩散到海水一侧，从而使海水一侧的液面逐渐升高，直至一定的高度才停止，这个过程为渗透。此时，海水一侧高出的水柱静压称为渗透压。如果对海水一侧施加一大于海水渗透压的外压，那么海水中的纯水将反渗透到淡水中。

反渗透法的最大优点是节能。其能耗仅为电渗析法的1/2，蒸馏法的1/40。与蒸馏法相比，反渗透法具有以下优点。

1)反渗透海水淡化过程不发生相变化，所以，它是最节能的海水淡化方法。

2)设备简单，效率高。

3)占地面积小。

4)操作方便，容易控制。

5)设备投资低，建设周期短。

反渗透法主要缺点是对进水水质的要求较高。

(2)电渗析法。电渗析法是将具有选择透过性的阳膜与阴膜交替排列，组成多个相互独立的隔室海水被淡化，而相邻隔室海水浓缩，淡水与浓缩水得以分离。离子交换膜是0.5～1.0 mm厚的功能性膜片，按其选择透过性区分为正离子交换膜(阳膜)与负离子交换膜(阴膜)，新型离子交换膜的研制是电渗析法的技术关键。电渗析法不仅可以淡化海水，也可以作为水质处理的手段，为污水回用做出贡献。此外，这种方法也越来越多地应用于化工、医药、食品等行业的浓缩、分离与提纯。

电渗析法的优点如下。

1)设备简单，操作方便。

2)化学药剂消耗少，环境污染小。

3)设备规模和脱盐浓度范围适应性大。

4)与蒸馏法相比，能耗低。

但是，其对非电解质和弱电解质难以去除，设备部件装配技术要求高，且溶液中离子浓度越高，电耗越高；因此，电渗析法主要适用于含盐量在500～5000 mg/L的苦咸水淡化。

3. 联合技术

(1)水电联产。水电联产主要是指海水淡化水和电力联产联供。由于海水淡化成本在很大程度上取决于消耗电力和蒸汽的成本,水电联产可以利用电厂的蒸汽和电力为海水淡化装置提供动力,从而实现能源高效利用和降低海水淡化成本。国外大部分海水淡化厂都是和发电厂建在一起的,这是当前大型海水淡化工程的主要建设模式。

(2)热膜联产。热膜联产主要是采用热法和膜法海水淡化相联合的方式(即 MED-RO 或 MSF-RO 方式),满足不同用水需求,降低海水淡化成本。目前,世界上最大的热膜联产海水淡化厂是阿联酋富查伊拉海水淡化厂,日产海水淡化水量为45.4 万 m^3,其中,MSF 日产水28.4 万 m^3,RO 日产水 17 万 m^3。其优点是:投资成本低,可共用海水取水口。RO 和 MED/MSF 装置淡化产品水可以按一定比例混合满足各种各样的需求。

4. 太阳能法

人类早期利用太阳能进行海水淡化,主要是利用太阳能进行蒸馏,所以,早期的太阳能海水淡化装置一般都称为太阳能蒸馏器。被动式太阳能蒸馏系统的例子就是盘式太阳能蒸馏器,人们对其应用有近 150 年的历史。由于太阳能蒸馏器结构简单、取材方便,至今仍被广泛采用。目前,对盘式太阳能蒸馏器的研究主要集中于材料的选取、各种热性能的改善,以及将其与各类太阳能集热器配合使用上。与传统动力源和热源相比,太阳能具有安全、环保等优点,将太阳能采集与脱盐工艺两个系统结合是一种可持续发展的海水淡化技术。

太阳能海水淡化技术由于不消耗常规能源、无污染、所得淡水纯度高等优点而逐渐受到人们重视。太阳能蒸馏法就是采用简单的太阳能蒸馏器。该蒸馏器由一个水槽组成,水槽内有一个黑色多孔的毡心浮洞,槽顶上盖有一块透明、边缘封闭的玻璃覆盖层。太阳光穿过透明的覆盖层投射到黑色绝热的槽底,转换为热能。因此,塑料芯中的水面温度总是高于透明覆盖层底的温度,水从毡芯蒸发,蒸汽扩散到覆盖层上冷却为液体，排入不透明的蒸馏槽中。

5. 冷冻法

冷冻海水淡化法原理：海水三相点是使海水汽、液、固三相共存并达到平衡的一个特殊点。若压力或温度偏离该三相点，平衡被破坏，三相会自动趋于一相或两相。真空冷冻法海水淡化正是利用海水的三相点原理，以水自身为制冷剂，使海水同时蒸发与结冰，冰晶再经分离、洗涤而得到淡化水的一种低成本的淡化方法。与蒸馏法、膜海水淡化法相比，冷冻海水淡化法能耗低，腐蚀、结垢轻，预处理简单，设备投资小，并可处理高含盐量的海水，是一种较理想的海水淡化法。

冷冻海水淡化法工艺之脱气由于海水中溶有的不凝性气体在低压条件下将几乎全部释放，且又不会在冷凝器内冷凝，这将升高系统的压力，使蒸发结晶器内压力高于二相点压力，破坏操作的进行。显然减压脱气法适合本系统。

冷冻海水淡化法工艺之预冷海水脱气后可与蒸发结晶器内排出的浓盐水和淡化水产生热交换，预冷至海水的冰点附近。

三、海水淡化技术的比较

海水淡化方法都各有特点，又适用于不同的场合。下面就以产水量、能耗、预处理要求、淡化水水质、环境影响、占地面积等方面进行综合比较，以便可以充分地利用淡化方法。

1. 产水量

截至2001年，全球淡化工厂中，反渗透法为66.2%，电渗析法为10.3%，多级闪急蒸馏法为8.6%，蒸汽压缩法为7.2%，多效蒸馏法为4.6%。在产水量方面反渗透法为首选。

2. 能耗

能耗的高低是评价各种海水淡化方法优劣的主要指标。由于反渗透法无相变，所以其能耗比热法要低。由于热法需要更高的操作温度，蒸馏法脱盐需要的温度范围在40%～120%，而膜法操作的温度范围仅为0～40%。蒸汽是热法主要消耗的能量形式，许多多级闪急蒸馏法海水淡化厂都与电厂合建，通过利用电厂产生的废热来提高经济性。而膜法并不需要蒸汽，其大部分的能耗来自于使盐水透过膜元件所需要的压力。所以，反渗透法能耗占总运行成本的比例要低于热法。在耗能方面反渗透法为首选。

3. 预处理要求

海水淡化预处理的主要内容有杀菌、降浊、阻垢、脱气等。不同的海水淡化方法，对预处理系统要求也各不相同。

蒸馏法中海水中溶解的气体能在传热面上而形成气膜，减低传热速度；此外，溶解氧会加速设备和管道的腐蚀；CO_2 的存在会引起钙镁结垢。因此热法必须严格脱气，而膜法则不需要。但总体而言，与反渗透法相比，蒸馏法对进入装置的海水水质要求不高。

由于反渗透膜不耐氯等氧化性物质，而且海水中的有机物、藻类、细菌会导致膜的污染，因此需要必要的预处理以防止膜的污染和结垢。

4. 淡化水水质

蒸馏法是经过蒸发、冷凝产生淡水的过程，因此热法的产品水质优于膜法。一级反渗透法所产淡水纯度为300～500 mg/L，而热法淡化水的含盐量仅为5～10 mg/L。反渗透产水纯度很大程度上与进水水质有关，可利用二级反渗透工艺提高出水水质，但这种方法会增加投资和操作成本。

5. 环境影响

绝大多数的海水淡化厂的浓盐水直接排回大海，其稀释的速度取决于排放位置的深度和潮流的流速。

6. 占地面积

多级闪蒸、多效蒸馏、蒸汽压缩和反渗透的占地面积分别为5 000 m^2、6 000 m^2、5 000 m^2、3 000 m^2。由此可见，反渗透法在节约占地方面优势明显。

第三节 海水利用

一、海水的直接利用

海水直接利用就是用海水代替淡水的技术和过程。海水经灭菌、杀生及除藻处理后，可替代淡水，直接作为工业用水、城市生活用水、农业用水等。

1. 用作工业用水

海水用作工业冷却水涉及取海水、预处理、海水腐蚀和海洋生物附着等，其中最关键的是防腐和防海洋生物附着问题。

海水冷却分为海水直流冷却和海水循环冷却。海水直流冷却是指原海水经换热设备进行一次性冷却后排放的过程；海水循环冷却指原海水经换热设备完成一次冷却、再经冷却塔冷却后循环使用的过程，该项技术和相关的防腐、阻垢和防污损生物附着以及防盐雾飞溅等技术基本成熟。

防止海洋生物附着的技术主要有涂防污涂料、加氯杀生、电解海水杀生及窒息法杀生等。臭氧杀生、辐射杀生和电击杀生等技术在国内极少采用。

海水含盐量高且成分复杂，仅海水的电导率就比一般淡水高两个数量级，这就决定了海水腐蚀时电阻性阻滞比淡水小得多，海水较淡水有更强的腐蚀性；且海水所含盐分中氯化物比例很大，海水的氯度高达19%，因此，大多数金属如铁、钢、铸铁等在海水中不能建立钝态。同时，海水中微生物和大生物的种类多、含量高，易产生生物污损，进而导致危害较大的微生物腐蚀或垢下腐蚀。另外，海水中的成垢离子如Ca^{2+}、Mg^{2+}等的浓度远高于一般淡水，随浓缩倍数提高，结垢倾向加大，普通阻垢分散剂不能有效控制化学污垢沉积。因而，采用海水作循环冷却水存在着严重的腐蚀、结垢和污损生物附着等问题。

海水循环冷却水处理较淡水循环具有更大的难度。但是，海水循环冷却技术实验室研究表明，通过添加海水缓蚀剂、阻垢分散剂、菌藻杀生剂等药剂，在腐蚀控制、污垢控制、菌藻控制等方面可以达到或接近国家有关标准规定的技术指标要求。

海水直接用作工业冷却水具有以下优点。

(1)水源水质稳定：海水自净能力强，水质较稳定，采用量不受限制。

(2)水温适宜且稳定：工业生产利用海水冷却，带走生产过程中多余的热量。海水，尤其是深层海水的温度较低，且水温较稳定，如大连海域全年海水温度在 0～25 ℃。

(3)动力消耗低：一般多采取近海取水，无须远距离输送。

(4)设备投资少，占地面积小：与淡水循环冷却相比，可省却回水设备、冷却塔等装备。

海水用作工业用水的其他用途如下。

(1)用海水作树脂再生还原剂和溶剂，如用海水作为离子交换树脂再生还原剂软化锅炉水、海水化盐等。

(2)海水除尘及传递动力，如水幕除尘及海水冲灰、用海水代替淡水传递动力等。

(3)海水洗涤。

(4)用于印染。

(5)燃煤电厂用海水烟气脱硫等。

2. 用作城市生活用水

利用海水作为生活用水是一项综合技术，其涉及海水取水、前处理、双管路供水、贮水、卫生洁具等系统的防腐和防生物附着技术；生活用海水与城镇污水系统混合后含盐污水的生化处理技术；合理利用海洋稀释自净能力处理生活用海水。其主要内容如下。

(1)生活用海水进入城镇污水系统后混合污水的生化处理技术。进入城镇污水系统后，冲厕海水中的高含盐量必然会对污水生化系统带来影响，甚至会使原污水生化处理系统不能正常运行，因此，该问题是生活用海水排放的关键。

(2)利用海洋稀释自净能力将生活用海水进行深海排污的研究。海洋生态系统中存在着物理过程、化学过程和生物过程，外界输入的物质、能量经过这三种过程的联合作用，完成其分布、形态组成、种类与数量变迁，使得海洋生态系统能够在长时间内维持一种相对平衡的状态。广阔的海洋生态系统因此具有极强的自我恢复能力，这种自我恢复能力是以上三种过程对外界输入的物质、能量的一种同化作用能力的表征，称之为自净能力。有效利用海洋自净能力将冲厕海水进行深海排污无疑是一种明智的选择，但必须有严格的限制条件和要求。

海水作为城市生活用水需要注意以下几个方面的问题。

1)含海水城镇污水的物化处理。海水中悬浮颗粒具有较强的分散稳定性，自然沉降困难，这对于海水含量较高的城镇污水一级处理可能有一定影响。有研究表明，向海水中投加适当的混凝剂，沉淀效果较好。但其中城镇污水中含有多少海水才能显著影响其沉降性能、采用混凝剂的种类及其絮凝条件等问题，目前还缺乏研究。

2)含海水城镇污水的生化处理。海水对城镇污水二级生物处理的影响，主要体现在各类盐离子对微生物代谢活性的影响。高盐环境及盐浓度的变化会对正常的生物处理系统产生一定的冲击，冲击强度与盐的种类有关。经过适当的驯化和筛选，生物处理系统对盐的忍耐力可以得到加强，抑制浓度能够提高数倍。对于一般的城市污水处理厂，以总盐量及各盐类离子的中等抑制浓度推算出城镇污水中可以接受的海水百分比，详见表 9-1。

表 9-1　城市污水中海水的理论允许含量

项目	Na^{+}	K^{+}	Ca^{2+}	Mg^{2+}	SO_4^{2-}	Cl^{-}	总盐量
百分比(%)	32～51	100	100	80～100	18～36	25～50	15～30

考虑到海水直接利用特别是海水冲厕的应用一般在新建城区，单独建设集中式污水处理厂的可能性较大，因而，有必要研究高海水含量的城镇污水处理技术。

3)含海水城镇污水的排海处理。含海水的城镇污水深海排放也是可行的处理途径之一。其环境影响与正常城镇污水的排海基本一致，在某些方面的影响可能还小于单纯的城市污水。一般来说，当淡水与海水快速混合时，淡水中的微生物很快死亡。但海水在城市用水中的直接利用，使得病原微生物先经历了一个低盐环境的适应期，再进入海水后，生存期有可能延长。

海水经简单的预处理后，可代替淡水冲洗厕所。据分析，冲厕用水占城镇生活用水的1/3左右。利用海水代替淡水冲厕，可缓解淡水资源日益紧缺的局面，将获得显著的节水经济效益。

3. 用作农业用水

海水在农业中的应用主要包括农业灌溉、果蔬洗涤、牲畜饮用、浅海湾和河口湾的水禽养殖等。

海水农业是在沿海盐碱荒地或内陆盐碱地上，种植能用海水直接浇灌的盐生、有经济价值作物的一类农业。海水农业扩大了直接利用海水的领域，作为现代化农业的一个新分支正在兴起，是人类面临自然灾害、生态环境恶化的合理选择与有效对策。海水灌溉农业的特点如下。

(1)海水灌溉农业是用海水或者与淡水混合的水进行灌溉。世界上的植物能与海水相容的很多，由于地球上的海水是淡水的近百倍，海水植物的数量应该超过淡水植物。

(2)海洋农业中的海藻种植、红树林栽培，水、土、苗是纯海洋的；而海水灌溉农业中的水、土是海洋的，植物却可以是陆生的。这种资源体系的二元化是海水灌溉农业的本质特征。它体现着海水灌溉农业节水、产品独特等优点，也直接制约着产业的分布，将其限制在沿海岸线的狭长地带，并可能是不连续的(被基岩海岸割断)，土地高程一般不高于海平面。

我国蕴含丰富的海水灌溉农业所必需的自然资源，包括海水、滩涂和耐盐植物。中国有大陆岸线18 000 km，海岛岸线14 000 km，可以利用海水的国土范围巨大。目前有沿海滩涂207.79亿平方米，由于入海江河携带大量泥沙，河口滩涂还以每年(2.0～3.0)亿平方米的速度继续淤长；我国的滩涂分布相对集中，为海水灌溉农业的发展提供了有利条件。

此外，盐生植物的筛选、改良和利用技术以及通过细胞工程、基因工程培育耐海水和高度耐盐的农作物新品种等问题也已初步解决。

二、海水利用的重要问题

海水用水系统的结垢、腐蚀和海生生物蔓延繁殖一直是海水利用面临的突出问题，也是影响海水利用效果的主要原因。

1. 阻垢

在海水用水系统中容易产生诸多水垢。用于海水用水系统的阻垢方法，主要如下。

(1)酸化法，以降低水的 pH 值和总碱度。

(2)软化处理法，以减少水中钙、镁等构成硬度的离子含量。

(3)投加阻垢剂，如羧酸型聚合物。

2. 防腐蚀

海水用水系统的腐蚀远比结垢问题严重，防止海水用水系统腐蚀的途径如下。

(1)合理选用材质。合理选用海水用水系统小管道、管件、箱体、设备的材质，对于防止腐蚀有决定性影响。

(2)涂敷防腐涂料。金属表面常用的防腐涂料有：富氧锌、酚醛树脂、环氧树脂、环氧焦油或沥青等涂料或硬质橡胶、塑料等，以及其他一些新近开发的特种涂料。通常以富氧锌为底漆比较合理。

(3)去除水中的溶解氧。去除海水中的溶解氧也不失为防止海水用水系统腐蚀的可选方案。除氧的方法很多，一般为真空除氧、热力除氧、化学除氧、解吸除氧和离子交换树脂、氧化还原或接触催化除氧、树脂除氧等。

3. 防治海生生物繁殖

防治海生生物繁殖的措施如下。

(1)投氯法。投氯适用于防治所有的海生生物。投氯法存在的主要问题是操作管理较麻烦、长期投氯可能使海生生物产生抗药性、腐蚀金属材料。

(2)电解海水法。直接电解海水产生的次氯酸钠同样可防治海生生物。电解海水法是继投氯法之后研究开发的易行和较安全的防治海生生物的方法,目前在国外应用较多。

(3)窒息法。窒息法主要用于防治贝壳类海生生物。原理是封闭充满水的管路系统,使海生生物因缺氧及食料而自灭。此法简单易行、耗费少、效果良好,但需使管路系统停止运行,有时可能影响生产。

(4)热水法。热水法用于杀灭贝壳类海生生物。可取得良好的防治甲壳类海生生物效果,但需要足够的热源,也需使管路系统停止运行。

第十章　水资源保护与管理

第一节　概　　述

一、水资源保护的概念

在水资源开发利用中由于缺乏统一规划、统一调度、统一分配，往往出现地表水和地下水分离、上游与下游分离的局面，出现一些地区上下游抢水、工农业争水的局面，使水资源遭到破坏。水资源的严重浪费与较低的重复利用率，无疑加剧了水资源短缺的矛盾。水污染严重和水资源短缺已成为影响我国水资源持续利用的重大障碍。所以必须要对水资源进行保护。

水资源保护就是通过行政的、法律的、经济的手段，合理开发、管理和利用水资源，防止水污染、水源枯竭，以满足社会实现经济可持续发展对淡水资源的需求。对水资源全面规划、统筹兼顾、科学与节约用水、综合利用、讲求效益、发挥水资源的多种功能的同时，也要顾及环境保护要求和改善生态环境的需要。

二、水资源保护的目标

水资源保护的根本目的是保障水资源的可持续利用，通过积极开发水资源，实行全面节水，合理与科学地利用水资源，实现水资源的有效保护。

小城镇水资源可持续利用最重要的是平衡、循环与控制，具体内容如下。

(1)平衡：是指小城镇水资源开发利用的供求平衡和经济平衡，水资源的补给、转化、排泄和积蓄的平衡。是小城镇水资源可持续发展的重要基础。

(2)循环：是指通过水工程技术的运用，达到水资源开发利用和治理保护的良性循环，它是小城镇水资源可持续利用的关键。

(3)控制：是指按照水资源可供量规划建设小城镇，做到规模合理、人口适当、环境优美、经济繁荣。实质是人口与水资源、水环境的相互协调。

三、水资源保护的内容

城市人口的增长和工业生产的发展，给许多城市水资源和水环境保护带来很大压力。农业生产的发展要求灌溉水量增加，对农业节水和农业污染控制与治理提出更高的要求。实现水资源的有序开发利用、保持水环境的良好状态是水资源保护管理的重要内容和首要任务。具体内容如下。

(1)改革水资源管理体制，落实与实施水资源的统一管理，有效合理分配。

(2)提高水污染控制和污水资源化的水平，保护与水资源有关的生态系统，实现水资源的可持续利用。

(3)强化气候变化对水资源的影响及其相关的战略性研究。

(4)研究和开发与水资源污染控制和修复有关的现代理论与技术。

(5)强化水环境监测，完善水资源管理体制与法律法规，加大执法力度，实现依法治水。

第二节　水源的污染及防护

一、水体污染的特征

地表水污染可视性强，易于发现、净化和恢复。但地下水的污染特征由地下水的储存特征决定，主要表现详见表 10-1。

表 10-1　水污染的特性

序号	特性	表　现
1	隐蔽性	由于污染是发生在地表以下的孔隙介质之中，即便是地下水已遭到严重污染，但表观上仍然表现为无色、无味，不能像地表水那样，可从颜色及气味或鱼类等生物的死亡、灭绝鉴别出来。即使人类饮用了受有害或有毒组分污染的地下水，其对人体的影响也只是慢性的长期效应，不易觉察
2	难以逆转性	地下水一旦受到污染就很难得到恢复。原因是地下水流速极其缓慢，切断污染源后，仅靠含水层本身的自然净化，则需要相当长的时间。少则十年、几十年，多则上百年。难以逆转的另一个原因是某些污染物被介质和有机质吸附之后，会在水环境特征的变化中发生解吸—再吸附的反复交替
3	延缓性	由于污染物在含水层上部的包气带土壤中经过各种物理、化学及生物作用，地下水污染向附近的运移、扩散相当缓慢

二、水体污染三要素

水体污染三要素的主要构成是污染源、污染物和污染途径。

1. 污染源

由于人类活动排放出大量的污染物，这些污染物质通过不同的途径进入水体，使水体的感官性状（如色度、味、浑浊度等）、物理化学性质（如温度、电导率、氧化还原电位、放射性等）、化学成分（有机物和无机物）、水中的生物组成（种群、数量）以及底质等发生变化，水质变坏，水的用途受到影响，这种情况称为水体污染。水体污染源的分类详见表 10-2。

表 10-2 水体污染源的分类

类型	污染源	内 容
水体类型	大气水污染源	这主要是指污染物质进入大气对大气水分造成的污染，也就是污染物对降水的影响。大气水分对大气起清洁剂的作用，如果它受到污染，不仅使大气质量下降，对工农业生产形成直接的影响，而且，大气污染源降至地表时，又引起地表水体、土壤等的二次污染
	地表水污染源	几乎所有水污染源的污染物，都通过各种途径进入地面水体中，且向下游汇集。河川水、湖泊水对流域内工农业生产有着极其重大的意义，一旦这些水体遭到污染，将会给人们的生活带来极大的危害
	地下水污染源	地下水一般有一定的保护层，污染物很难进入地下水体形成地下水污染源。但是，地下水体一旦被污染，则很难恢复，更新时间也需要特别长。大气水污染源和地表水污染源都可以通过下渗而转化为地下水污染源
按污染源的形态来分	点污染源	点污染源分为固定的点污染源（如工厂、矿山、医院、居民点、废渣堆等）和移动的点污染源（如轮船、汽车、飞机、火车等）。造成水体点污染源主要有以下几种工业：食品工业、造纸工业、化学工业、金属制品工业、钢铁工业、皮革工业、染色工业等。点污染源排放污水的方式主要有以下四种：直接排污水进入水体；经下水道与城市生活污水混合后排入水体；用排污渠将污水送至附近水体；渗井排入
	线污染源	线污染源是指输油管道、污水沟道以及公路、铁路、航线等线状污染源。线污染源所形成的危害大大低于点污染源，但一旦形成污染源，其后果也是极其可怕的
	面污染源	面污染源是指喷洒在农田里的农药、化肥等污染物，经雨水冲刷随地表径流进入水体，从而形成水体污染
按水体污染源的动力特性来分	人为污染源	从目前的情况来看，绝大多数的水体污染源都是人为污染源，即由于人类生活和工农业生产，造成大量污染物质排入水体而形成污染
	自然污染源	例如地下水流经某一特定岩层后，其矿化度明显提高或其酸碱度明显变化；在一定条件下，某水体内藻类等浮游生物急剧增长，从而引起富营养化的水体污染

2. 污染物

根据对环境污染危害的情况不同，可将水污染物分为固体污染物、生物污染物、需氧有机污染物、富营养性污染物、感官污染物、酸碱盐类污染物、有毒污染物、油类污染物、热污染物等。

3. 污染途径

地下水污染途径是指污染物从污染源进入到地下水中所经过的路径。研究地下水污染途径有助于采取正确的防治地下水污染的措施。

地下水污染途径复杂多样，以污染源的种类分类过于繁杂，诸如污水渠道和污水坑的渗漏、固体废物堆的淋滤、化学液体的渗漏、农业活动的污染以及采矿活动的污染等。按水力学的特点，地下水污染途径大致可分为间歇入渗型、连续入渗型、越流型和注入径流型四类，详见表 10-3。

表 10-3　地下水污染的途径

类型		污染途径	污染来源	被污染的含水层
Ⅰ 间歇入渗型	Ⅰ$_1$	降水对固体废物的淋滤	工业和生活的固体废物	潜水
	Ⅰ$_2$	矿区疏干地带的淋滤和溶解、	疏干地带的易溶矿物	潜水
	Ⅰ$_3$	灌溉水 降水对农田的淋滤	农田表层土壤残留的农药、化肥及易学盐类	潜水
Ⅱ 连续入渗型	Ⅱ$_1$	渠、坑等污水的渗漏	各种污水	潜水
	Ⅱ$_2$	受污染地表水的渗漏	受污染的地表水	潜水
	Ⅱ$_3$	地下排污管道的渗漏	各种污水	潜水
Ⅲ 越流型	Ⅲ$_1$	地下水开采引起的层间越流	受污染的含水层或天然咸水等	潜水或承压水
	Ⅲ$_2$	水文地质天窗的越流	受污染的含水层或天然咸水等	潜水或承压水
	Ⅲ$_3$	经井管的越流	受污染的含水层或天然咸水等	潜水或承压水
Ⅳ 注入径流型	Ⅳ$_1$	通过岩溶发育通道的注入	各种污水或被污染的地表水	主要是潜水
	Ⅳ$_2$	通过废水处理的注入	各种污水	潜水或承压水
	Ⅳ$_3$	盐水入浸	海水或地下咸水	潜水或承压水

三、水源污染的防护

1. 集中式饮用水水源保护

水污染源调查包括污染源类型、污染来源及时空分布。污染源分为点污染源、面污染源和内污染源。

(1)点污染源。点污染主要调查饮用水水源地排污口的污染排放情况,包括工业企业、居民生活、规模化畜禽养殖场等污水排放口,以及其他可能造成污染的固定点源,如垃圾转运站、垃圾填埋场、油库等违章建筑物或建设项目。其中,水源地违章建筑和建设项目的确定以《饮用水水源保护区污染防治管理规定》为依据。

(2)面污染源。面污染源的调查内容包括城镇地表径流、化肥农药使用、农村生活污水及固体废弃物、分散式畜禽养殖等。调查指标项根据不同面源污染类型予以选择。

2. 饮用水水源地生态环境状况调查

主要针对中小型湖泊水库饮用水水源地开展生态环境保护相关的指标调查。

(1)水源地流域土地利用情况调查,包括工业、交通用地,城镇、农村居民用地,农业种植用地。

(2)水源涵养林、护岸林和自然湿地的面积及维护情况。

(3)水土流失情况,包括水源地周边采石场、裸地面积,坡耕地面积及其占耕地面积比例,水土流失及治理面积,土壤侵蚀模数等参数。

3. 饮用水水源地环境保护工程规划

饮用水水源地环境保护工程规划以饮用水水源地基础情况调查、评价及水源保护区为基础,通过水源地污染防治、生态恢复和建设、应急能力建设、预警监控体系建设、管理能力建设等具体工程方案的制定和实施,加强污染源控制、生态环境保护,提升环境监督管理能力,以求将饮用水水源地保护落到实处,全面保护饮用水水源地。工程总体规划要求包括:

(1)近、中、远期有效结合,不同时期的重点区、工程措施内容和方法应合理安排。

(2)因地制宜、分类指导、突出重点,分类分级别开展,紧密结合不同类型保护区的不同保护需求,近期突出重点地区、集中式饮用水水源保护区。

(3)工程实施需落实具体,以地市级单位为主要组织单位,落实到县级市。

(4)工程方案设计合理,目标可达。

4. 饮用水水源保护区污染防治工程

(1)点源污染防治工程。点源污染防治工程的目的是有效防止饮用水水源保护区内的点源污染,及时控制现有的重点污染源,保障饮用水源水质。在近期,主要消除饮用水水源地水质的重要威胁,在远期实现污染的有效预防和控制。

点源污染防治工程内容为:围绕集中式饮用水水源保护区,严格按照《饮用水水源保护区污染防治管理规定》中对不同级别保护区的相关规定,对各保护区的点源污染,尤其是污染型工业企业、违规建筑物和建设项目,制订清拆、整治和总量控制方案,分析方案的技术可行性、所需投资及环境效益,进行方案优化。对不同级别保护区主要内容如下。

1)一级饮用水水源保护区。一级保护区污染防治工程按照“查明核定”、“清理拆除”、“严格控制”污染源为基本原则,实施清理、整治与管理。针对地表水、地下水水源地的一级保护区,按照相关规定,列出相应的主要污染点源清单,包括违规建筑物、违规建设项目(含工业企业)、污水排放口、渗坑渗井等;清理核定拟拆迁建筑物和建设项目名单,制订拆迁方案,整理核定污水排放口的数量及分布,制订截污和拆除方案;对工程实施中和实施后的水源保护区严格土地使用管制,控制企业进入,防止污染排放。

2)二级、准保护区点源污染防治工程。二级、准保护区的点源污染防治工程按照近期以清查、拆除违规污染源为主,远期以污染预防为主的原则予以实施。

按照相关规定,列出违规建筑物和建设项目清单;清理核定违规建筑物和建设项目名单,制订拆迁方案。

对于二级核准保护区内的污染源,限期治理超标排放的污染源,严格要求达到一级污水排放标准排放。

对于不达标的饮用水水源地,根据水质目标和水源地环境容量,提出点源污染负荷总量削减方案;对相关排污企业提出限期整改和治理方案。

(2)面源污染防治工程。面源污染防治工程的目的是有效减少和防止饮用水水源保护区内的面源污染,尤其是农业面源污染,保障饮用水源水质。其基本原则包括:坚持系统、循环、平衡的生态学原则;与生态修复工程相结合。

在近期,针对重点地区,围绕总量控制,以输移路径控制和末端控制为主,及时减少面源污染负荷,主要工程包括:农村污水分散处理,畜禽养殖沼气化工程,泥沙滞留的前置库工程。与此同时,兼顾源头污染负荷削减相关政策、法规、技术、措施的推广加以实施。在中、远期,遵循生态经济理念,着重从源头控制污染负荷,进一步保障水质,在近期的基础上,深入推广生态农业、生态施肥、保护性耕作等措施。与此同时,继续巩固近期末端控制的各类工程措施取得的成效,实现综合控制。

5. 饮用水水源保护区生态恢复与建设工程

针对水源保护区内的生态现状,进行生态修复、生态建设工程,提高保护区内自然净化能力,促进生态良性循环,改善和保护饮用水源水质。

生态恢复与建设工程的基本原则包括以下几项。

(1)保护优先、以防为主。

(2)生态建设与景观建设相结合,人工恢复与自然恢复相结合。

(3)一级保护区以生态环境的"全面恢复"为原则,全方位开展恢复和建设工程。

(4)二级、准保护区以"重点恢复和建设"为原则,在规划期内逐步推进全面的生态恢复和建设工程。

生态恢复与建设工程的内容以饮用水源的保护涵养为核心,适当结合点、面源污染负荷的总量控制来考虑。根据不同保护区的生态现状，识别诊断主要问题，确定工程主要内容和目标，制订各时期的工程方案，分析方案的技术可行性、所需投资及环境效益，最终优化确定方案。

第三节　水资源保护的规划

一、水资源保护规划的概念

水资源保护规划是在调查、分析河流、湖泊、水库等污染源分布、排放等内容的基础上，与水文状况和水资源开发利用情况相联系，利用水量、水质模型，探索水质变化规律、评价水质现状和趋势，预测各规划水平年的水质状况，划定水体功能分区范围及水质标准，按照功能要求制定环境目标，计算水环境容量和与之相应的污染物削减量，并分配到有关河段、地区、城镇，对污染物排放实行总量控制，提出符合流域或区域经济社会发展的综合防治措施。

二、水资源保护规划的目的

水资源保护规划包括水质控制规划和水资源利用规划。水资源保护规划的目的如下。

(1)分析并提出水质、水量、水资源利用等水环境方面的问题，并明确问题的根源。

(2)确定目标。根据经济、社会发展的要求，考虑客观条件，从水质与水量两方面拟定水环境目标，做出水环境功能分区。

(3)拟定措施，提出实施方案。主要在调整经济结构与布局、提高水资源利用率、增加污水处理等方面拟定措施，并在评价、优化的基础上，将各种措施综合起来，提出供决策选用的方案。

三、水资源保护规划的基本原则

(1)可持续发展原则。水资源保护规划应与流域水资源开发利用规划及社会经济发展规划相协调,并根据规划水体的环境承受能力,合理地开发和利用水资源,以保护当代和后代赖以生存的水环境,维持水资源的永续利用,促进经济社会的可持续发展。

(2)全面规划、统筹兼顾、突出重点的原则。水资源保护规划是将水系内干流、支流、湖泊、水库以及地下水作为一个大系统,充分考虑河流上下游、左右岸,省(区)际间、市际间,湖泊、水库的不同水域,以及远、近期经济社会发展对水资源保护规划的要求进行全面规划。坚持水资源开发利用与保护并重的原则。统筹兼顾流域、区域水资源综合开发利用和经济社会发展规划。对于城镇集中饮用水水源地保护等重点问题,在规划中应体现优先保护的原则。

(3)水质与水量统一规划、水资源与生态保护相结合的原则。水质与水量是水资源的两个主要属性。水资源保护规划的水质保护与水量密切相关。将水质与水量统一考虑,是水资源的开发利用与保护辩证统一关系的体现。

在水资源保护规划中应从水污染的季节性变化、地域分布的差异、设计流量的确定、最小生态环境需水量、入河污染物总量控制指标等方面反映水质和水量的规划成果。还应考虑涵养水源,防止水资源枯竭、生态环境恶化等方面的因素。

(4)地表水与地下水统一规划原则。应注意地表水与地下水统一,为水资源的全面统一管理提供决策依据。

(5)突出水资源保护监督管理原则。水资源保护监督管理是水资源保护工作的重要方面,规划方案应实用可行,操作性强,行之有效,侧重水资源保护监督管理,以利于水资源保护规划的实施。

四、水资源保护规划的内容

(1)通过调查及评价水体的现状和功能,明确水体的主要污染源及污染物。

(2)对水体功能进行区划,拟定水质目标和设计条件。

(3)按规划的不同水平进行污染预测。

(4)根据水体自净特性、环境容量、污染物总量控制以及技术经济比指标，拟订比较方案。

（5）优选方案。

（6）拟定分期实施程序并计算分期效益。

五、水资源保护规划分类

1. 不同层次的规划分类

水资源保护规划按其范围和内容，可分为流域规划、区域规划和污水处理设施规划。

（1）流域规划是对整个流域范围内的干流、支流、湖泊等水体做出统一而协调的水资源保护规划。流域规则是从流域出发，结合水资源开发、利用和管理等情况，确定河流各区段水体功能、水质控制目标、各集中排污口允许排放量的分配、流域内水污染重点治理措施，并提出实施计划。

（2）区域规划是对区域范围内主要的点污染源、面污染源并结合行政区划而做出的水资源保护规划。城市污水和工业废水处理是区域规划的重要部分，区域规划的目的是估价各种控制水质的方案，并提出管理部门的执行计划。区域规划的任务是在满足区域内河流水质要求的前提下，对该区域的各种水资源保护规划方案加以筛选，寻求最小或较小的经济代价获取最大的经济效益或是规定的水质目标。

（3）污水处理设施规划是为维持和改善河流水质做出的污水处理工程的技术经济选择和方案进行比较。在规划中，调查已有的污水处理设施和估算各种废、污水处理和处置方案，再根据社会、环境和经济的综合因素，选择一个费用最小、效益最大的方案。

2. 不同水体的规划分类

从防治水体污染的种类出发，水资源保护规划可分为以下几类。

（1）河流水资源保护规划，即以河流为规划整体对全河流提出分段水资源保护规划。

（2）河段水资源保护规划，即对河流中污染最严重或有特殊要求的河段，在河流保护规划指导下提出河段水资源保护规划。

（3）湖泊水资源保护规划，即根据湖泊水体现状和对水体功能要求,对湖泊分区功能提出的水资源保护规划。

(4)水库水资源保护规划,即根据水库任务、分区功能及污染现状等条件,提出控制全库水质及分区功能水质的规划。

水资源保护规划是一个综合平衡、反复协调的决策过程。整个规划过程一般分四个阶段进行,可概括为确定规划目标、建立模型、模拟优化和评价决策。

六、水资源保护规划的注意问题

在进行水资源保护规划时,必须注意以下几个问题。

(1)在水资源规划与管理中,妥善解决在国际上曾出现过的一些问题。例如,地表水和地下水本是同一种资源的两种形式,却得不到统一的规划和研究;人为地将水量和水质管理分开;对某些用水户没有拟定合理的水价和有效的计取水费办法;用水户不关心节约用水等。这些都是有待解决和并不难解决的问题。

(2)根据目前和将来对水环境的用途,严格划分保护区,要首先保证饮用水源的水量和水质。目前,许多水域的水质从总体上来评价往往是好的,但是,在人们活动最频繁的水域却污染得很严重。

(3)流域的用地与人口增长对水量、水质的改变和水环境的污染是紧密相关的。工业形成点污染,农业形成面污染。城市化一方面使用水量加大,排污量增加;另一方面由于城市铺盖面积增加使径流水量加大,洪水集中变快,洪峰提前出现。这些对下游水环境的影响都是值得注意的问题。

(4)要把流域及其水环境作为一个生态系统来考虑。在水资源的供需平衡上既要统一考虑人类社会活动的用水要求,也要考虑自然安全用水,使生态系统得以协调发展。这一点已经引起人们的重视。

(5)我国雨洪危害最大,减免洪水灾害常常是要考虑的问题。必须从流域出发统筹考虑防洪、治涝及水资源综合利用的关系。在水资源的配置上,既要考虑水、土资源的平衡,也要考虑上、下游的分配比例,并注意水量的先用后耗,一水多用,使国民经济各部门得到最大综合效益。

(6)对于任何水环境,在人为地改变其进出水量及其分配时,不仅要研究此项改变对本水环境、水质、水位引起的变化及其影响。还要研究对有关地区及有关水环境的影响。

(7)要注意对远景的预测,既要做好供水量的预测,又要做好需水量的预测;既要做好水质的现状评价,也要做好远景的污染预测,以便事先采取措施,做好防治规划。

(8)在治理上不能采用污染搬家的方法,要妥善处理干支流、上下游、左右岸及各种水环境的相互关系。要从根本上合理解决水资源保护并合理利用各种水环境的稀释自净能力,进行必要的专题科学研究尤为重要。

(9)采用低成本、低消耗的取水和污水处理系统。从节约能源、降低成本角度出发,应尽量避免利用非再生能源,多利用再生能源,如太阳能、风能等。

第四节　水资源合理配置

一、水资源合理配置基本概念

水资源合理配置是指在一个特定流域或区域内,以有效、公平和可持续的原则,对有限的、不同形式的水资源,通过工程与非工程措施在各用水户之间进行科学分配。

从广义的概念上讲,水资源合理配置就是研究如何利用好水资源,包括对水资源的开发、利用、保护与管理。

水资源的合理配置是由工程措施和非工程措施组成的综合体系实现的。其基本功能涵盖两个方面:在需求方面通过调整产业结构、建设节水型社会并调整生产力布局,抑制需水增长势头,以适应较为不利的水资源条件;在供给方面则协调各项竞争性用水,加强管理,并通过工程措施改变水资源的天然时空分布来适应生产力布局。两个方面相辅相成,以促进区域的可持续发展。

合理配置中的合理是反映在水资源分配中解决水资源供需矛盾、各类用水竞争、上下游左右岸协调、不同水利工程投资关系、经济与生态环境用水效益、当代社会与未来社会用水、各种水源相互转化等一系列复杂关系中相对公平的、可接受的水资源分配方案。合理配置是人们在对稀缺资源进行分配时的目标和愿望。一般而言，合理配置的结果对某一个体的效益或利益并不是最高最好的，但对整个资源分配体系来说，其总体效益或利益是最高最好的。而优化配置则是人们在寻找合理配置方案中所利用的方法和手段。

二、水资源体系与经济及生态系统的关系

随着经济的发展和人口的增加，用水量迅速增长，造成水资源短缺和水环境恶化，从而也唤醒人们对如何利用水资源应有一个清醒的认识：水资源合理配置体系不仅应适合经济发展和人民生活的需求，还应尽可能地满足人类所依赖的生态环境对水资源的需求，以及未来社会对水资源的基本需求。

水资源系统与人类社会和生态系统具有如图 10-1 所示的密切关系。其中一个系统的变化将会同时影响另外两个系统朝正负两个方向产生相应的变化。生态系统对人类社会不仅提供生活生产材料(a)，而且具有气候调节(b)、水土保持(c)、环境美观(d)、旅游娱乐(e)等功能；人类社会对生态系统也具有很大的作用力。林业、渔业等生物资源掠夺性开发利用(f)对生态系统的天然平衡会造成破坏。生态系统依赖于水资源，水源的枯竭会导致植被退化(g)、土地荒漠化(h)、动植物大量消亡(i)等严重生态事件，而水质的退化(j)也会造成水资源使用功能的下降，造成对植被、鱼类等生态系统主体的严重损害。

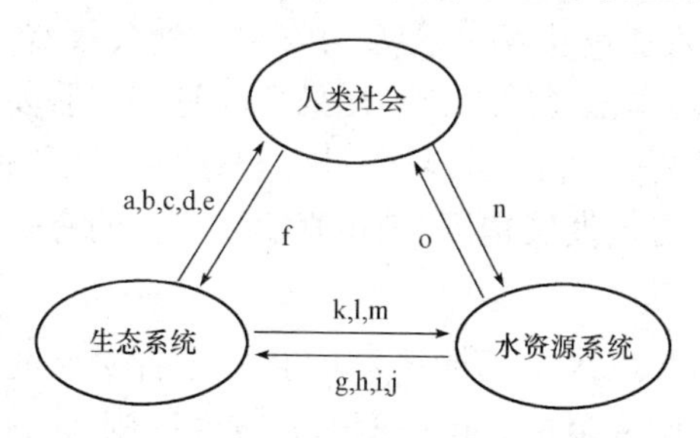

图 10-1　人—水—生态三系统的相互作用

生态系统对水资源系统也具有重要的调节、涵养以及水质净化(k)等功能。生态系统退化将会产生水土流失和渠库淤积(l)、汛期降雨的调节和水源涵养(m)能力的降低等。人类社会与水资源系统需求(n)与供给(o)的密切关系更是不言而喻的。

三、水资源合理配置基本原则

根据稀缺资源分配的经济学原理,水资源合理配置应遵循有效性与公平性的原则,在水资源利用高级阶段,还应遵循水资源可持续利用的原则,即有效性、公平性和可持续性应是水资源合理配置的基本原则。

1. 有效性原则

有效性原则是基于水资源作为社会经济行为中的商品属性确定的。以纯经济学观点,由于水利工程投资,对水资源在经济各部门的分配应解释为:水是有限的资源或资本,经济部门对其使用并产生回报。经济上有效的资源分配,是资源利用的边际效益在用水各部门中都相等,以获取最大的社会效益。换句话说,在某一部门增加一个单位的资源利用所产生的效益,在任何其他部门也应是相同的。如果不同,社会将分配这部分水给能产生更大效益或回报的部门。由此可见,对水资源的利用应以其利用效益作为经济部门核算成本的重要指标,而其对社会生态环境的保护作用(或效益)作为整个社会健康发展的重要指标,使水资源利用达到物尽其用的目的。但是,这种有效性不是单纯追求经济意义上的有效性,而是同时追求对环境负面影响小的环境效益,以及能够提高社会人均收益的社会效益,是能够保证经济、环境和社会协调发展的综合利用效益。这需要在水资源合理配置问题中设置相应的经济目标、环境目标和社会发展目标,并考察目标之间的竞争性和协调发展程度,满足真正意义上的有效性原则。

2. 公平性原则

公平性原则是以满足不同区域间和社会各阶层间的各方利益进行资源的合理分配为目标。也许遵循有效性原则,也许不遵循。要求不同区域(上下游、左右岸)之间的协调发展,以及发展效益或资源利用效益在同一区域内社会各阶层中的公平分配。例如家庭生活用水的公平分配是对所有家庭而言的,无论其是否有购水能力,都有使用水的基本权利。也可以依据收入水平采用不同的水价结构进行分水。

3. 可持续性原则

可持续性原则可以理解为代际间的资源分配公平性原则,是以研究一定时期内全社会消耗的资源总量与后代能获得的资源量相比的合理性,反映水资源利用在度过其开发利用阶段、保护管理阶段和管理阶段后,步入的可持续利用阶段中最基本的原则。要求近期与远期之间、当代与后代之间对水资源的利用上需要有一个协调发展、公平利用的原则,而不是掠夺性地开采和利用,甚至破坏,即当代人对水资源的利用,不应使后一代人正常利用水资源的权利受到破坏。

四、水资源合理配置任务

水资源合理配置是针对水资源短缺和用水竞争提出的,其实施通过水资源配置系统来实现。由于水本身的资源、环境、社会和经济属性,决定了水资源合理配置所涉及的内容相当广泛,而对其研究的主要任务则包括以下几项。

(1)社会经济发展:探索适合本地区或流域现实可行的社会经济发展规模和发展方向,推求合理的工农业生产布局,以及社会对经济产品的可能需求。

(2)水资源需求:研究现状条件下的各类用水结构、水的利用效率,提高用水效率的主要技术和措施,分析预测未来居民生活水平提高、国民经济各部门发展以及生态环境保护不同条件下的水资源需求。

(3)水环境污染:评价现状水环境质量,研究工农业生产所造成的水环境污染程度,制定合理的水环境保护和治理标准,分析各经济部门在生产过程中各类污染物的排放率及排放总量,预测河流水体中各主要污染物的浓度和环境容量。

(4)水价:研究水资源短缺地区由于缺水造成的国民经济损失,水的影子价格,水利工程经济评价,水价制定依据,分析水价对社会经济发展的影响、水价对水需求的抑制作用。

(5)水资源开发利用方式与工程布局:现状水资源开发利用评价,供水结构分析,水资源可利用量分析,规划工程可行性研究,各种水源的联合调配,各类规划水利工程的合理规模及建设次序。

(6)供水效益:分析各种水源开发利用所需的投资及运行费,根据水源的特点分析各种水源的供水效益,包括工业效益、农业灌溉效益、生态环境效益,分析水工程的防洪、发电、供水三个方面的综合效益。

(7)生态环境质量:生态环境质量评价,生态保护准则研究,生态耗水机理与生态耗水量研究,分析生态环境保护与水资源开发利用的关系。

(8)供需平衡分析:在不同的水工程开发模式和区域经济发展模式下的水资源供需平衡分析,确定水工程的供水范围和可供水量,以及各用水单位的供水量、供水保证率、供水水源构成、缺水量、缺水过程及缺水破坏深度分布等情况。

(9)水资源管理:研究与水资源合理配置相适应的水资源科学管理体系,包括建立科学的管理机制和管理手段,制定有效的政策法规,确定合理的水资源费、水费计收标准和实施办法,培养合格的水资源科学管理人才等。

(10)技术与方法研究:水资源合理配置分析模型开发研究,如评价模型、模拟模型、优化模型的建模机制及建模方法,决策支持系统、管理信息系统的开发,GIS高新技术的应用。

水资源合理配置工作涉及江河流域规划中主要基本资料的收集整编、社会经济发展预测、江河流域总体规划、水资源供需预测与评价、灌溉规划、城乡生活及工业供水规划、水力发电规划、航运规划、水污染防治规划、水资源保护规划、控制性枢纽的主要工程参数及建设次序的选择、环境影响评价、经济评价与综合分析。此外,还涉及水资源管理中的取水许可制度,水费及水资源费制度,水管理模式与机构设置,水权市场,水资源配置系统的优化调度,控制性枢纽的多目标综合利用,水管理信息系统建设(包括防汛、水量与水质监测)等内容。因此,水资源合理配置贯穿了区域水资源规划与管理的主要环节,是一个复杂的决策问题。

五、水资源合理配置机制

1. 合理配置的目标量度

依据水资源合理配置的基本原则，其目标应满足有效性原则、公平性原则和可持续性原则。目标的量度应以同时满足这三个原则为基本计算标准。

设不同用水户或用水部门用水量为 X，当仅考虑用水经济、社会和环境等方面所产生的效益时，用水目标是以其效益最大为基本目标度量值，可表示为：

$$Z_1 = \max\sum_i f^i(C_iX_i)$$

其中：Z 为目标函数值；i 为用水户或用水部门；C 为用水效率系数，对经济效益而言为与水价有关的效率系数，对社会和环境效益而言也可表示相应的效益系数，例如就业机会、粮食产量、BOD（生物耗氧量）排放量、水环境质量、水面面积、绿洲面积等；f 则反映用水量所产生效益的函数关系，即生产函数，代表水资源利用对于经济、社会和环境效益的转化能力。这仍是一个度量经济、社会和环境协调发展的多目标问题，目标间的竞争性和具体量化问题则是一个多目标决策问题。

(1)若考虑用水在地域间和不同收入者间的公平分配原则，则应改写为：

$$Z_2 = \max\sum_i R_i f^i(C_iX_i)$$

其中：R 为公平系数或公平性权重，$R_{贫穷地区} > R_{富裕地区和低收入者} > R_{高收入者}$。

(2)当考虑时间因素时，X、C 和 R 均认为可随时间或时代 t 而变化，从而有：

$$Z_t = \max\sum_i R_{it} g^i(C_{i,t}X_{it}, t)$$

其中：g 为相应的函数关系。

可持续原则实际上是代际间的水资源利用公平性原则，要求不同时代的水资源利用权力及其效益维持不衰减，尽管各用水户的用水量及其相关系数可以随时间变化，其产生的综合效益值也有很大差别，但后一代人的总用水效益不应小于前一代人的总用水效益，才能保持可持续发展的基本要求。即：

$$Z_{t+1} \geqslant Z_t$$

$$Z = \max \sum_t \left[\sum_i R_{i,t} g^i (C_{i,t} X_{i,t}, t) - \sum_i R_{i,t+1} g^i (C_{i,t+1} X_{i,t+1}, t+1) \right]$$

实际上，由于人类社会经济的快速发展，片面地强调 Z_1 中的经济有效性，很少追求环境和社会有效性，对 Z_2 的研究也很肤浅，尚未真正考虑 Z_3 的要求，使得 Z_{t+1} 往往远远小于 Z_t，从而造成人类自身的生存环境恶化，产生资源的无效利用、不公平利用和不可持续利用的严峻局面。

2. 合理配置的主要平衡关系

在以区域可持续发展为目标的水资源合理配置过程中，还必须保持若干基本的平衡关系，才能保证合理配置策略是现实可行的。水资源合理配置中的基本平衡关系包括以下几项。

(1)水资源量的需求与供给。在长期发展过程中无论是需水还是供水均是动态的，因而供需间的平衡关系只能是动态平衡。从需水方面看，主要的影响因素是经济总量、经济结构和部门用水效率。经济总量在各年增长的快慢是最主要的影响因素，在较大程度上决定着需水增长的快慢；经济结构反映了单位产值耗水率不同的各经济部门对经济总量的贡献，可以通过调整产业结构达到提高水资源利用效率的目的；部门用水效率则反映了技术进步程度、节水水平及节水潜力。对于经济总量和产业结构及其变化均是服从于经济发展自身规律的，用水效率受用水技术和管理水平控制。

在供水方面，影响供水的主要因素为供水的工程能力和调度策略。

1)供水工程由利用当地地表水的蓄、引、堤工程，地下水井群，污水处理与回用设施，以及从区外调水等工程组成。

2)调度策略是指在一定的来水情况、蓄水状况、供水优先级别及各种综合利用要求下的各种可行调度方案。

显然,在发展过程中工程供水能力的扩大要涉及规划工程的开发规模、开发次序及不同的工程组合方案。同理,在一定的需水过程、来水情况和工程组合条件下,不同的调度策略对区域可持续发展的经济、环境与社会发展诸目标满足的程度也不一样。

在水资源量需求与供给双方均是变量的情况下,动态平衡的保持只能在一定时期和一定程度内。当供水能力大于需求时,会造成资金的积压;反之则会由于缺水而造成国民经济损失。在缺水的情况下,减少对不同部门的供水以及减少程度和时段的不同均会导致不同的缺水损失,因而,找出较为合理的动态供需平衡策略,便成为水资源优化配置的主要任务之一。

(2)水环境的污染与治理。当水资源量的需求与供给一样,水环境的污染和治理两方面也是动态平衡。进入水环境的污染物来源于两个方面,上游随流而下及当地排放。当地排放的污染物总量及种类与经济总量、结构及分部门单位产值排放率有关。由于我国目前污染物排放量的统计数据仍不完全,一般对生物耗氧量 BOD、化学耗氧量 COD 和氨氮总量进行研究已可满足区域水资源优化配置的要求。

在水环境的污染治理方面,主要的影响因素是污水处理率、污水厂处理能力、污水处理级别,以及处理后的污水回用率。不同的处理工艺、处理规模、处理级别和回用量显然有不同的处理费用,因而,也存在着对污染治理策略的优化问题。

水环境的污染与治理之间的动态平衡包含着两方面的内容,即污水排放量与处理量、回用量之间的平衡,以及各类污染物质的排放总量与去除总量之间的平衡。因此,还必然要涉及污水中的各类污染物的浓度。

此外,水环境的污染与治理平衡和水资源量的供需平衡间是相互联系的。因为对任何水体来说没有一定的质便没有一定的量,污染导致的水质严重下降会极大地减少有效水资源量,同时,处理后可回用的污水也将增加有效供水量。因此,在进行水量与水质的综合平衡时,要充分考虑到两者的相互作用与转化。

(3)涉水投资的来源与分配。涉水投资包括节水、水资源的开发利用和水环境的治理保护所需的建设资金和运行管理费用。

水资源的使用主要分为水资源开发利用和水环境的保护治理两个方面。

在开发利用投资中,包括了防洪、城市供水、水力发电、灌溉和为其他综合利用目的服务的各类蓄、引、堤工程和节水措施的投资及运行管理费用。

水环境的保护治理则包括河道整治、水源地涵养、水土保持及各类水污染治理工程。在多水源供水的条件下,投资在节水、当地地表水、地下水、回用水及外调水之间有一个分配问题,对同是利用地表水的不同备选工程而言也有一个选择的问题,因而投资与水资源配置系统内工程组合、工程规模及建设次序密切相关。

(4)水生态平衡。在我国干旱、半干旱地区,由于水的开发利用所导致的生态环境问题已越来越严重,河流、湖泊萎缩,甚至干涸、荒漠化加剧,耕地的次生盐渍化等现象已引起广泛关注。

水是维持干旱区生态系统最重要的基本元素,生态系统耗水机制是生态保护的主要研究对象。生物体耗水特别是植物体耗水是生物体新陈代谢活动的载体。因此,天然生态系统的耗水必须纳入水资源合理配置研究的范畴之内,同时,为维系生态系统用水的消耗,应保持生态需水的平衡关系。在研究水资源合理配置的同时,研究水生态系统的平衡也是其主要内容之一。

3. 水资源分配机制

水资源分配机制主要包括四种,即以边际成本价格进行的水分配、以行政管理确定水价及相关政策进行水分配、以水市场机制进行水分配和用水户自主进行水分配。

(1)以边际成本价格进行的水分配。以边际成本价格进行水分配的指导思想是确定一个目标水价,使其等于最后增加一个单位供水量的边际成本。水价(或水的边际值)与边际成本相等的水量分配被认为是经济上有效和社会最优的水资源分配方式。这个有效性指标使经济各部门总产值达到最大。

(2)以行政管理确定水价及相关政策进行水分配。水不像一般商品一样容易管理，它被广泛地认为是公共财产，大型水工程投资一般私人企业无力承受。例如大型灌区的管理，是由政府对水量进行通盘考虑后，对各个部分进行分配的。家庭生活供水、市政供水、农村生活供水、农村卫生计划等都体现了政府行政管理的作用。政府通过用水许可证的发放、各工业企业取水和废污水的排放的调节调度等手段，也对大部分工业用水进行控制。其他还有渔业用水、野生动物保护的湿地建设、航运等都限制在整个社会用水的约束机制中，需要用行政管理手段进行协调分配。国家政府由于是唯一包含所有用水户的机构，其在跨部门用水分配中具有很强的行政作用。

(3)以水市场机制进行水分配。市场内存在着同样的买方和卖方，双方完全了解市场规则，支付相同的交易成本；各买方和卖方的决策完全是相互独立的；任何个体的决策都不影响其他个体的交易结果；每一个体(或代理商)都以追求最大利益为目标。在此条件下，供求双方决定了市场交易量和价格。商品(或资源)将从低价位移向高价值，因此，基于市场的分配被认为对个体和社会都具有经济上的有效性。对于水而言，有时需要政府参与创造必要的市场运作条件。

(4)用水户自主进行水分配。由用水户自主组成水分配管理机构进行水量分配的机制，来源于农民灌溉用水的分配，居民生活用水则产生于对公共水井的管理。这种水分配机制的主要优点在于它具有对满足当地用水需求所采取的分水模式的潜在适应性。由于用水户直接参与水的利用，无论是农业灌溉、居民生活、工业企业用水，他们都掌握着比行政管理人员所掌握的更充分的信息，不必依赖固定的分水规则进行分水，可以根据当时的具体情况，通过协商随时增加或减少水量的分配。

我国的水资源分配机制目前仍是以行政管理为主的形式存在，还不能在多种分配机制下，达到多样性的分配管理体制，尚不能满足水资源分配有效性、公平性与可持续性的要求，离社会主义市场经济规律也有一定的距离，从而造成用水矛盾突出、用水浪费严重、生态环境恶化等结果。随着社会主义市场经济和水资源价格体系的不断完善，水资源分配机制的多样性将会使水资源分配趋于合理，最终实现水资源可持续利用的目的。

第五节　水资源管理

一、水资源管理的概念

广义的水资源管理是指人类社会及其政府对适应、利用、开发、保护水资源与防治水害活动的动态管理以及对水资源的权属管理，包括政府与水、社会与水、政府与人以及人与人之间的水事关系。对国际河流，水资源管理还包括相邻国家之间的水事关系。

二、水资源管理的目的

水资源管理是以实现水资源的持续开发和永续利用为最终目的。自 20 世纪 80 年代可持续发展被明确提出以来，可持续发展思想已经广泛为世人所接受。许多国家和地区已经把是否有利于持续发展作为衡量自己行为是否得当的最重要的出发点之一。水资源作为维持人类生存、生活和生产的最重要的自然资源、环境资源和经济资源之一，实现水资源的持续开发和永续利用是保证实现整个人类社会的持续发展的最重要的物质支持基础之一。也就是说，为了实现人类社会的持续发展，必须实现水资源的持续发展和永续利用。而要实现水资源的持续发展和永续利用又必须要借助科学的水资源管理。科学的水资源管理是为了实现经济、社会和生态环境的持续、协调发展，可以说，实现水资源的持续开发和永续利用的水资源管理可以被称为可持续的水资源管理。

三、水资源管理中存在的问题

(1)水资源管理体制存在的问题。《中华人民共和国水法》(以下简称《水法》)规定,国家对水资源实行统一管理与分级、分部门管理相结合的制度。具体内容包括:国务院水行政主管部门负责全国水资源的统一管理工作;国务院其他有关部门按照国务院规定的职责分工,协同国务院水行政主管部门,负责有关的水资源管理工作;县级以上地方人民政府水行政主管部门和其他有关部门,按照同级人民政府规定的职责分工,负责有关的水资源管理工作。

在我国,由于用水、管水和治水工程是分属各个部门,造成各自为政、重复工作、相互扯皮、效率低下的现象层出不穷,宏观管理缺乏统一规划。我国的水资源管理包括地表水、地下水的治理、保护、开发、利用,长期由水利、电力、交通、城建、地矿、农业等部门多龙治水,部门分割严重。各部门为了各自的利益进行的单目标规划管理必然与水资源的多功用相矛盾,因而必然与其他部门发生纠纷。在关于水资源的污染防治方面,水利部和国家环保总局还需协调。

另外,从协调机制上讲,国家授权的协调机构并没有起到真正的协调作用。《水法》虽然规定我国水资源管理实行水利部统一管理下的分级、分工管理,水利部连同水利部下设的七大流域水利委员会对各自职权范围内的水资源利用进行协调,处理部门、区域纠纷,水资源实行流域管理,但是实际情况却与规定相差甚远。

(2)水资源管理责、权、利界定不清,水污染和水资源浪费严重。水资源所有权主体唯一而水资源使用权主体多元造成了水资源管理责、权、利界定的复杂性。我国水资源管理在产权上的一个主要问题是要对水资源的使用权进行合理界定。目前,我国对部门之间的水资源使用权界定不清,导致其责、权、利不明确,存在“多龙治水”和“多龙管水”现象,水资源利用效率低下。另外,人类在生活和生产活动中,需要从天然水体中抽取大量的淡水,并把使用过的生活污水和生产废水排回到天然水体中。由于工业废水未经处理或未经充分处理就排入河流、湖泊和水库,造成了这些水体的污染。

工业污水中的有毒物质危害着水体中的水生生物;生活污水,水土流失,农田灌溉形成的肥料流失等还可使水体富营养化,受污染水域的水资源无法再直接使用。地球上的地表水和地下水面临着来自不同方面的污染。

另外,水价偏低导致人们对水的价格不敏感,节水观念淡薄,造成用水过程中大量浪费。在我国,大部分地区的农业采用大水漫灌的方式,水的有效利用率仅为40%～50%,损耗量高出发达国家两倍,造成水资源的严重浪费。为此,保护水资源,防止水体污染和水资源的浪费,已成为人类必须重视的大问题。

(3)水资源管理的法律体系不健全,执法力度不够。目前,我国有关水资源管理和水体保护的法律、法规及规章之间缺乏有机的联系。现有的环境、水利建设等方面的法律法规及规章对水资源保护工作规定得不具体、不明确,可操作性差,不能体现出环境与资源协调发展的战略思想。同时,现行的环境法规对水资源保护仅是从环境角度管理,而没有从水资源可持续发展的角度考虑。同时,由于执法力度不够,往往因地方保护等种种原因不能严格执法。对污染单位大多只象征性地收取排污费,而不强调达标排放,从而造成对水资源的严重破坏。

四、水资源管理的对策

(1)理顺水资源管理体制,加强水资源宏观管理。无论是公共水资源问题的解决或是其他水资源问题的解决,政府都应该发挥积极的作用,从宏观上进行有利的管理,这样才能最终解决有关水资源问题。

目前,必须改革我国水资源开发、利用和保护在管理上的无序状态,强化统一管理,使管理工作纳入科学的、以国家社会利益为前提的统一管理体系。加强以各江河流域、省、市、县为单元进行水资源保护机构建设,并赋予其一定的权限,负责本流域水土保护、水体污染防治。加强全国、各流域及地方各省市之间进行水资源开发、利用和保护的工作,逐步形成中央与地方,江河流域与地方上游、中游与下游分工明确、责任到位、统一有序、管理和谐的水资源管理体制。

(2)合理划分水管理部门责、权、利,采取切实措施防止水污染和水浪费现象。目前,我国急需的就是对水资源使用权的规范管理,相关的法律、法规急需建立,明确各部门之间水资源的使用权,合理划分其责、权、利。

(3)健全水资源法律体系,严格执法。进一步完善《环境保护法》、《水法》、《水土保持法》、《水污染防治法》、《河道管理条例》等,对不合时宜的条款要进行及时、适当的修订。各级政府应该依法引入市场机制,结合本地特点,制定出本地水资源开采、使用、保护等方面的具体政策、法规和制度。

五、水资源管理的基本制度

根据《水法》的规定,我国在水资源管理方面,实施以下几项基本制度。

(1)水资源调查评价。全国水资源调查评价由国务院水行政主管部门会同有关部门统一进行。

(2)水规划开发利用水资源和防治水害必须按流域或者区域进行统一规划。国家确定的重要江河流域综合规划,由国务院水行政主管部门会同有关部门和地区组织编制,报国务院批准。经批准的规划是开发利用水资源和防治水害活动的基本依据。

(3)水长期供求计划。全国水长期供求计划由国务院水行政主管部门组织制订,报国务院计划主管部门审批。

(4)水资源的宏观调配。跨行政区域的水量分配方案,由上一级人民政府水行政主管部门征求有关地方人民政府的意见后制定,报同级人民政府批准后执行。

(5)取水许可。各级水行政主管部门负责取水许可制度的实施,进行取水许可水质管理。

(6)计划用水和节约用水。各级政府必须加强对节约用水的管理,采用节约用水的先进技术,降低水的消耗量、提高水的重复利用率。在水资源不足地区,限制城市规模和耗水量大的工业、农业的发展。

(7)水费与水资源费。使用供水工程供应的水量取水的,征收水资源费。

(8)水事纠纷的处理。地区之间发生的水事纠纷,由有关双方协商处理;协商不成的,由上一级人民政府处理。在水事纠纷解决之前,未经各方达成协议或者上一级人民政府批准,在国家规定的交界线两侧一定范围内,不得单方面改变水的现状。

第六节　水资源水量监测

一、水资源水量监测站网布设

1. 布设原则

(1)区域水平衡原则。根据区域水平衡原理,以水平衡区为监测对象,观测各水平衡要素的分布情况。

(2)区域总量控制原则。应能基本控制区域产、蓄水量,实测水量应能控制区域内水资源总量的70%以上。

(3)不重复原则。现有国家基本水文站网都是水资源水量监测站,应充分利用,不重复设置。若站网不能满足水量控制要求时,应增加水资源水量监测专用站。

(4)有利于水量水质同步监测和评价原则。在行政区界、水功能区界、入河排污口等位置应布设监测或调查站点。

(5)有利于水资源调度配置原则。在有水资源调度配置要求的区域,应在主要控制断面、引(取、供)水及排(退)水口附近布监测站点。

(6)实测与调查分析相结合原则。设站困难的区域,可根据区域内水文气象特征及下垫面条件进行分区,选择有代表性的分区设站监测,通过水文比拟法,获得区域内其他分区的水资源水量信息;也可采用水文调查或其他方法获取水资源水量信息。

2. 专用站布设

水资源水量监测专用站的布设应符合下列规定。

(1)在有水资源调度配置需求的河流上应布设水量监测站。

(2)在引(取、供)水、排(退)水的渠道或河道上应布设水量监测站、点。

(3)湖泊、沼泽、洼淀和湿地保护区应布设水量监测站。可在周边选择一个或几个典型代表断面进行水量监测。

(4)在城市供水大型水源地应布设水量监测站。可结合水平衡测试要求,了解重要及有代表性的供水企业或单位的用水情况,布设水资源水量监测站。

(5)在对水量和水质结合分析预测起控制作用的入河排污口、水功能区界、河道断面应布设水资源水量监测站,以满足水资源评价和分析需要。

(6)在主要灌区的尾水处应布设水量监测站。

(7)在地下水资源比较丰富和地下水资源利用程度较高的地区应按《地下水监测规范》(SL 183)的要求布设地下水水量监测站,以掌握地下水动态水量。

(8)喀斯特地区,跨流域水量交换较大者,应在地表水与地下水转换的主要地点布设水资源水量专用监测站,或在雨洪时期实地调查。

(9)平衡区内配套的雨量站网和蒸发站网应满足水平衡分析的要求。

除以上规定外,大型水稻灌区应有作物蒸散发观测站;旱作区除陆面蒸发外还应进行潜水蒸发观测。大型水库、面积超过 2 亿平方米(30 万亩)的大型灌区应布设水资源水量监测专用站。

二、流量测验

1. 测验方法

(1)河道枯季(或低水)流量监测。河道枯季(或低水)流量监测,可采用如下方法。

1)流速仪法。当水流流速没有超出流速仪的低速使用范围时,可使用此法。

2)量水建筑物法。其适用范围见表 10-4。

表 10-4　量水建筑物法

序号	方法	适用范围
1	量水槽	适用于比降较大、有一定含沙量的河渠
2	量水堰	适用于比降较大、含沙量较小的河流。可根据具体情况采用薄壁堰、实用堰
3	示踪剂稀释法	适用于紊流较强、流量较小的河流
4	浮标法	当水流速度或水深很小不能用其他方法测流时
5	声学法	适用于含沙量较小的河流
6	电磁法	适用于水草丛生、漂浮物较多的河流

(2)渠道流量测验。渠道流量测验,可采用的方法详见表 10-5。

表 10-5　渠道流量测验方法

序号	方法	适用范围
1	水工建筑物法	适用于已有可利用水工建筑物的渠道
2	流速仪法	适用于各种渠道
3	声学法	适用于断面较稳定且可以安装声学流速仪或流量计的渠道
4	流速仪流量计法	适用于中、小型渠道
5	容积法	适用于断面或渠道的进出口可以控制的渠道
6	量水建筑物法	适用于比降较大、含沙量较小的渠道
7	泵站测流	适用于用水泵供排水且水泵工作曲线稳定的渠道

(3)管道流量测验。管道流量测验,可采用的方法详见表 10-6。

表 10-6　管道流量测验方法

序号	方法	适用范围
1	水表法	适用于各种管径、净水的满管流量测量
2	电磁流量计法	适用于中小管径、各种天然水的满管流量测量，要求有较好的工作环境
3	农用水表法	适用于中小管径、各种天然水的满管流量测量
4	声学管道流量计法	声学管道流量计从原理上可分为多普勒法声学管道流量计和时差法声学管道流量计。从适用范围上可分为满管和非满管流量计。 1)声学管道流量计。适用于各种管径的满管流量测量。适用流速范围较大，测得的流量准确度较高。 2)非满管声学管道流量计。适用于较大管道的非满管和满管流量测量

(4)分洪洪水、溃口洪水测验。分洪洪水和溃口洪水流量测验可采用的方法详见表 10-7。

表 10-7　分洪洪水和溃口洪水流量测验方法

序号	方法	适用范围
1	走航式声学多普勒法	适用于分洪洪水测验
2	超声波法	适用于分洪洪水测验
3	流速仪法	适用于分洪洪水测验
4	电波流速仪法	如果分洪、溃口洪水通过桥梁时，可用此法
5	示踪剂稀释法	分洪、溃口洪水的紊动较为强烈，适宜用此法
6	浮标法	包括人工投放浮标或天然浮标法。适用于分洪、溃口洪水测验
7	卫星遥感法	适用于分洪、溃口洪水测验
8	航空测速法	适用于分洪、溃口洪水测验
9	航空摄影法	适用于溃口洪水测验

2. 测验频次

(1)河道枯季(或低水)流量测验频次。河道枯季(或低水)流量测验应符合下列要求。

1)对有水量调度需求、水资源短缺地区的河流,应在现行规范规定的基础上,适当增加测验频次,以能控制枯季(或低水)水量变化规律、满足水量调度和资料整编需要为原则。

2)对有发电和航运任务的河流,其水位和流量的测次视枯季(或低水)水位变化而定。

3)受水利水电工程调节影响显著时应加密流量测次。

(2)渠道、管道流量测验频次。渠道、管道流量测验频次应以能控制水量变化过程为原则。工业、生活或其他污水排放口,应采用自动监测或加密测次,以控制其变化。其他监测站点或断面的观测频次视水量日变化而定,以能掌握流量变化过程和满足推算日平均流量需要为原则。

三、供水量监测

(1)给水管网水量监测。给水管网水量监测应包括以下几项。

1)节点流量测验。包括城市给水管网中的水源节点流量、不同管径或不同材质管线交接点以及两管段交点或集中向大用户供水的交接点的流量。节点流量可采用水表法、电磁法、声学管道流量计等方法测计。

2)管段流量测验。包括该管段两侧的沿线流量和通过该管段输送到以后管段的转输流量两部分组成。管段流量测验可采用水表法、电磁流量计法等方法。

3)管网输水损失水量测验。主要由沿线用户用水量和管网漏失水量两部分组成,后者即为管网输水损失水量。

(2)区域供水水量监测。区供水水量监测包括干、支等渠的水量监测。控制节点的设置应符合下列规定。

1)在干渠、支渠渠段顺直、水流平稳处布设流量控制断面。

2)在渠系上沿程布设一定数量的水位观测断面、配套雨量站和蒸发站,以满足水平衡分析需要。

四、资料整理

1. 一般规定

(1)应按水平衡区收集较为完整的原始资料,满足资料整编和水平衡分析的需要。原始资料包括各种考证资料、测验工作中的有关分析图表和文字说明、水文调查成果等。

(2)各项资料的整理应符合相关标准的要求。

(3)对测验方法、计算方法及实测成果应进行合理性检查。

(4)对水平衡区内的水平衡情况应进行综合分析,确定资料的合理性和可靠性。

(5)当资料系列较短、观测次数较少、不能满足要求时,应通过邻近站或上下游站资料对照或其他方法进行分析插补。插补的资料需加以说明。

2. 资料内容

(1)说明资料应包括下列内容。

1)水平衡区基本情况。包括平衡区内地貌植被条件、地质、水文地质条件、主要水文及水文地质参数、地下水开采状况、人口与土地资源、重要企业的产品与产值、灌区面积及主要农作物等资料。

2)水平衡区内水文站、水位站、雨量站、蒸发站、地下水观测井等水量监测点的分布情况。

3)水平衡区内主要水利工程的蓄水情况。

4)水平衡区内年供、用、耗、排、蓄的情况。

(2)成果资料应包括水位、流量、降水量、蒸发、地下水、水平衡分析成果、输水损失。

第七节 水资源实施监测管理系统

一、系统组成与功能

1. 系统组成

水资源实时监控管理系统应由信息采集传输系统、计算机网络系统、决策支持系统、远程监控系统和监控中心等部分组成。

(1)信息采集传输系统。信息采集传输系统应包括传感器、远程控制单元、采集通信网、分中心数据库等,将收集的信息从监测站(点)传递到分中心或中心。信息传输涉及通信方式选择、路由组织和信息质量控制等,可根据实际情况参考相关标准确定。主要采集内容包括降水量、蒸发量、水位、流量、蓄水量、取水量、用水量、排(退)水量、净水厂和污水处理厂的进出厂水量、地下水开采量、水质、水温等监测信息。

(2)计算机网络系统。计算机网络系统应包括监控中心、分中心的计算机网络,以及与其上级水行政主管部门和当地政府计算机网络的互联。

(3)决策支持系统。决策支持系统应包括数据库、信息服务、业务应用等部分,利用水资源实时评价、预报、管理和调度模型以及会商支持与后评估机制等合理制订供用水计划和水资源调度方案,为水行政主管部门科学决策提供依据。

(4)远程监控系统。远程监控系统应包括远程监视和控制两部分。通过图像、视频等对水源地、净水厂、污水处理厂、渠道、涵闸和取排(退)水口等重要对象实施远距离实时监视。采用手工、半自动和自动等手段对重要引水和退水工程设施的闸门、泵等实施控制。

(5)监控中心。监控中心应包括支撑系统运行的硬件环境和软件环境等,是监测、监视信息的最终汇集中心和决策中枢。

2. 系统功能

水资源实时监控管理系统应具有实时监测、信息服务、业务应用和远程监控等功能(图 10-2),其中业务应用是整个系统的核心。

(1)实时监测应包括水资源信息的实时采集与传输等。

(2)信息服务应包括信息处理、信息维护、信息发布、信息查询、实时预警等。

(3)业务应用包括水资源实时评价、预报、管理、调度和后评估等。

(4)远程监控包括远程监视和实时控制等。

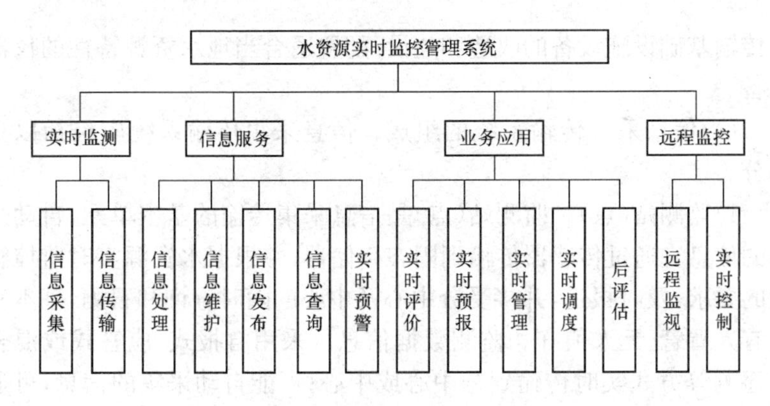

图 10-2　系统功能示意图

二、系统设计

1. 设计原则

系统设计包括信息采集传输系统、计算机网络系统、决策支持系统、远程监控系统和监控中心等部分的设计。系统设计应遵循以下原则。

(1)实用性：应满足水资源实时监控管理的基本功能需求，并能够产生积极的效果。总体设计中应该有系统信息需求分析和系统内部信息流程以及系统与外部的信息交换。

(2)先进性：应采用具有一定前瞻性的技术，顺应该领域技术发展的主流方向。

(3)整体性：应注重整体规划，保证系统各环节指标的协调一致。

(4)经济性：应追求最佳性能价格比，并对已建、在建和后建的信息化系统进行充分整合，避免重复建设。

(5)可扩展性：应保障在系统生命周期内能够与其主流技术相兼容，系统功能可扩充，并能够在不同规模、不同档次平台上运行。

(6)规范性：应遵循现行国家标准和行业标准；若尚无国家标准和行业标准的，可采用国际标准，防止系统集成和互联的困难。

2. 信息采集传输系统设计

信息采集传输系统设计应充分利用现代科技成果，通过对信息采集传输基础设施设备的改造和建设，配置适合当地水资源特性的仪器设备。

(1)信息采集传输系统的组成。信息采集传输系统应包括以下部分。

1)监测站(点)。监测站(点)是信息采集传输的基本单元，自动采集的信息宜通过传感器传输到固态存储器，并根据水资源实时监控管理的要求，及时报送，并接受分中心及中心的随时查询和召测，基本实现有人看管、无人值守。监测数据信息可采用自报式、应答式或混合式遥测等方式实时传输到分中心或中心；不能自动采集的信息，可通过人工置数等方式报送。

2)中继站。在测站(点)信息无法直接报送监控分中心或中心的情况下应设立中继站。由中继站将接收到的各种信息在要求的时段内，传递到分中心或中心。

3)分中心。实时接收监测站(点)报送的各类信息，对其所管辖区域内监测站(点)进行遥控、遥测，对所采集的数据信息进行整理，上传至中心，并执行中心的调度指令，完成对辖区范围内控制设施设备的控制。

4)中心。实时接收各分中心、监测站(点)报送的各类信息，对信息进行合理性检查和纠错，存入分类数据库中，便于随时检索、查询、显示和打印，并向各分中心、测站(点)发送指令，随时查询、召测数据。

(2)信息的分类。系统所需采集的信息可分为实时信息、基础信息两类。

1)实时信息应包括水雨情、地下水、水质、供水、排水等实时监测信息。

2)基础信息应包括水雨情、水工程、水质、地下水、供水、排水、地理信息、社会经济、图形图像等基础信息。

(3)设计内容。

1)应根据当地实际情况进行采集设施设备设计，降水量、水位、闸位和流量、视频等信息的采集可采用自动监测传感器、固态存储器和数据终端相结合实现；在目前的技术条件下无法做到自动采集或者采用自动采集方式成本过高时，可采用人工方式完成，并把所采集的数据录入到数据库。

2)水质信息宜采用常规监测和自动监测相结合的方式进行信息采集。常规监测通常通过现场取样、实验室测定分析；自动监测则在监测点配置水质遥测传感器和固态存储器。

3)信息传输的设计应包括信道选择、路由组织和信息传输质量的控制。根据信息采集方式和当地通信情况选择采用短波、超短波、微波、GPRS、PSTN、卫星通信等一种或多种通信方式。信息传输宜利用现有传输资源，原则上不再新建独立的信息传输系统。应对多个信息传输方案进行性能和经济比较，择优采用。信息传输方案不宜过于复杂，通信方式力求简单，保证其安全可靠性，并避免系统建成后运行维护困难。

4)信息采集传输系统的设备选型与配置应充分考虑当地的气候、水文特征因素。

5)信息采集传输设计应参照《水文自动测报系统规范》(SL 61—2003)、《水环境监测规范》(SL 219—2013)执行。

3. 计算机网络系统设计

计算机网络系统设计包括局域网设计和广域网设计两部分。局域网设计应充分利用高速宽带网络技术，广域网设计应充分利用公共信息网络。

(1)局域网设计应包括监控中心和分中心局域网，以及下属水源地管理单位、输水工程管理单位、供水集团及下属单位、排水集团及下属单位局域网的设计。局域网设计应充分利用现有局域网资源。监控中心局域网设计应考虑与其上级水行政主管部门和当地政府进行信息交换。

局域网系统应根据各单位网络构建的复杂程度和数据交换规模选用千兆位以太网、快速以太网或者交换式以太网组网技术。局域网内部通信协议可采用 TCP/IP、IPX/SPX、NetBEUI 等。

(2)广域网连接涉及水资源管理、工程管理等有关部门以及供水企业、排水企业、污水处理厂等单位，地理位置跨度很大，应充分利用电信、水利等部门已有的资源，构建广域网。

广域网互联协议应采用 TCP/IP，路由协议应依据通信和网络现状采用动态、静态方式。在保证通信质量的条件下，信道带宽上宜同时考虑数据、语音、视频传输等要求。信道带宽应根据各地实际传输信息量的规划，并按照留有适当余地原则进行合理、经济的确定。广域网互联应保证信道备份。

4. 决策支持系统设计

决策支持系统设计应包括数据库、信息服务和业务应用等部分，对数据管理、模型管理、知识管理、推理分析、问题处理和控制以及之间的接口等加以描述。

(1)数据库设计。数据库应包括实时数据库、基础数据库、专用数据库和模型库、方法库、知识库等。其中，方法库和知识库视情况选用。其中实时数据库、基础数据库、专用数据库和模型库的设计应符合以下要求：

1)依据“统一规划、统一标准、统一设计、数据共享”的原则，将数据信息纳入实时数据库、基础数据库和专用数据库。

实时数据库：包括实时雨水情数据库、实时工情数据库、实时水环境数据库、实时供水数据库、实时排水数据库等。

基础数据库：包括水文数据库、水环境数据库、工情数据库、供排水数据库、地理信息数据库、社会经济数据库、多媒体和影像数据库等。

专用数据库：包括供水调度、排水调度以及信息维护等。

2)模型库应由水资源实时评价、预报、管理、调度和后评估等专业模型组成。

3)数据库表结构应优先采用水利部发布的各类数据库表结构设计规范，扩充部分可由当地水行政主管部门在遵循相应规范的基础上，组织设计。空间数据显示和地图印刷的图式标准按照有关国家、测绘或行业标准执行。未有相关信息化标准的数据库可参照同类系统自行设计。

(2)信息服务设计。信息服务应包括以下功能。

1)信息处理。主要由信息接收、信息转换和信息存储组成。

2)信息维护。对数据信息进行全局性、通用性和一般性的管理，为用户提供方便的数据增加、删除和修改等基本的数据录入，数据导入、导出等功能。

3)信息发布。通过自由选择分析数据、定义分析角度，充分利用图形化方式显示分析结果。对于发布的信息，可以基于人员、组织和权限管理进行自动的分发，用户可通过浏览的方式查看和使用。

4)信息查询。查询应包括精确查询、模糊查询等方式，具有统计汇总功能，查询结果采用列表、图形等表达方式，并宜与地理信息系统相结合，提供显示、保存、打印等输出方式。

5)实时预警。对超标、异常的敏感信息，应具备完善的报警预警功能，将报警预警信息根据程度进行筛选、分类、重组，按相应的方式进行报警。

(3)业务应用的设计。业务应用应具备以下功能。

1)实时评价。根据水资源管理业务要求，通过对水汽输送、降水、蒸发、地表水、地下水的实时数据分析，按水资源分区及行政分区进行水资源实时水量水质评价。

2)实时预报。包括来水预报和需水预测。来水预报包括地表水和地下水的数量和质量预报，其中地表水包括汛期径流预报和枯季径流预报等。需水预测包括生活、生产、生态需水预测等。

3)实时管理。利用水资源预报成果，通过水资源管理模型计算，结合领域专家和决策者等积累的知识、经验以及分水协议等进行综合分析，提出水资源的管理方案。

4)实时调度。通过制订的水资源管理方案，确定水资源优化调度的规则和依据；根据各时段水资源的丰枯情况和污染态势，通过建立水资源优化调度模型，确定水资源调度方案。

5)后评估。针对水资源实时调度、管理方案的合理性和实施效果以及预报方案的准确性、监控情况等进行事后评估，重点分析导致调度、管理方案不合理和效益不好、预报不准确的原因等，进一步提高预报的准确性和决策的科学性。

5. 远程监控系统设计

远程监控系统设计应包括远程视频监视和实时控制等部分。

(1)远程视频监视可通过由摄像采集前端、视频传输网和后台控制处理等组成的远程视频监视系统,对水资源调配工程的重点场景进行实时远程视频监视、监听,并与其他自动化系统预留接口,相互传递视频信息和控制信息。

远程视频监视功能应包括在监控中心支持TCP/IP下的IP组播通信方式,实现远程视频信息的采集、转发、监控、数据存储和画面分割监视,并在可设定的间隔时段内对所有控制点进行巡检。

(2)实时控制应根据水资源实时监测信息反映的情况,参照视频监视结果,遵照确定的管理调度方案,完成下达给系统监控对象实施控制操作命令,并将监控操作过程和效果以及监控对象的动态状况等实时反馈到系统。

实时控制应与视频监视同时使用,实时控制的前后现场状况均应在监视器上得到直观反映。

自动控制系统本身应保留具有最高执行优先级的手动控制功能。远程监控系统应选用成熟、可靠的商业化软件开发现场监控应用软件,满足一站运行的所有功能。系统设计中控制设备的选型应充分考虑当地气候环境影响。

6. 监控中心设计

监控中心设计应包括硬件环境和软件环境等部分,是系统的信息监控、数据交换共享、智能辅助决策和指挥调度的中心,以及支撑系统运行的平台。

(1)硬件环境设计应包括对数据存储设备、服务器、显示系统、音响系统和集中控制系统等内容,具体设计应按国家相关标准执行。

1)数据存储设备应根据系统应用需求,采用集中存储和分级存储相结合的方式配置。中心存储所有相关的数据,应通过计算机网络与分中心及各业务部门连接,实现数据的传输、交换、共享及异地备份的目的。

2)服务器应根据系统应用需求、功能和性能要求,采用集中处理和分布式处理相结合的方式配置。

3)显示系统应具有各种视频信息的显示和切换功能,根据其需求合理选择相应的显示方式和系统配置。视频显示系统有 CRT、LCD 和 DLP 等多种显示方式,其设计可参考相关技术标准。

4)音响系统设计应参照相关标准。

5)集中控制系统应实现对监控中心不同功能区域的集中控制。

(2)软件环境应包括操作系统、数据库管理系统、地理信息系统等。

监控中心涉及技术面较广,在建设过程中应根据当地实际需求和资金情况,进行合理配置,并为其他系统预留接口。

三、系统建设

水资源实时监控管理系统建设应分为前期工作、招投标、工程监理、系统检验等阶段实施。

1. 前期工作

系统建设的前期工作应包括项目建议书、可行性研究和初步设计等阶段。前期工作应按相关标准和规定进行,确保工作质量。

2. 招投标

应根据国家法律和水利部相关规定,对水资源实时监控管理系统应对系统设计、施工和监理进行招标。

系统建设根据涉及的专业和投资情况可分解成若干标段实施招投标。

招投标工作应按《中华人民共和国招投标法》、《水利工程建设项目施工招标投标管理规定》和相关法规实施。

3. 工程监理

依据《水利工程建设监理规定》,大中型工程建设项目应实施建设监理,通过招标确定监理单位;小型工程建设项目可根据具体情况酌情实施建设监理。

工程监理应依照国家有关法律、法规、政策和系统建设项目合同书的规定,对系统建设全过程进行质量、成本、进度、系统安全、相关产权的控制和监督，负责系统建设从招投标到最终验收全过程的监督与协调，确保系统建设顺利完成。

4. 系统检验

系统检验应包括设备检验、软件测试检验、试运行检验和缺陷责任期检验。

(1)系统设备检验。系统设备检验分为出厂检验、开箱检验和安装检验。各项检验应分别符合以下规定。

1)出厂检验。主要国产设备应由承包商和监理方按技术标准、设备性能指标进行检验。进口设备应由承包商责成供货商提交设备出厂检验报告。

2)开箱检验。设备运到施工现场后，应由监理方到场会同业主和承包商进行开箱检验，详细记录每件设备检验情况，报送业主备案。

在检验中发现设备短缺或损坏，承包商应迅速采取措施补救，损坏部件应在更换后再行检验。

开箱检验合格的设备，应由监理方、业主和承包商共同在设备检验合格表上签字。同时，承包商应将设备供货商提供的设备相关文档资料、质量保证书和保修手续凭证全部移交给业主。

3)安装检验。安装检验应由承包商负责，除证明已满足招标文件技术规范要求外，还应提供相应的文件和资料，并经监理方确认后报送业主备案。如发现问题，在承包商及时处理后应补充检验。

(2)系统软件测试检验。系统软件测试检验应严格按照国家有关部委颁布的软件产品检验测试标准进行，重点检测产品的功能及性能指标是否达到设计规定。如未达到设计规定，承包商及时处理后应补充检验。

(3)系统试运行检验。系统试运行检验和缺陷责任期检验应符合下列规定：

1)试运行检验。试运行检验应由承包商负责，监理方监督，业主指定用户方配合进行。检验内容包括系统设备各项技术指标、设备功能及使用范围。

2)缺陷责任期检验。缺陷责任期应为自试运行检验后起 12 个月。在这段时间,承包商应负责对运行中出现的故障进行处理。

缺陷责任期检验应由业主负责,监理方协助进行。业主可指定用户方按系统设备运行操作规程、安全规章对系统和设备进行全面运行检验。

缺陷责任期满之前,应由业主会同监理方、承包商、用户方一起对工程运行情况进行检验。检验合格,由监理方签发缺陷责任期满合格证。

四、系统验收

1. 初步验收

(1)初步验收的条件。初步验收应具备以下条件。

1)各项建设内容已按批复设计全部完成。

2)工程结算已具备财务决算条件。

3)有关工作报告及技术文档已准备就绪。

(2)初步验收的工作内容。初步验收组人员应由项目业主、设计、施工、监理和用户等单位代表及有关专家组成。验收前应进行工程质量检测。工程质量检测应由独立的检测单位完成。该单位应通过质量技术监督部门计量认证,不得与业主、设计、施工、监理等单位隶属同一实体。检测单位在检测完成后应按有关规定提交工程质量检测报告。初步验收应包括以下工作。

1)审查有关工作报告及技术文档。

2)检查工程建设情况,鉴定工程质量。

3)检查工程试运行中所发现问题的处理情况。

4)确定尾工清单及完成期限。

5)检查工程档案资料情况。

6)形成《××系统初步验收报告》,并由验收组成员签字。

2. 竣工验收

(1)竣工验收的条件。竣工验收应具备以下条件。

1)主要建设内容已按批复设计全部完成。

2)系统已通过试运行的检验并运行正常。

3)初步验收发现的问题已处理完毕。

4)有关资料已按档案资料管理的相关规定归档。

5)竣工决算已通过竣工审计。

(2)竣工验收的工作内容。竣工验收委员会应由主管部门主持,有关单位及专家参加。项目设计、施工、监理单位不得参加竣工验收委员会,但应列席验收会议,解答验收委员会质疑。竣工验收遗留问题应由竣工验收委员会责成有关单位妥善处理,项目业主负责督促和检查,并及时将处理结果报告主管部门。竣工验收应包括以下工作。

1)审查《××系统竣工验收工作报告》。

2)审查项目文档及相关资料的完整性。

3)现场确认系统正常运行。

4)讨论并通过《××系统竣工验收报告》,竣工验收委员会委员、被验收单位代表签字。

五、运行管理与系统评价

1. 系统运行管理的规定

(1)管理单位应建立以岗位责任制为核心的各项规章制度。

(2)应由专人负责系统的运行管理。

(3)系统运行管理应实行分级负责制。

(4)系统运行管理应有必要的经费支持。

2. 系统维护的规定

(1)日常维护工作应确保系统始终处于正常运行状态。

(2)一般情况下应每半年进行一次全面检查维护,在系统投入运行的前三年适当增加定期检查次数。

(3)根据具体情况应进行不定期专项检查或全面检查。

(4)当发现测量误差超过允许值时,应及时检查测量仪器并进行调整。

(5)应实行年报和重大问题报告制度。

(6)应建立设备档案,主要包括:名称、生产厂家、出场编号、规格、型号、附件名称及数量、合格证书、使用说明书、出场率定资料、供货单位及日期，使用日期及使用人员、发生的故障或损伤以及相应的故障排除或送厂修复等情况。

(7)安装在现场的所有设备、设施，均应在其适当位置明显标注出其编号。

3. 资料整编与分析的规定

(1)管理单位对采集的资料应及时进行整理和定期编印，定期资料编印应每年进行一次。

(2)定期资料编印应在资料整理的基础上进行监测物理量的统计，绘制各种监测物理量的分布与相互间的相关图线，并编写编印说明。

(3)采集资料的整编、分析，成果应项目齐全，考证清楚，数据可靠，图表完整，规格统一，说明齐备。

(4)全部资料整编、分析成果应建档保存。

4. 系统评价

(1)项目验收合格并投入运行一年后，项目建设单位的业务主管部门和信息化建设主管部门等应组织对项目进行综合评价。

(2)评价的内容应包括系统设计是否合理，功能是否完善，能否满足实际工作需要，经济和社会效益，存在的主要问题和改进的意见等。

附录一　中华人民共和国水污染防治法

（1984 年 5 月 11 日第六届全国人民代表大会常务委员会第五次会议通过　根据 1996 年 5 月 15 日第八届全国人民代表大会常务委员会第十九次会议《关于修改〈中华人民共和国水污染防治法〉的决定》修正　2008 年 2 月 28 日第十届全国人民代表大会常务委员会第三十二次会议修订）

第一章　总　　则

第一条　为了防治水污染，保护和改善环境，保障饮用水安全，促进经济社会全面协调可持续发展，制定本法。

第二条　本法适用于中华人民共和国领域内的江河、湖泊、运河、渠道、水库等地表水体以及地下水体的污染防治。

海洋污染防治适用《中华人民共和国海洋环境保护法》。

第三条　水污染防治应当坚持预防为主、防治结合、综合治理的原则，优先保护饮用水水源，严格控制工业污染、城镇生活污染，防治农业面源污染，积极推进生态治理工程建设，预防、控制和减少水环境污染和生态破坏。

第四条　县级以上人民政府应当将水环境保护工作纳入国民经济和社会发展规划。

县级以上地方人民政府应当采取防治水污染的对策和措施，对本行政区域的水环境质量负责。

第五条　国家实行水环境保护目标责任制和考核评价制度，将水环境保护目标完成情况作为对地方人民政府及其负责人考核评价的内容。

第六条　国家鼓励、支持水污染防治的科学技术研究和先进适用技术的推广应用，加强水环境保护的宣传教育。

第七条　国家通过财政转移支付等方式，建立健全对位于饮用水水源保护区区域和江河、湖泊、水库上游地区的水环境生态保护补偿机制。

第八条　县级以上人民政府环境保护主管部门对水污染防治实施统一监督管理。

交通主管部门的海事管理机构对船舶污染水域的防治实施监督管理。

县级以上人民政府水行政、国土资源、卫生、建设、农业、渔业等部门以及重要江河、湖泊的流域水资源保护机构，在各自的职责范围内，对有关水污染防治实施监督管理。

第九条　排放水污染物，不得超过国家或者地方规定的水污染物排放标准和重点水污染物排放总量控制指标。

第十条　任何单位和个人都有义务保护水环境，并有权对污染损害水环境的行为进行检举。

县级以上人民政府及其有关主管部门对在水污染防治工作中做出显著成绩的单位和个人给予表彰和奖励。

第二章　水污染防治的标准和规划

第十一条　国务院环境保护主管部门制定国家水环境质量标准。

省、自治区、直辖市人民政府可以对国家水环境质量标准中未作规定的项目，制定地方标准，并报国务院环境保护主管部门备案。

第十二条　国务院环境保护主管部门会同国务院水行政主管部门和有关省、自治区、直辖市人民政府，可以根据国家确定的重要江河、湖泊流域水体的使用功能以及有关地区的经济、技术条件，确定该重要江河、湖泊流域的省界水体适用的水环境质量标准，报国务院批准后施行。

第十三条　国务院环境保护主管部门根据国家水环境质量标准和国家经济、技术条件，制定国家水污染物排放标准。

省、自治区、直辖市人民政府对国家水污染物排放标准中未作规定的项目，可以制定地方水污染物排放标准；对国家水污染物排放标准中已作规定的项目，可以制定严于国家水污染物排放标准的地方水污染物排放标准。地方水污染物排放标准须报国务院环境保护主管部门备案。

向已有地方水污染物排放标准的水体排放污染物的，应当执行地方水污染物排放标准。

第十四条 国务院环境保护主管部门和省、自治区、直辖市人民政府，应当根据水污染防治的要求和国家或者地方的经济、技术条件，适时修订水环境质量标准和水污染物排放标准。

第十五条 防治水污染应当按流域或者按区域进行统一规划。国家确定的重要江河、湖泊的流域水污染防治规划，由国务院环境保护主管部门会同国务院经济综合宏观调控、水行政等部门和有关省、自治区、直辖市人民政府编制，报国务院批准。

前款规定外的其他跨省、自治区、直辖市江河、湖泊的流域水污染防治规划，根据国家确定的重要江河、湖泊的流域水污染防治规划和本地实际情况，由有关省、自治区、直辖市人民政府环境保护主管部门会同同级水行政等部门和有关市、县人民政府编制，经有关省、自治区、直辖市人民政府审核，报国务院批准。

省、自治区、直辖市内跨县江河、湖泊的流域水污染防治规划，根据国家确定的重要江河、湖泊的流域水污染防治规划和本地实际情况，由省、自治区、直辖市人民政府环境保护主管部门会同同级水行政等部门编制，报省、自治区、直辖市人民政府批准，并报国务院备案。

经批准的水污染防治规划是防治水污染的基本依据，规划的修订须经原批准机关批准。

县级以上地方人民政府应当根据依法批准的江河、湖泊的流域水污染防治规划，组织制定本行政区域的水污染防治规划。

第十六条 国务院有关部门和县级以上地方人民政府开发、利用和调节、调度水资源时，应当统筹兼顾，维持江河的合理流量和湖泊、水库以及地下水体的合理水位，维护水体的生态功能。

第三章 水污染防治的监督管理

第十七条 新建、改建、扩建直接或者间接向水体排放污染物的建设项目和其他水上设施，应当依法进行环境影响评价。

建设单位在江河、湖泊新建、改建、扩建排污口的，应当取得水行政主管部门或者流域管理机构同意；涉及通航、渔业水域的，环境保护主管部门在审批环境影响评价文件时，应当征求交通、渔业主管部门的意见。

建设项目的水污染防治设施，应当与主体工程同时设计、同时施工、同时投入使用。水污染防治设施应当经过环境保护主管部门验收，验收不合格的，该建设项目不得投入生产或者使用。

第十八条 国家对重点水污染物排放实施总量控制制度。

省、自治区、直辖市人民政府应当按照国务院的规定削减和控制本行政区域的重点水污染物排放总量，并将重点水污染物排放总量控制指标分解落实到市、县人民政府。市、县人民政府根据本行政区域重点水污染物排放总量控制指标的要求，将重点水污染物排放总量控制指标分解落实到排污单位。具体办法和实施步骤由国务院规定。

省、自治区、直辖市人民政府可以根据本行政区域水环境质量状况和水污染防治工作的需要，确定本行政区域实施总量削减和控制的重点水污染物。

对超过重点水污染物排放总量控制指标的地区，有关人民政府环境保护主管部门应当暂停审批新增重点水污染物排放总量的建设项目的环境影响评价文件。

第十九条 国务院环境保护主管部门对未按照要求完成重点水污染物排放总量控制指标的省、自治区、直辖市予以公布。省、自治区、直辖市人民政府环境保护主管部门对未按照要求完成重点水污染物排放总量控制指标的市、县予以公布。

县级以上人民政府环境保护主管部门对违反本法规定、严重污染水环境的企业予以公布。

第二十条　国家实行排污许可制度。

直接或者间接向水体排放工业废水和医疗污水以及其他按照规定应当取得排污许可证方可排放的废水、污水的企业事业单位，应当取得排污许可证；城镇污水集中处理设施的运营单位，也应当取得排污许可证。排污许可的具体办法和实施步骤由国务院规定。

禁止企业事业单位无排污许可证或者违反排污许可证的规定向水体排放前款规定的废水、污水。

第二十一条　直接或者间接向水体排放污染物的企业事业单位和个体工商户，应当按照国务院环境保护主管部门的规定，向县级以上地方人民政府环境保护主管部门申报登记拥有的水污染物排放设施、处理设施和在正常作业条件下排放水污染物的种类、数量和浓度，并提供防治水污染方面的有关技术资料。

企业事业单位和个体工商户排放水污染物的种类、数量和浓度有重大改变的，应当及时申报登记；其水污染物处理设施应当保持正常使用；拆除或者闲置水污染物处理设施的，应当事先报县级以上地方人民政府环境保护主管部门批准。

第二十二条　向水体排放污染物的企业事业单位和个体工商户，应当按照法律、行政法规和国务院环境保护主管部门的规定设置排污口；在江河、湖泊设置排污口的，还应当遵守国务院水行政主管部门的规定。

禁止私设暗管或者采取其他规避监管的方式排放水污染物。

第二十三条　重点排污单位应当安装水污染物排放自动监测设备，与环境保护主管部门的监控设备联网，并保证监测设备正常运行。排放工业废水的企业，应当对其所排放的工业废水进行监测，并保存原始监测记录。具体办法由国务院环境保护主管部门规定。

应当安装水污染物排放自动监测设备的重点排污单位名录，由设区的市级以上地方人民政府环境保护主管部门根据本行政区域的环境容量、重点水污染物排放总量控制指标的要求以及排污单位排放水污染物的种类、数量和浓度等因素，商同级有关部门确定。

第二十四条　直接向水体排放污染物的企业事业单位和个体工

商户，应当按照排放水污染物的种类、数量和排污费征收标准缴纳排污费。

排污费应当用于污染的防治，不得挪作他用。

第二十五条　国家建立水环境质量监测和水污染物排放监测制度。国务院环境保护主管部门负责制定水环境监测规范，统一发布国家水环境状况信息，会同国务院水行政等部门组织监测网络。

第二十六条　国家确定的重要江河、湖泊流域的水资源保护工作机构负责监测其所在流域的省界水体的水环境质量状况，并将监测结果及时报国务院环境保护主管部门和国务院水行政主管部门；有经国务院批准成立的流域水资源保护领导机构的，应当将监测结果及时报告流域水资源保护领导机构。

第二十七条　环境保护主管部门和其他依照本法规定行使监督管理权的部门，有权对管辖范围内的排污单位进行现场检查，被检查的单位应当如实反映情况，提供必要的资料。检查机关有义务为被检查的单位保守在检查中获取的商业秘密。

第二十八条　跨行政区域的水污染纠纷，由有关地方人民政府协商解决，或者由其共同的上级人民政府协调解决。

第四章　水污染防治措施

第一节　一般规定

第二十九条　禁止向水体排放油类、酸液、碱液或者剧毒废液。

禁止在水体清洗装贮过油类或者有毒污染物的车辆和容器。

第三十条　禁止向水体排放、倾倒放射性固体废物或者含有高放射性和中放射性物质的废水。

向水体排放含低放射性物质的废水，应当符合国家有关放射性污染防治的规定和标准。

第三十一条　向水体排放含热废水，应当采取措施，保证水体的水温符合水环境质量标准。

第三十二条　含病原体的污水应当经过消毒处理；符合国家有关标准后，方可排放。

第三十三条　禁止向水体排放、倾倒工业废渣、城镇垃圾和其他废弃物。

禁止将含有汞、镉、砷、铬、铅、氰化物、黄磷等的可溶性剧毒废渣向水体排放、倾倒或者直接埋入地下。

存放可溶性剧毒废渣的场所，应当采取防水、防渗漏、防流失的措施。

第三十四条　禁止在江河、湖泊、运河、渠道、水库最高水位线以下的滩地和岸坡堆放、存贮固体废弃物和其他污染物。

第三十五条　禁止利用渗井、渗坑、裂隙和溶洞排放、倾倒含有毒污染物的废水、含病原体的污水和其他废弃物。

第三十六条　禁止利用无防渗漏措施的沟渠、坑塘等输送或者存贮含有毒污染物的废水、含病原体的污水和其他废弃物。

第三十七条　多层地下水的含水层水质差异大的，应当分层开采；对已受污染的潜水和承压水，不得混合开采。

第三十八条　兴建地下工程设施或者进行地下勘探、采矿等活动，应当采取防护性措施，防止地下水污染。

第三十九条　人工回灌补给地下水，不得恶化地下水质。

第二节　工业水污染防治

第四十条　国务院有关部门和县级以上地方人民政府应当合理规划工业布局，要求造成水污染的企业进行技术改造，采取综合防治措施，提高水的重复利用率，减少废水和污染物排放量。

第四十一条　国家对严重污染水环境的落后工艺和设备实行淘汰制度。

国务院经济综合宏观调控部门会同国务院有关部门，公布限期禁止采用的严重污染水环境的工艺名录和限期禁止生产、销售、进口、使用的严重污染水环境的设备名录。

生产者、销售者、进口者或者使用者应当在规定的期限内停止生产、销售、进口或者使用列入前款规定的设备名录中的设备。工艺的采用者应当在规定的期限内停止采用列入前款规定的工艺名录中的工艺。

依照本条第二款、第三款规定被淘汰的设备，不得转让给他人使用。

第四十二条　国家禁止新建不符合国家产业政策的小型造纸、制革、印染、染料、炼焦、炼硫、炼砷、炼汞、炼油、电镀、农药、石棉、水泥、玻璃、钢铁、火电以及其他严重污染水环境的生产项目。

第四十三条　企业应当采用原材料利用效率高、污染物排放量少的清洁工艺，并加强管理，减少水污染物的产生。

第三节　城镇水污染防治

第四十四条　城镇污水应当集中处理。

县级以上地方人民政府应当通过财政预算和其他渠道筹集资金，统筹安排建设城镇污水集中处理设施及配套管网，提高本行政区域城镇污水的收集率和处理率。

国务院建设主管部门应当会同国务院经济综合宏观调控、环境保护主管部门，根据城乡规划和水污染防治规划，组织编制全国城镇污水处理设施建设规划。县级以上地方人民政府组织建设、经济综合宏观调控、环境保护、水行政等部门编制本行政区域的城镇污水处理设施建设规划。县级以上地方人民政府建设主管部门应当按照城镇污水处理设施建设规划，组织建设城镇污水集中处理设施及配套管网，并加强对城镇污水集中处理设施运营的监督管理。

城镇污水集中处理设施的运营单位按照国家规定向排污者提供污水处理的有偿服务，收取污水处理费用，保证污水集中处理设施的正常运行。向城镇污水集中处理设施排放污水、缴纳污水处理费用的，不再缴纳排污费。收取的污水处理费用应当用于城镇污水集中处理设施的建设和运行，不得挪作他用。

城镇污水集中处理设施的污水处理收费、管理以及使用的具体办法，由国务院规定。

第四十五条　向城镇污水集中处理设施排放水污染物，应当符合国家或者地方规定的水污染物排放标准。

城镇污水集中处理设施的出水水质达到国家或者地方规定的水污染物排放标准的，可以按照国家有关规定免缴排污费。

城镇污水集中处理设施的运营单位，应当对城镇污水集中处理设施的出水水质负责。

环境保护主管部门应当对城镇污水集中处理设施的出水水质和水量进行监督检查。

第四十六条　建设生活垃圾填埋场，应当采取防渗漏等措施，防止造成水污染。

第四节　农业和农村水污染防治

第四十七条　使用农药，应当符合国家有关农药安全使用的规定和标准。

运输、存贮农药和处置过期失效农药，应当加强管理，防止造成水污染。

第四十八条　县级以上地方人民政府农业主管部门和其他有关部门，应当采取措施，指导农业生产者科学、合理地施用化肥和农药，控制化肥和农药的过量使用，防止造成水污染。

第四十九条　国家支持畜禽养殖场、养殖小区建设畜禽粪便、废水的综合利用或者无害化处理设施。

畜禽养殖场、养殖小区应当保证其畜禽粪便、废水的综合利用或者无害化处理设施正常运转，保证污水达标排放，防止污染水环境。

第五十条　从事水产养殖应当保护水域生态环境，科学确定养殖密度，合理投饵和使用药物，防止污染水环境。

第五十一条　向农田灌溉渠道排放工业废水和城镇污水，应当保证其下游最近的灌溉取水点的水质符合农田灌溉水质标准。

利用工业废水和城镇污水进行灌溉，应当防止污染土壤、地下水和农产品。

第五节 船舶水污染防治

第五十二条 船舶排放含油污水、生活污水，应当符合船舶污染物排放标准。从事海洋航运的船舶进入内河和港口的，应当遵守内河的船舶污染物排放标准。

船舶的残油、废油应当回收，禁止排入水体。

禁止向水体倾倒船舶垃圾。

船舶装载运输油类或者有毒货物，应当采取防止溢流和渗漏的措施，防止货物落水造成水污染。

第五十三条 船舶应当按照国家有关规定配置相应的防污设备和器材，并持有合法有效的防止水域环境污染的证书与文书。

船舶进行涉及污染物排放的作业，应当严格遵守操作规程，并在相应的记录簿上如实记载。

第五十四条 港口、码头、装卸站和船舶修造厂应当备有足够的船舶污染物、废弃物的接收设施。从事船舶污染物、废弃物接收作业，或者从事装载油类、污染危害性货物船舱清洗作业的单位，应当具备与其运营规模相适应的接收处理能力。

第五十五条 船舶进行下列活动，应当编制作业方案，采取有效的安全和防污染措施，并报作业地海事管理机构批准：

（一）进行残油、含油污水、污染危害性货物残留物的接收作业，或者进行装载油类、污染危害性货物船舱的清洗作业；

（二）进行散装液体污染危害性货物的过驳作业；

（三）进行船舶水上拆解、打捞或者其他水上、水下船舶施工作业。

在渔港水域进行渔业船舶水上拆解活动，应当报作业地渔业主管部门批准。

第五章 饮用水水源和其他特殊水体保护

第五十六条 国家建立饮用水水源保护区制度。饮用水水源保护区分为一级保护区和二级保护区；必要时，可以在饮用水水源保护区外围划定一定的区域作为准保护区。

饮用水水源保护区的划定，由有关市、县人民政府提出划定方案，报省、自治区、直辖市人民政府批准；跨市、县饮用水水源保护区的划定，由有关市、县人民政府协商提出划定方案，报省、自治区、直辖市人民政府批准；协商不成的，由省、自治区、直辖市人民政府环境保护主管部门会同同级水行政、国土资源、卫生、建设等部门提出划定方案，征求同级有关部门的意见后，报省、自治区、直辖市人民政府批准。

跨省、自治区、直辖市的饮用水水源保护区，由有关省、自治区、直辖市人民政府协商有关流域管理机构划定；协商不成的，由国务院环境保护主管部门会同同级水行政、国土资源、卫生、建设等部门提出划定方案，征求国务院有关部门的意见后，报国务院批准。

国务院和省、自治区、直辖市人民政府可以根据保护饮用水水源的实际需要，调整饮用水水源保护区的范围，确保饮用水安全。有关地方人民政府应当在饮用水水源保护区的边界设立明确的地理界标和明显的警示标志。

第五十七条　在饮用水水源保护区内，禁止设置排污口。

第五十八条　禁止在饮用水水源一级保护区内新建、改建、扩建与供水设施和保护水源无关的建设项目；已建成的与供水设施和保护水源无关的建设项目，由县级以上人民政府责令拆除或者关闭。

禁止在饮用水水源一级保护区内从事网箱养殖、旅游、游泳、垂钓或者其他可能污染饮用水水体的活动。

第五十九条　禁止在饮用水水源二级保护区内新建、改建、扩建排放污染物的建设项目；已建成的排放污染物的建设项目，由县级以上人民政府责令拆除或者关闭。

在饮用水水源二级保护区内从事网箱养殖、旅游等活动的，应当按照规定采取措施，防止污染饮用水水体。

第六十条　禁止在饮用水水源准保护区内新建、扩建对水体污染严重的建设项目；改建建设项目，不得增加排污量。

第六十一条　县级以上地方人民政府应当根据保护饮用水水源的实际需要，在准保护区内采取工程措施或者建造湿地、水源涵养林等生态保护措施，防止水污染物直接排入饮用水水体，确保饮用水安全。

第六十二条　饮用水水源受到污染可能威胁供水安全的，环境保护主管部门应当责令有关企业事业单位采取停止或者减少排放水污染物等措施。

第六十三条　国务院和省、自治区、直辖市人民政府根据水环境保护的需要，可以规定在饮用水水源保护区内，采取禁止或者限制使用含磷洗涤剂、化肥、农药以及限制种植养殖等措施。

第六十四条　县级以上人民政府可以对风景名胜区水体、重要渔业水体和其他具有特殊经济文化价值的水体划定保护区，并采取措施，保证保护区的水质符合规定用途的水环境质量标准。

第六十五条　在风景名胜区水体、重要渔业水体和其他具有特殊经济文化价值的水体的保护区内，不得新建排污口。在保护区附近新建排污口，应当保证保护区水体不受污染。

第六章　水污染事故处置

第六十六条　各级人民政府及其有关部门，可能发生水污染事故的企业事业单位，应当依照《中华人民共和国突发事件应对法》的规定，做好突发水污染事故的应急准备、应急处置和事后恢复等工作。

第六十七条　可能发生水污染事故的企业事业单位，应当制订有关水污染事故的应急方案，做好应急准备，并定期进行演练。

生产、储存危险化学品的企业事业单位，应当采取措施，防止在处理安全生产事故过程中产生的可能严重污染水体的消防废水、废液直接排入水体。

第六十八条　企业事业单位发生事故或者其他突发性事件，造成或者可能造成水污染事故的，应当立即启动本单位的应急方案，采取应急措施，并向事故发生地的县级以上地方人民政府或者环境保护主管部门报告。环境保护主管部门接到报告后，应当及时向本级人民政府报告，并抄送有关部门。

造成渔业污染事故或者渔业船舶造成水污染事故的，应当向事故发生地的渔业主管部门报告，接受调查处理。其他船舶造成水污染事故的，应当向事故发生地的海事管理机构报告，接受调查处理；给渔业造成损害的，海事管理机构应当通知渔业主管部门参与调查处理。

第七章　法律责任

第六十九条　环境保护主管部门或者其他依照本法规定行使监督管理权的部门，不依法做出行政许可或者办理批准文件的，发现违法行为或者接到对违法行为的举报后不予查处的，或者有其他未依照本法规定履行职责的行为的，对直接负责的主管人员和其他直接责任人员依法给予处分。

第七十条　拒绝环境保护主管部门或者其他依照本法规定行使监督管理权的部门的监督检查，或者在接受监督检查时弄虚作假的，由县级以上人民政府环境保护主管部门或者其他依照本法规定行使监督管理权的部门责令改正，处一万元以上十万元以下的罚款。

第七十一条　违反本法规定，建设项目的水污染防治设施未建成、未经验收或者验收不合格，主体工程即投入生产或者使用的，由县级以上人民政府环境保护主管部门责令停止生产或者使用，直至验收合格，处五万元以上五十万元以下的罚款。

第七十二条　违反本法规定，有下列行为之一的，由县级以上人民政府环境保护主管部门责令限期改正；逾期不改正的，处一万元以上十万元以下的罚款：

（一）拒报或者谎报国务院环境保护主管部门规定的有关水污染物排放申报登记事项的；

（二）未按照规定安装水污染物排放自动监测设备或者未按照规定与环境保护主管部门的监控设备联网，并保证监测设备正常运行的；

（三）未按照规定对所排放的工业废水进行监测并保存原始监测记录的。

第七十三条 违反本法规定，不正常使用水污染物处理设施，或者未经环境保护主管部门批准拆除、闲置水污染物处理设施的，由县级以上人民政府环境保护主管部门责令限期改正，处应缴纳排污费数额一倍以上三倍以下的罚款。

第七十四条 违反本法规定，排放水污染物超过国家或者地方规定的水污染物排放标准，或者超过重点水污染物排放总量控制指标的，由县级以上人民政府环境保护主管部门按照权限责令限期治理，处应缴纳排污费数额二倍以上五倍以下的罚款。

限期治理期间，由环境保护主管部门责令限制生产、限制排放或者停产整治。限期治理的期限最长不超过一年；逾期未完成治理任务的，报经有批准权的人民政府批准，责令关闭。

第七十五条 在饮用水水源保护区内设置排污口的，由县级以上地方人民政府责令限期拆除，处十万元以上五十万元以下的罚款；逾期不拆除的，强制拆除，所需费用由违法者承担，处五十万元以上一百万元以下的罚款，并可以责令停产整顿。

除前款规定外，违反法律、行政法规和国务院环境保护主管部门的规定设置排污口或者私设暗管的，由县级以上地方人民政府环境保护主管部门责令限期拆除，处二万元以上十万元以下的罚款；逾期不拆除的，强制拆除，所需费用由违法者承担，处十万元以上五十万元以下的罚款；私设暗管或者有其他严重情节的，县级以上地方人民政府环境保护主管部门可以提请县级以上地方人民政府责令停产整顿。

未经水行政主管部门或者流域管理机构同意，在江河、湖泊新建、改建、扩建排污口的，由县级以上人民政府水行政主管部门或者流域管理机构依据职权，依照前款规定采取措施、给予处罚。

第七十六条 有下列行为之一的，由县级以上地方人民政府环境保护主管部门责令停止违法行为，限期采取治理措施，消除污染，处以罚款；逾期不采取治理措施的，环境保护主管部门可以指定有治理能力的单位代为治理，所需费用由违法者承担：

（一）向水体排放油类、酸液、碱液的；

（二）向水体排放剧毒废液，或者将含有汞、镉、砷、铬、铅、氰化物、黄磷等的可溶性剧毒废渣向水体排放、倾倒或者直接埋入地下的；

（三）在水体清洗装贮过油类、有毒污染物的车辆或者容器的；

（四）向水体排放、倾倒工业废渣、城镇垃圾或者其他废弃物，或者在江河、湖泊、运河、渠道、水库最高水位线以下的滩地、岸坡堆放、存贮固体废弃物或者其他污染物的；

（五）向水体排放、倾倒放射性固体废物或者含有高放射性、中放射性物质的废水的；

（六）违反国家有关规定或者标准，向水体排放含低放射性物质的废水、热废水或者含病原体的污水的；

（七）利用渗井、渗坑、裂隙或者溶洞排放、倾倒含有毒污染物的废水、含病原体的污水或者其他废弃物的；

（八）利用无防渗漏措施的沟渠、坑塘等输送或者存贮含有毒污染物的废水、含病原体的污水或者其他废弃物的。

有前款第三项、第六项行为之一的，处一万元以上十万元以下的罚款；有前款第一项、第四项、第八项行为之一的，处二万元以上二十万元以下的罚款；有前款第二项、第五项、第七项行为之一的，处五万元以上五十万元以下的罚款。

第七十七条　违反本法规定，生产、销售、进口或者使用列入禁止生产、销售、进口、使用的严重污染水环境的设备名录中的设备，或者采用列入禁止采用的严重污染水环境的工艺名录中的工艺的，由县级以上人民政府经济综合宏观调控部门责令改正，处五万元以上二十万元以下的罚款；情节严重的，由县级以上人民政府经济综合宏观调控部门提出意见，报请本级人民政府责令停业、关闭。

第七十八条　违反本法规定，建设不符合国家产业政策的小型造纸、制革、印染、染料、炼焦、炼硫、炼砷、炼汞、炼油、电镀、农药、石棉、水泥、玻璃、钢铁、火电以及其他严重污染水环境的生产项目的，由所在地的市、县人民政府责令关闭。

第七十九条　船舶未配置相应的防污染设备和器材，或者未持有合法有效的防止水域环境污染的证书与文书的，由海事管理机构、渔业主管部门按照职责分工责令限期改正，处二千元以上二万元以下的罚款；逾期不改正的，责令船舶临时停航。

船舶进行涉及污染物排放的作业，未遵守操作规程或者未在相应的记录簿上如实记载的，由海事管理机构、渔业主管部门按照职责分工责令改正，处二千元以上二万元以下的罚款。

第八十条　违反本法规定，有下列行为之一的，由海事管理机构、渔业主管部门按照职责分工责令停止违法行为，处以罚款；造成水污染的，责令限期采取治理措施，消除污染；逾期不采取治理措施的，海事管理机构、渔业主管部门按照职责分工可以指定有治理能力的单位代为治理，所需费用由船舶承担：

（一）向水体倾倒船舶垃圾或者排放船舶的残油、废油的；

（二）未经作业地海事管理机构批准，船舶进行残油、含油污水、污染危害性货物残留物的接收作业，或者进行装载油类、污染危害性货物船舱的清洗作业，或者进行散装液体污染危害性货物的过驳作业的；

（三）未经作业地海事管理机构批准，进行船舶水上拆解、打捞或者其他水上、水下船舶施工作业的；

（四）未经作业地渔业主管部门批准，在渔港水域进行渔业船舶水上拆解的。

有前款第一项、第二项、第四项行为之一的，处五千元以上五万元以下的罚款；有前款第三项行为的，处一万元以上十万元以下的罚款。

第八十一条　有下列行为之一的，由县级以上地方人民政府环境保护主管部门责令停止违法行为，处十万元以上五十万元以下的罚款；并报经有批准权的人民政府批准，责令拆除或者关闭：

（一）在饮用水水源一级保护区内新建、改建、扩建与供水设施和保护水源无关的建设项目的；

（二）在饮用水水源二级保护区内新建、改建、扩建排放污染物的建设项目的；

（三）在饮用水水源准保护区内新建、扩建对水体污染严重的建设项目，或者改建建设项目增加排污量的。

在饮用水水源一级保护区内从事网箱养殖或者组织进行旅游、垂钓或者其他可能污染饮用水水体的活动的，由县级以上地方人民政府环境保护主管部门责令停止违法行为，处二万元以上十万元以下的罚款。个人在饮用水水源一级保护区内游泳、垂钓或者从事其他可能污染饮用水水体的活动的，由县级以上地方人民政府环境保护主管部门责令停止违法行为，可以处五百元以下的罚款。

第八十二条　企业事业单位有下列行为之一的，由县级以上人民政府环境保护主管部门责令改正；情节严重的，处二万元以上十万元以下的罚款：

（一）不按照规定制定水污染事故的应急方案的；

（二）水污染事故发生后，未及时启动水污染事故的应急方案，采取有关应急措施的。

第八十三条　企业事业单位违反本法规定，造成水污染事故的，由县级以上人民政府环境保护主管部门依照本条第二款的规定处以罚款，责令限期采取治理措施，消除污染；不按要求采取治理措施或者不具备治理能力的，由环境保护主管部门指定有治理能力的单位代为治理，所需费用由违法者承担；对造成重大或者特大水污染事故的，可以报经有批准权的人民政府批准，责令关闭；对直接负责的主管人员和其他直接责任人员可以处上一年度从本单位取得的收入百分之五十以下的罚款。

对造成一般或者较大水污染事故的，按照水污染事故造成的直接损失的百分之二十计算罚款；对造成重大或者特大水污染事故的，按照水污染事故造成的直接损失的百分之三十计算罚款。

造成渔业污染事故或者渔业船舶造成水污染事故的，由渔业主管部门进行处罚；其他船舶造成水污染事故的，由海事管理机构进行处罚。

第八十四条　当事人对行政处罚决定不服的，可以申请行政复议，也可以在收到通知之日起十五日内向人民法院起诉；期满不申请行政复议或者起诉，又不履行行政处罚决定的，由做出行政处罚决定的机关申请人民法院强制执行。

第八十五条　因水污染受到损害的当事人，有权要求排污方排除危害和赔偿损失。

由于不可抗力造成水污染损害的，排污方不承担赔偿责任；法律另有规定的除外。

水污染损害是由受害人故意造成的，排污方不承担赔偿责任。水污染损害是由受害人重大过失造成的，可以减轻排污方的赔偿责任。

水污染损害是由第三人造成的，排污方承担赔偿责任后，有权向第三人追偿。

第八十六条　因水污染引起的损害赔偿责任和赔偿金额的纠纷，可以根据当事人的请求，由环境保护主管部门或者海事管理机构、渔业主管部门按照职责分工调解处理；调解不成的，当事人可以向人民法院提起诉讼。当事人也可以直接向人民法院提起诉讼。

第八十七条　因水污染引起的损害赔偿诉讼，由排污方就法律规定的免责事由及其行为与损害结果之间不存在因果关系承担举证责任。

第八十八条　因水污染受到损害的当事人人数众多的，可以依法由当事人推选代表人进行共同诉讼。

环境保护主管部门和有关社会团体可以依法支持因水污染受到损害的当事人向人民法院提起诉讼。

国家鼓励法律服务机构和律师为水污染损害诉讼中的受害人提供法律援助。

第八十九条　因水污染引起的损害赔偿责任和赔偿金额的纠纷，当事人可以委托环境监测机构提供监测数据。环境监测机构应当接受委托，如实提供有关监测数据。

第九十条　违反本法规定，构成违反治安管理行为的，依法给予治安管理处罚；构成犯罪的，依法追究刑事责任。

第八章　附　　则

第九十一条　本法中下列用语的含义：

（一）水污染，是指水体因某种物质的介入，而导致其化学、物理、生物或者放射性等方面特性的改变，从而影响水的有效利用，危害人体健康或者破坏生态环境，造成水质恶化的现象。

（二）水污染物，是指直接或者间接向水体排放的，能导致水体污染的物质。

（三）有毒污染物，是指那些直接或者间接被生物摄入体内后，可能导致该生物或者其后代发病、行为反常、遗传异变、生理机能失常、机体变形或者死亡的污染物。

（四）渔业水体，是指划定的鱼虾类的产卵场、索饵场、越冬场、洄游通道和鱼虾贝藻类的养殖场的水体。

第九十二条　本法自 2008 年 6 月 1 日起施行。

附录二　取水许可制度实施办法

（1993年6月11日国务院第五次常务会议通过，1993年9月1日起施行）

第一条　为加强水资源管理，节约用水，促进水资源合理开发利用，根据《中华人民共和国水法》，制定本办法。

第二条　本办法所称取水，是指利用水工程或者机械提水设施直接从江河、湖泊或者地下取水。一切取水单位和个人，除本办法第三条、第四条规定的情形外，都应当依照本办法申请取水许可证，并依照规定取水。

前款所称水工程包括闸（不含船闸）、坝、跨河流的引水式水电站、渠道、人工河道、虹吸管等取水、引水工程。

取用自来水厂等供水工程的水，不适用本办法。

第三条　下列少量取水不需要申请取水许可证：

（一）为家庭生活、畜禽饮用取水的；

（二）为农业灌溉少量取水的；

（三）用人力、畜力或者其他方法少量取水的。少量取水的限额由省级人民政府规定。

第四条　下列取水免予申请取水许可证：

（一）为农业抗旱应急必须取水的；

（二）为保障矿井等地下工程施工安全和生产安全必须取水的；

（三）为防御和消除对公共安全或者公共利益的危害必须取水的。

第五条　取水许可应当首先保证城乡居民生活用水，统筹兼顾农业、工业用水和航运、环境保护需要。

省级人民政府在指定的水域或者区域可以根据实际情况规定具体的取水顺序。

第六条　取水许可必须符合江河流域的综合规划、全国和地方的水长期供求计划,遵守经批准的水量分配方案或者协议。

第七条　地下水取水许可不得超过本行政区域地下水年度计划可采总量,并应当符合井点总体布局和取水层位的要求。

地下水年度计划可采总量、井点总体布局和取水层位,由县级以上地方人民政府水行政主管部门会同地质矿产行政主管部门确定;对城市规划区地下水年度计划可采总量、井点总体布局和取水层位,还应当会同城市建设行政主管部门确定。

第八条　在地下水超采区,应当严格控制开采地下水,不得扩大取水。禁止在没有回灌措施的地下水严重超采区取水。

地下水超采区和禁止取水区,由省级以上人民政府水行政主管部会同地质矿产行政主管部门划定,报同级人民政府批准;涉及城市规划区和城市供水水源的,由省级以上人民政府水行政主管部门会同同级人民政府地质矿产行政主管部门和城市建设行政主管部门划定,报同级人民政府批准。

第九条　国务院水行政主管部门负责全国取水许可制度的组织实施和监督管理。

第十条　新建、改建、扩建的建设项目,需要申请或者重新申请取水许可的,建设单位应当在报送建设项目设计任务书前,向县级以上人民政府水行政主管部门提出取水许可预申请;需要取用城市规划区内地下水的,在向水行政主管部门提出取水许可预申请前,须经城市建设行政主管部门审核同意并签署意见。

水行政主管部门收到建设单位提出的取水许可预申请后,应当会同有关部门审议,提出书面意见。

建设单位在报送建设项目设计任务书时,应当附具水行政主管部门的书面意见。

第十一条　建设项目经批准后,建设单位应当持设计任务书等有关批准文件向县级以上人民政府水行政主管部门提出取水许可申请;需要取用城市规划区内地下水的,应当经城市建设行政主管部门审核同意并签署意见后由水行政主管部门审批,水行政主管部门可以授权城市建设行政主管部门或者其他有关部门审批,具体办法由省、自治区、直辖市人民政府规定。

第十二条 国家、集体、个人兴办水工程或者机械提水设施的，由其主办者提出取水许可申请；联合兴办的，由其协商推举的代表提出取水许可申请。

申请的取水量不得超过已批准的水工程、机械提水设施设计所规定的取水量。

第十三条 申请取水许可应当提交下列文件：

（一）取水许可申请书；

（二）取水许可申请所依据的有关文件；

（三）取水许可申请与第三者有利害关系时，第三者的承诺书或者其他文件。

第十四条 取水许可申请书应当包括下列事项：

（一）提出取水许可申请的单位或者个人（以下简称申请人）的名称、姓名、地址；

（二）取水起始时间及期限；

（三）取水目的、取水量、年内各月的用水量、保证率等；

（四）申请理由；

（五）水源及取水地点；

（六）取水方式；

（七）节水措施；

（八）退水地点和退水中所含主要污染物以及污水处理措施；

（九）应当具备的其他事项。

第十五条 水行政主管部门在审批大中型建设项目的地下水取水许可申请、供水水源地的地下水取水许可申请时，须经地质矿产行政主管部门审核同意并签署意见后方可审批；水行政主管部门对上述地下水的取水许可申请可以授权地质矿产行政主管部门、城市建设行政主管部门或者其他有关部门审批。

第十六条 水行政主管部门或者其授权发放取水许可证的部门应当自收到取水许可申请之日起六十日内决定批准或者不批准；对急需取水的，应当在三十日内决定批准或者不批准。

需要先经地质矿产行政主管部门、城市建设行政主管部门审核的，地质矿产行政主管部门、城市建设行政主管部门应当自收到取水许可申请之日起三十日内送出审核意见，对急需取水的，应当在十五日内送出审核意见。

取水许可申请引起争议或者诉讼，应当书面通知申请人待争议或者诉讼终止后，重新提出取水许可申请。

第十七条 地下水取水许可申请经水行政主管部门或者其授权的有关部门批准后，取水单位方可凿井，井成后经过测定，核定取水量，由水行政主管部门或者其授权的地质矿产行政主管部门、城市建设行政主管部门或者其他有关部门发给取水许可证。

第十八条 取水许可申请经审查批准并取得取水许可证的，载入取水许可登记簿，定期公告。

第十九条 下列取水由国务院水行政主管部门或者其授权的流域管理机构审批取水许可申请、发放取水许可证：

（一）长江、黄河、淮河、海河、滦河、珠江、松花江、辽河、金沙江、汉江的干流，国际河流，国境边界河流以及其他跨省、自治区、直辖市河流等指定河段限额以上的取水；

（二）省际边界河流、湖泊限额以上的取水；

（三）跨省、自治区、直辖市行政区域限额以上的取水；

（四）由国务院批准的大型建设项目的取水，但国务院水行政主管部门已经授权其他有关部门负责审批取水许可申请、发放取水许可证的除外。

前款所称的指定河段和限额，由国务院水行政主管部门规定。

第二十条 对取水许可申请不予批准时，申请人认为取水许可申请符合法定条件的，可以依法申请复议或者向人民法院起诉。

第二十一条 有下列情形之一的，水行政主管部门或者其授权发放取水许可证的部门根据本部门的权限，经县级以上人民政府批准，可以对取水许可证持有人（以下简称持证人）的取水量予以核减或者限制：

（一）由于自然原因等使水源不能满足本地区正常供水的；

（二）地下水严重超采或者因地下水开采引起地面沉降等地质灾害的；

（三）社会总取水量增加而又无法另得水源的；

（四）产品、产量或者生产工艺发生变化使取水量发生变化的；

（五）出现需要核减或者限制取水量的其他特殊情况的。

第二十二条　因自然原因等需要更改取水地点的，须经原批准机关批准。

第二十三条　对水耗超过规定标准的取水单位，水行政主管部门应当会同有关部门责令其限期改进或者改正。期满无正当理由仍未达到规定要求的，经县级以上人民政府批准，可以根据规定的用水标准核减其取水量。《城市节约用水管理规定》另有规定的，按照该规定办理。

第二十四条　连续停止取水满一年的，由水行政主管部门或者其授权发放取水许可证的行政主管部门核查后，报县级以上人民政府批准，吊销其取水许可证。但是，由于不可抗力或者进行重大技术改造等造成连续停止取水满一年的，经县级以上人民政府批准，不予吊销取水许可证。

第二十五条　依照本办法规定由国务院水行政主管部门或者其授权的流域管理机构批准发放取水许可证的，其取水量的核减、限制，由原批准发放取水许可证的机关批准，需吊销取水许可证的，必须经国务院水行政主管部门批准。

第二十六条　取水许可证不得转让。取水期满，取水许可证自行失效。需要延长取水期限的，应当在距期满九十日前向原批准发放取水许可证的机关提出申请。原批准发放取水许可证的机关应当在接到申请之日起三十日内决定批准或者不批准。

第二十七条　持证人应当依照取水许可证的规定取水。

持证人应当在开始取水前向水行政主管部门报送本年度用水计划，并在下一年度的第一个月份报送用水总结；取用地下水的，应当将年度用水计划和总结抄报地质矿产行政主管部门；在城市规划区内取水的，应当将年度用水计划和总结同时抄报城市建设行政主管部门。

持证人应当装置计量设施,按照规定填报取水报表。

水行政主管部门或者其授权发放取水许可证的部门检查取水情况时,持证人应当予以协助,如实提供取水量测定数据等有关资料。

第二十八条 有下列情形之一的,由水行政主管部门或者其授权发放取水许可证的部门责令限期纠正违法行为,情节严重的,报县级以上人民政府批准,吊销其取水许可证。

(一)未依照规定取水的;

(二)未在规定期限内装置计量设施的;

(三)拒绝提供取水量测定数据等有关资料或者提供假资料的;

(四)拒不执行水行政主管部门或者其授权发放取水许可证的部门做出的取水量核减或者限制决定的;

(五)将依照取水许可证取得的水,非法转售的。

第二十九条 未经批准擅自取水的,由水行政主管部门或者其授权发放取水许可证的部门责令停止取水。

第三十条 转让取水许可证的,由水行政主管部门或者其授权发放取水许可证的部门吊销取水许可证、没收非法所得。

第三十一条 违反本办法的规定取水,给他人造成妨碍或者损失的,应当停止侵害、排除妨碍、赔偿损失。

第三十二条 当事人对行政处罚决定不服的,可以依照《中华人民共和国行政诉讼法》和《行政复议条例》的规定,申请复议或者提起诉讼。当事人逾期不申请复议或者不向人民法院起诉又不履行处罚决定的,做出处罚决定的机关可以申请人民法院强制执行,或者依法强制执行。

第三十三条 本办法施行前已经取水的单位和个人,除本办法第三条、第四条规定的情形外,应当向县级以上人民政府水行政主管部门办理取水登记,领取取水许可证;在城市规划区内的,取水登记工作应当由县级以上人民政府水行政主管部门会同城市建设行政主管部门进行。取水登记规则分别由省级人民政府和国务院水行政主管部门或者其授权的流域管理机构制定。

第三十四条 取水许可证及取水许可申请书的格式,由国务院水行政主管部门统一制作。

发放取水许可证,只准收取工本费。

第三十五条 水资源丰沛的地区,省级人民政府征得国务院水行政主管部门同意,可以划定暂不实行取水许可制度的范围。

第三十六条 省、自治区、直辖市人民政府可以根据本办法制定实施细则。

第三十七条 本办法由国务院水行政主管部门负责解释。

第三十八条 本办法自一九九三年九月一日起施行。

参考文献

[1] 高健磊,吴泽宁,左其亭,等.水资源保护规划理论方法与实践[M].郑州:黄河水利出版社,2002.

[2] 王守荣,朱川海,程磊,等.全球水循环与水资源[M].北京:气象出版社,2003.

[3] 吴季松.水资源及其管理的研究与应用——以水资源的可持续利用保障可持续发展[M].北京:中国水利水电出版社,2002.

[4] 张可方,荣宏伟.小城镇污水厂设计与运行管理[M].北京:中国建筑工业出版社,2008.

[5] 何俊仕,林洪孝.水资源概论[M].北京:中国农业大学出版社,2006.

[6] 任树梅.水资源保护[M].北京:中国水利水电出版社,2003.

[7] 许有鹏.城市水资源与水环境[M].贵阳:贵州人民出版社,2003.

[8] 金兆丰,徐竞成.城市污水回用技术手册[M].北京:化学工业出版社,2004.

[9] 左其亭,窦明,吴泽宁.水资源规划与管理[M].北京:中国水利水电出版社,2005.

[10] 王浩.中国水资源与可持续发展[M].北京:科学出版社,2007.